Heinz-Dieter Fröse · Regelkonforme Installation von PV-Anlagen

de-FACHWISSEN

Die Fachbuchreihe
für Elektro- und Gebäudetechniker
in Handwerk und Industrie

Heinz-Dieter Fröse

Regelkonforme Installation von PV-Anlagen

3., überarbeitete Auflage

Hüthig · München/Heidelberg

Produktbezeichnungen sowie Firmennamen und Firmenlogos werden in diesem Buch ohne Gewährleistung der freien Verwendbarkeit benutzt.
Von den im Buch zitierten Vorschriften, Richtlinien und Gesetzen haben stets nur die jeweils letzten oder die zum Zeitpunkt der Errichtung gültigen Ausgaben verbindliche Gültigkeit.

Autor und Verlag haben alle Texte und Abbildungen mit großer Sorgfalt erarbeitet bzw. überprüft. Dennoch können Fehler nicht ausgeschlossen werden. Deshalb übernehmen weder Autor noch Verlag irgendwelche Garantien für die in diesem Buch gegebenen Informationen. In keinem Fall haften Autor oder Verlag für irgendwelche direkten oder indirekten Schäden, die aus der Anwendung dieser Informationen folgen.

Maßgebend für das Anwenden der Normen sind deren Fassungen mit den neuesten Ausgabedaten, die bei der VDE-Verlag GmbH, Bismarckstraße 33, 10625 Berlin und der Beuth Verlag GmbH, Burggrafenstraße 6, 10787 Berlin erhältlich sind.

Bibliografische Information der Deutschen Bibliothek
Die Deutsche Bibliothek verzeichnet diese Publikation in der Deutschen Nationalbibliografie; detaillierte bibliografische Daten sind im Internet über https://portal.dnb.de/ abrufbar.

Möchten Sie Ihre Meinung zu diesem Buch abgeben?
Dann schicken Sie eine E-Mail an das Lektorat
im Hüthig Verlag:
buchservice@huethig.de
Autor und Verlag freuen sich über Ihre Rückmeldung.

ISSN 1438-8707
ISBN 978-3-8101-0580-6

3., überarbeitete Auflage

Printed in Germany
Titelbild, Layout, Satz: Schwesinger, galeo:design
Titelfotos: Hintergrund: © shutterstock 520431235, petrmalinak
Rechts: Wechselrichter Sunny Tripower 15000TL /20000TL /25000TL der Firma SMA Solar Technology AG
Druck: Westermann Druck Zwickau GmbH

Vorwort

Die Zahl der installierten PV-Anlagen nimmt im Rahmen des vermehrten Einsatzes regenerativer Energien ständig zu. Dabei ist die Grundlage einer funktionierenden Energieversorgung die funktionssichere Installation der Erzeugungsanlagen. Das gilt nicht nur im Hinblick auf die Versorgung, sondern auch im Hinblick auf den Kapitalrückfluss der aufgewendeten Mittel. Bei der Prüfung dieser Anlagen stellt der Prüfer jedoch häufig eine Vielzahl von Mängeln fest, die die Funktionstüchtigkeit der Anlagen beeinträchtigen. Gravierende Sicherheitsmängel sind erkennbar, die bei einer sachgerechten Installation nicht auftreten würden. Folgen sind erhebliche Schäden bei Naturereignissen und durch den langjährigen Betrieb. Viele dieser Schäden gehen zu Lasten der Versicherungen. Einige Schäden gehen aber auch zu Lasten der Betreiber. Das Buch stellt dem Installateur das notwendige Rüstzeug zur Verfügung, die Anlage selbst aber auch die Randbedingungen beurteilen zu können, um so bereits im Planungsstadium und in der Phase der Arbeitsvorbereitung die richtigen Entscheidungen treffen zu können. Darüber hinaus werden notwendige Prüfungen dargestellt, die zur Bewertung einer regelkonformen Installation notwendig sind.

Dabei werden nicht nur die elektrotechnischen Fragen behandelt, sondern auch die Fragen der Statik des Montagegrunds der Tragkonstruktion und der Arbeitssicherheit. Abschließend werden die Möglichkeiten der Schwachstellenanalyse dargestellt und Methoden der Fehlersuche vorgestellt.

Mein ganz herzlicher Dank gilt Herrn *Michael Muschong* für seine wertvollen Hinweise und Anregungen bei der Überarbeitung dieser Auflage.

Heinz-Dieter Fröse

Inhaltsverzeichnis

1 Grundsätzliche Anmerkungen

Bei der Installation von *Photovoltaikanlagen* handelt es sich um fachübergreifende Arbeiten. Beteiligte sind:

- der Kunde, der zukünftige Betreiber der Anlage,
- der Statiker des Gebäudes, auf dem die Anlage installiert werden soll, der die Festigkeit der *Dachkonstruktion* bewertet,
- der Statiker, der die Festigkeit der Tragkonstruktion bewertet, mit der die Module auf dem Dach oder dem Untergrund befestigt werden,
- der Elektrotechniker, der die Module und die Verbindung zur elektrischen Anlage installiert,
- der in das Installateurverzeichnis eingetragene Elektrotechniker, der den Anschluss an die Niederspannungsanlage oder die Mittelspannungsanlage durchführt und
- der Verteilungsnetzbetreiber, der die erzeugte Energie abnehmen soll.

Besonders wichtig ist die Erkenntnis, dass die Arbeiten von den Beteiligten zu koordinieren sind. So ist der Datenaustausch insbesondere im Hinblick auf die Anschlusssituation mit dem Netzbetreiber und die Koordination der Lasten zwischen den Statikern wichtig für eine sicher und wirtschaftlich arbeitende Anlage. **Bild 1.1** zeigt die vorhandenen Verknüpfungen auf.

Grundsätzlich können diese Arbeiten auch in Personalunion oder von einem Unternehmen ausgeführt werden, das über die entsprechenden Qualifikationen verfügt. Dabei werden oft auch Dienstleistungen von den Lieferanten, insbesondere im Hinblick auf die Befestigung der Module und

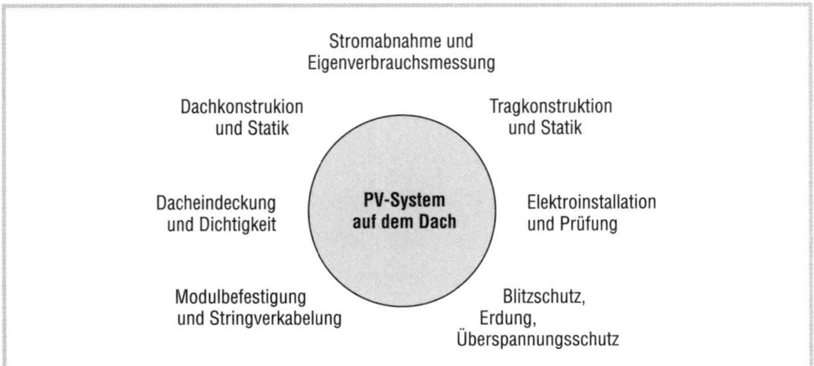

Bild 1.1 *Übersicht der Verknüpfung von Einzelleistungen zur Erstellung einer PV-Anlage*

deren statische Bewertung, übernommen. Zu erkennen ist dabei, dass die Lieferung zur Selbstmontage durch den elektrotechnischen und statisch nicht qualifizierten Kunden eine problematische Maßnahme ist. Der Errichter trägt letztlich die Verantwortung für die regelkonforme Installation.

Für den sicheren Zustand des Gebäudes ist der Besitzer des Gebäudes verantwortlich.

2 Vorbereitende Maßnahmen

Vor Beginn einer Maßnahme sollen der grundsätzliche Ablauf und die Verknüpfungen der Einzelmaßnahmen dargestellt werden. Dazu sind folgende Schritte der Klärung unerlässlich. Diese sind schlagwortartig wie folgt zusammenzufassen:

- Klärung der baurechtlichen Situation: Bestehen Einschränkungen durch Ortssatzungen oder den Denkmalschutz?
- Klärung der bautechnischen Situation: Wird es eine Anlage zum Dacheinbau, Dachaufbau oder eine Freilandanlage sein? Ist das Dach mit den Zusatzlasten belastbar?
- Klärung der Einspeisesituation: Welche Leistung soll die Anlage im Endausbau haben, welche Einspeisung ist sinnvoll, Niederspannung oder Mittelspannung usw.?
- Klärung der Wirtschaftlichkeit: Hier entstehen Fragen nach der Finanzierung, dem Ertrag, der Versicherung usw.
- Ausführung: Planung des PV-Generators und der Wechselrichter, Planung der Tragsysteme, Planung der Erdungs-, Blitzschutz- und Überspannungsschutzmaßnahmen, Planung der Netzeinspeisung, Prüfung nach Fertigstellung.
- Betrieb der Anlage: Wartungsumfang und Wartungszyklus, Leistungsüberwachung.

Zu diesen Punkten sollen im Folgenden die Regelwerke benannt werden, die von Eigentümern, Betreibern und Errichtern berücksichtigt werden müssen. **Bild 2.1** zeigt die Abhängigkeiten auf.

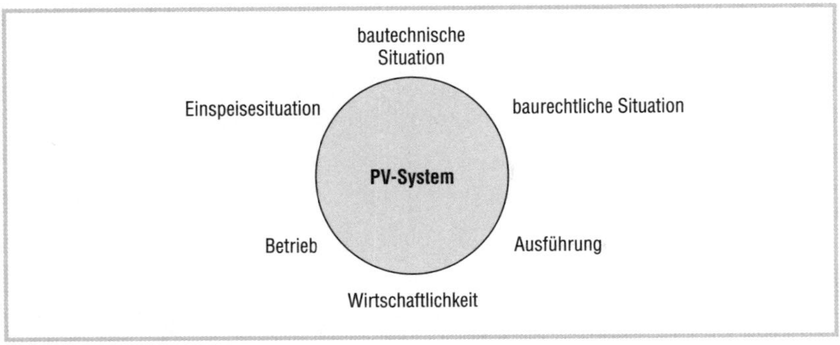

Bild 2.1 *Klärungsbedarf im Rahmen der vorbereitenden Maßnahmen*

2.1 Genehmigung des Bauvorhabens

Grundsätzlich sind die Errichtung und die Änderung von Gebäuden sowie auch deren Abriss nach der jeweiligen Landesbauordnung genehmigungspflichtig. Einige Baumaßnahmen sind jedoch genehmigungsfrei. Diese Verfahren sollen anhand der Musterbauordnung (MBO 2002, Stand 25.09.2020) der Argebau dargestellt werden. Dazu gilt der Grundsatz aus § 59 (1): *„Die Errichtung, Änderung und Nutzungsänderung von Anlagen bedürfen der Baugenehmigung, soweit in den §§ 60 bis 62, 76 und 77 nichts anderes bestimmt ist.*

(2) Die Genehmigungsfreiheit nach Absatz 1, den §§ 60 bis 62, 76 und 77 Abs. 1 Satz 3 sowie die Beschränkung der bauaufsichtlichen Prüfung nach §§ 63, 64, 66 Abs. 4 und 77 Abs. 3 entbinden nicht von der Verpflichtung zur Einhaltung der Anforderungen, die durch öffentlich-rechtliche Vorschriften an Anlagen gestellt werden und lassen die bauaufsichtlichen Eingriffsbefugnisse unberührt."

Bei der Installation von Photovoltaikanlagen auf dem Dach oder an der Fassade eines Gebäudes gelten die Ausnahmen des § 61 – Verfahrensfreie Bauvorhaben, Beseitigung von Anlagen – 2. Anlagen der technischen Gebäudeausrüstung.

Danach sind:

a) Abgasanlagen in und an Gebäuden sowie freistehende Abgasanlagen mit einer Höhe bis zu 10 m,
b) Solarenergieanlagen und Sonnenkollektoren in und an Dach- und Außenwandflächen sowie gebäudeunabhängig mit einer Höhe bis zu 3 m und einer Gesamtlänge bis zu 9 m (**Bild 2.2** zeigt eine solche Anlage),
c) sonstige Anlagen der technischen Gebäudeausrüstung

verfahrensfrei. Das bedeutet, zur Errichtung derartiger Anlagen bedarf es keiner baurechtlichen Genehmigung.

Bild 2.2 *Genehmigungsfreie PV-Anlage im Garten*

Im § 62 – Genehmigungsfreistellung – wird festgelegt, dass bestimmte Baumaßnahmen ohne Genehmigung der Baubehörde durchgeführt werden dürfen. Auch die aus § 66 – Bautechnische Nachweise für allgemeine Bauvorhaben – geforderten Nachweise sind für die genannten PV-Anlagen nicht erforderlich.

(1) Die Einhaltung der Anforderungen an die Standsicherheit, den Brand-, Schall-, Wärme- und Erschütterungsschutz ist nach näherer Maßgabe der Verordnung aufgrund § 85 Abs. 3 nachzuweisen (bautechnische Nachweise); dies gilt nicht für verfahrensfreie Bauvorhaben [1].

Dabei ist jedoch zu beachten, dass die in den Grundsätzen angesprochenen anerkannten Regeln der Technik einzuhalten sind. Eine Genehmigungsfreiheit entbindet nicht von dieser Verpflichtung. In diesem Zusammenhang muss festgestellt werden, dass dem Errichter derartiger Anlagen eine besondere Verpflichtung auferlegt wurde, die geltenden Regeln der Technik eigenverantwortlich einzuhalten, ohne dass eine übergeordnete Behörde die Ordnungsmäßigkeit der Maßnahme prüft. Dies sollte dem verantwortlichen Errichter insbesondere unter Berücksichtigung der besonderen Gefährdung des öffentlichen Verkehrsraumes bewusst sein, wenn er die fertiggestellte PV-Anlage prüft und dem Kunden übergibt. Er ist für die gesetzeskonforme Installation und für die Einhaltung der Installationsrichtlinien verantwortlich.

Neben dem Landesrecht können auch die Gemeinden im Rahmen der Bebauungsplanung Vorgaben für die Gestaltung der Gebäude und so auch für die Nutzung der Dachflächen oder Fassaden mit PV-Anlagen machen.

Die Genehmigungsfreiheit endet auch an der Frage, ob das Gebäude durch die PV-Anlage eine Nutzungsänderung erfahren hat. Zwar ist die Errichtung einer PV-Anlage auf einem Gebäude grundsätzlich genehmigungsfrei. Wird aber das tragende Gebäude einer Nutzungsänderung zugeführt, besteht die Notwendigkeit, diese genehmigen zu lassen.

Das Oberverwaltungsgericht NRW in Münster [2] hat festgestellt, dass zu klären ist, ob mit der Inbetriebnahme der Anlage eine genehmigungsfähige Nutzungsänderung vorliegt. Dies ist beispielsweise nicht der Fall, wenn die größere Menge des erzeugten Stromes in dem Gebäude selbst verbraucht wird. Eine Rückfrage bei der zuständigen Genehmigungsbehörde schafft Rechtssicherheit. Es kommt auf die Differenz zwischen der gesamt erzeugten Strommenge und dem Energieeigenbedarf an. Liegt diese Differenz unter 50 %, so liegt keine Nutzungsänderung vor [3].

Der Stromverbrauch eines durchschnittlichen Haushalts beträgt in Abhängigkeit von der Personenzahl im Haushalt:

- Ein Zwei-Personen-Haushalt verbraucht ca. 3.440 kWh Strom/Jahr.
- Ein Drei-Personen Haushalt verbraucht ca. 4.050 kWh Strom/Jahr.
- Ein Vier-Personen-Haushalt verbraucht ca. 4.940 kWh Strom/Jahr. [4].

Betrachten wir den durchschnittlichen Ertrag eine PV-Anlage, so hat dieser eine recht große Bandbreite. Legt man 800 kWh/kWp im Jahr zugrunde, so liegt die Grenze der Eigennutzung mit einem 4-Personen-Haushalt bei ca. 6,2 kWp. Eine Anlage auf einem Haus für einen 4-Personen-Haushalt darf demzufolge keine größere Leistung als 12 kWp haben, beziehungsweise nicht mehr als 9.880 kWh Strom erzeugen, um nicht als gewerbliche Anlage zu zählen.

An dieser Stelle gilt es auf der Hut zu sein, um nicht in die Fänge der Gemeindejustiz zu geraten. Es ist sicher besser, zunächst mit der Bauverwaltung Rücksprache zu nehmen als nach Fertigstellung der Anlage die Probleme aus der Welt zu schaffen. Da in allen Bundesländern die nahezu gleichen Rahmenbedingungen durch die Bauordnungen gelten, ist dieses Problem kein NRW-spezifisches.

Der Bundesgesetzgeber beabsichtigt, in diesem Zusammenhang das Baugesetzbuch zu ändern. Es wird erwartet, dass auch die planungsrechtliche Zulässigkeit von Photovoltaikanlagen neu geregelt und erweitert wird.

Das schlägt sich in den Vorhaben der Bundesregierung ab 2021 nieder. Einige Bundesländer und Kommunen verlangen darüber hinaus seit geraumer Zeit auf bestimmten Gebäuden zwingend eine PV-Anlage. Der Vorreiter war die Stadt Waiblingen. Dort wurde bereits im Jahr 2006 eine Solarpflicht eingeführt. Zu den Ländern, in denen zum Zeitpunkt der Überarbeitung des Buches Regelungen getroffen wurden, zählen: Baden-Württemberg, Nordrhein-Westfalen und Schleswig-Holstein mit Wirkung ab 2022. Mit Wirkung ab 2023 führen Berlin, Hamburg, Rheinland-Pfalz und Niedersachsen eine „Solarpflicht" für bestimmte Gebäude ein. Auch Bremen, Sachsen und Bayern beschäftigen sich mit diesem Thema und werden in Kürze Regelungen wirksam werden lassen.

Die vorgenannten Regelungen sind jedoch wie zu erwarten recht unterschiedlich. Sie beziehen sich auf gewerbliche Neubauten mit bestimmten Dachflächengrößen bis hin zu überdachten Stellplätzen. Um die Nutzung der Sonne allgemein zu fördern, kann z. B. in Rheinland-Pfalz auch alternativ eine Solarthermieanlage die Anforderungen erfüllen.

2.2 Verschattung durch Bäume

Im Zusammenhang mit den baurechtlichen Genehmigungen steht auch die Frage der Verschattung durch Bäume. Grundsätzlich ist davon auszugehen, dass ein Baum, der die PV-Anlage verschattet, nicht ohne Prüfung der Rechtmäßigkeit gefällt werden darf. Die Gemeindesatzungen haben oftmals konkrete Beschränkungen, die für diese Fälle gelten. Üblich ist eine erforderliche Genehmigung für Stämme mit mehr als 10 cm Umfang. Verstöße gegen diese Auflage können bis zu 50.000 EUR Strafe kosten.

2.3 Statische Anforderungen an das Dach

Es ist die Frage zu beantworten, ob die Statik des Daches die Last der PV-Anlage trägt. Dabei ist das Hauptkriterium nicht das Gewicht der Module. Wesentlich stärker fallen die dynamischen Kräfte ins Gewicht. Hier ist besonders die Windlast zu berücksichtigen. Durch den Wind entsteht neben der zusätzlichen Druckkraft durch das Gewicht auch eine Saugkraft, die die Konstruktion abheben könnte. Diese dynamischen Kräfte belasten die Konstruktion der Anlage selbst, dadurch die Befestigung der Anlage an dem Dach und damit verbunden auch den Dachstuhl. Grundsätzlich muss hierzu ein Statiker gehört werden, der für die neuen Lasten eine Berechnung erstellt.

Die Frage, ob die Module von dem Tragsystem getragen werden, beantwortet der Hersteller des Tragsystems. Er gibt auch die Anzahl und Anordnung der Befestigungspunkte an, mit der das *Traggestell* auf dem Dach zu befestigen ist. Mit diesen Daten kann der Statiker dann weiter arbeiten.

2.4 Eigenschaften des Daches

Ein Dach hat eine Reihe von Aufgaben, die durch die Montage nicht beeinträchtigt werden dürfen. Zwei Beispiele sollen darauf hinweisen. In erster Linie hat ein Dach die Aufgabe, die *Abdichtung* der darunter liegenden Geschosse gegen eindringende Feuchtigkeit zu gewährleisten. Hier ist sicherzustellen, dass durch das Einbringen der Befestigungsmittel kein Wasser eindringen kann. Bei aufgeständerten Systemen ist besonders zu beachten, dass die Dachhaut durch das Tragsystem nicht beschädigt wird. Das kann leicht durch die Punktlast der Aufleger geschehen. Auch darf der geregelte Abfluss von Wasser nicht beeinträchtigt werden. Nicht zuletzt ist beim Begehen des Daches während der Montage die Gefahr der Beschädigung gegeben.

Die statische Vorabklärung und die regelkonforme Wiederherstellung des Daches nach der Montage liegen im Verantwortungsbereich des Errichters der PV-Anlage.

Besondere Probleme bestehen bei Dächern, die mit asbesthaltigem Material gedeckt sind. Die Arbeiten an solchen Baustoffen sind ohne Genehmigung der zuständigen Behörde untersagt. Sind Arbeiten geplant, müssen diese bei der zuständigen Behörde und der Berufsgenossenschaft angezeigt werden. Die Arbeitsschutzverwaltung erteilt nach Prüfung der Umstände eine Genehmigung mit entsprechenden Auflagen. Dazu ist das vorgesehene Arbeitsverfahren genau zu beschreiben.

Die Berufsgenossenschaften haben beispielhaft Verfahren mit möglichst geringer Asbestbelastung aufgestellt. Diese beziehen sich allerdings nur auf Abbruch-, Sanierungs- und Instandhaltungsarbeiten (DGUV Information 201-012) [6]. Die Neumontage von PV-Anlagen wird nicht erfasst. Ein Rechtsanspruch auf Ausnahmegenehmigung durch die Arbeitsverwaltung besteht nicht. Darüber hinaus sind die Anforderungen der TRGS 519 – Asbest, Abbruch-, Sanierungs- oder Instandhaltungsarbeiten [7] zu berücksichtigen.

Darüber hinaus entsteht eine weitere Gefährdung der auf dem Dach tätigen Mitarbeiter, wenn das Dach nicht hinreichend durchtrittssicher ist. Eine Bestätigung der Durchtrittssicherheit ist in jedem Fall erforderlich. Sollte diese nicht fachkundig zum Beispiel von einem Statiker oder Architekten erklärt werden können, sind besondere Maßnahmen der Arbeitssicherheit durchzuführen, um Unfälle aus dem Durchbruch der Dachhaut sicher zu verhindern. Dies kann durch das Herrichten von Laufwegen für den Transport und die Montage geschehen.

2.5 Anforderungen an den Installateur

Nach § 13 – Elektrische Anlage der Verordnung über Allgemeine Bedingungen für den Netzanschluss und dessen Nutzung für die Elektrizitätsversorgung in Niederspannung – (Niederspannungsanschlussverordnung – NAV) [8] gilt:

Für die ordnungsgemäße Errichtung, Erweiterung, Änderung und Instandhaltung der elektrischen Anlage hinter der Hausanschlusssicherung (Anlage) ist der Anschlussnehmer gegenüber dem Netzbetreiber verantwortlich. Hat der Anschlussnehmer die Anlage ganz oder teilweise einem

Dritten vermietet oder sonst zur Benutzung überlassen, so bleibt er verantwortlich.

(2) Unzulässige Rückwirkungen der Anlage sind auszuschließen. Um dies zu gewährleisten, darf die Anlage nur nach den Vorschriften dieser Verordnung, nach anderen anzuwendenden Rechtsvorschriften und behördlichen Bestimmungen sowie nach den allgemein anerkannten Regeln der Technik errichtet, erweitert, geändert und instandgehalten werden.

In Bezug auf die allgemein anerkannten Regeln der Technik gilt § 49 Abs. 2 Nr. 1 des Energiewirtschaftsgesetzes [9] entsprechend. Die Arbeiten dürfen außer durch den Netzbetreiber nur durch ein, in ein Installateurverzeichnis eines Netzbetreibers eingetragenes, Installationsunternehmen durchgeführt werden; im Interesse des Anschlussnehmers darf der Netzbetreiber eine Eintragung in das Installateurverzeichnis nur von dem Nachweis einer ausreichenden fachlichen Qualifikation für die Durchführung der jeweiligen Arbeiten abhängig machen. Mit Ausnahme des Abschnitts zwischen Hausanschlusssicherung und Messeinrichtung einschließlich der Messeinrichtung gilt Satz 4 nicht für Instandhaltungsarbeiten.

Bei der Installation dürfen nur Materialien und Geräte verwendet werden, die entsprechend § 49 des Energiewirtschaftsgesetzes unter Beachtung der allgemein anerkannten Regeln der Technik hergestellt sind. Die Einhaltung dieser Voraussetzungen wird vermutet, wenn das Zeichen einer akkreditierten Stelle, insbesondere das VDE-Zeichen, GS-Zeichen oder CE-Zeichen vorhanden ist. Der Netzbetreiber ist berechtigt, die Ausführung der Arbeiten zu überwachen.

Aus der *Handwerksordnung* ist zu entnehmen, dass elektrotechnische Arbeiten ausschließlich von Personen durchgeführt werden, die in die Handwerksrolle als Elektrotechniker eingetragen sind [10]. Eine Ausnahme besagt, dass auch geringfügige Arbeiten, die im direkten Zusammenhang mit einem Hauptauftrag stehen, von diesen Personen ausgeführt werden dürfen, wenn die Fachkunde vorhanden ist. Diese *Fachkunde* wird von einer Elektrofachkraft für festgelegte Tätigkeiten repräsentiert, die gemäß den Anforderungen aus DGUV Vorschrift 3 [11] und DGUV Grundsatz 303-001 [12] ausgebildet und bestellt ist. Dabei endet die Tätigkeit, wie zuvor beschrieben, an der Übergabestelle zum Versorgungsnetz. Damit wird auch den nichtelektrotechnischen Berufen, zum Beispiel dem Dachdecker, die Möglichkeit eröffnet, PV-Anlagen zu installieren.

Insoweit ist die Installation der elektrotechnischen Teile der Anlage mindestens jedoch der elektrische Anschluss der Module ausschließlich durch eine Elektrofachkraft oder unter Leitung und Aufsicht einer Elektrofachkraft durch eine elektrotechnisch unterwiesene Person (EUP) unter Leitung und Aufsicht einer Elektrofachkraft auszuführen. Nach der Niederspannungsanschlussverordnung (NAV) [8] ist dabei die verantwortliche Elektrofachkraft, die den Anschluss an das Versorgungsnetz herstellt, in das Installateurverzeichnis eines Verteilungsnetzbetreibers (VNB) eingetragen. Die oftmals beobachtete Eigenmontage durch den Bauherrn und der Anschluss der PV-Anlage an das Netz durch einen eingetragenen Installateur führt oftmals zu chaotischen und gefährlichen Installationen.

Ein Zitat aus der Vereinbarung zwischen dem BDEW Bundesverband der Energie- und Wasserwirtschaft e. V. und dem Zentralverband der Deutschen Elektro- und Informationstechnischen Handwerke (ZVEH) über die Grundsätze für die Zusammenarbeit von Netzbetreibern und dem Elektrotechniker-Handwerk bei Arbeiten an elektrischen Anlagen gemäß der Niederspannungsanschlussverordnung (NAV) stellt die besondere Verantwortung der Elektrotechniker dar, die Anlagen an das öffentliche Netz anschließen.

Darin heißt es: *„Arbeiten, die von Personen ausgeführt werden, die nicht in das Installateurverzeichnis eines Netzbetreibers eingetragen sind, darf das eingetragene Installationsunternehmen nicht mit seinem Namen decken. Das gilt nicht, wenn die verantwortliche Elektrofachkraft die Arbeiten als Sachverständiger überprüft hat, die Verantwortung für ihre ordnungsgemäße Ausführung übernimmt und den Errichter benennt."*

Das bedeutet für den Installateur, dass die im Kapitel 8 dargestellten Prüfungen in Gänze durchzuführen sind.

2.6 Anforderungen an den Betreiber

Im Zusammenhang mit dem Betrieb einer Übergabestation auf der Hochspannungsebene gelten die Vorgaben der Technischen Anschlussbedingungen für den Anschluss an das Mittelspannungsnetz (TAB Mittelspannung). Der Eigentümer der Anlage vertritt darin die Rolle des Anlagenbetreibers. Dieser ist für den ordnungsgemäßen Betrieb der Anlage verantwortlich. Der Anlagenbetreiber benennt dem Netzbetreiber einen Betriebsverantwortlichen, der Elektrofachkraft ist und über eine Schaltberechtigung verfügt, für den ordnungsgemäßen Betrieb der Übergabestation. Der Betriebsverantwortliche muss für den Netzbetreiber ständig erreichbar sein. Wenn der Anlagenbetreiber nicht über die vorgenannten Kenntnisse und Qualifikationen verfügt, muss er eine Person damit beauftragen.

3 Auswahl der Produkte

Grundsätzlich müssen die in einer elektrotechnischen Anlage verwendeten Produkte den Sicherheitsanforderungen der europäischen Gemeinschaft entsprechen. Die Einhaltung dieser Anforderungen wird durch das CE-Kennzeichen dokumentiert [13]. Dabei ist jedoch zu beachten, dass die Prüfung auch auf der richtigen technischen Grundlage erfolgt. Im Folgenden werden die Prüfgrundlagen genannt. Die Anforderung an die CE-Kennzeichnung gilt nicht nur für die Module, sondern auch für alle anderen Produkte, die im Zusammenhang mit der Anlage stehen, besonders dann, wenn die Anlage in das öffentliche Netz einspeist. Dann gilt zusätzlich die NAV, nach der nur Materialien und Geräte verwendet werden dürfen, die entsprechend § 49 des Energiewirtschaftsgesetzes unter Beachtung der allgemein anerkannten Regeln der Technik hergestellt sind. Die Einhaltung der Voraussetzungen wird vermutet, wenn das Zeichen einer akkreditierten Stelle, insbesondere das VDE-Zeichen, GS-Zeichen oder CE-Zeichen vorhanden ist [13].

Für die einzelnen Komponenten der PV-Anlagen existieren Prüfvorschriften, die von den Herstellern einzuhalten sind.

3.1 Module

Die für die Herstellung der Module geltenden Normen sind:

- EN/IEC 61215 Terrestrische kristalline Silizium-Photovoltaik(PV-) Module – Bauarteignung und Bauartzulassung (IEC 61215: 2005); Deutsche Fassung DIN EN 61215-1 VDE 0126-31-1 für kristalline Module [14] und
- EN/IEC 61646 Terrestrische Dünnschicht-Photovoltaik (PV)-Module – Bauarteignung und Bauartzulassung (IEC 61646); Deutsche Fassung DIN EN 61646 VDE 0126-32 für Dünnschichtmodule [15].

Diese beiden internationalen Normen legen die IEC-Anforderungen für die Bauarteignung und Bauartzulassung terrestrischer, photovoltaischer Module fest, die für den Langzeitbetrieb in gemäßigten Freiluftklimaten nach IEC 60721 21 geeignet sind. Sie gilt nur für Bauarten mit kristallinem Silizium und für Dünnschichtmodule. Diese Norm gilt nicht für PV-Module, die in

Verbindung mit konzentrierenden Einrichtungen eingesetzt werden. Der Zweck der festgelegten Prüffolgen ist die Bestimmung der elektrischen und temperaturbezogenen Kenngrößen des PV-Moduls sowie der Nachweis, im Rahmen eines vertretbaren Kosten- und Zeitaufwandes, dass das Modul geeignet ist, längere Zeit den im Anwendungsbereich beschriebenen Klimaten standzuhalten. Die tatsächliche Lebenserwartung der so als geeignet bezeichneten PV-Module wird von ihrer Konstruktion, der Umgebung und den Bedingungen abhängen, unter denen sie betrieben werden.

Zur Abdeckung der sicherheitstechnischen Anforderungen sind folgende Normen einzuhalten:

- EN/IEC 61730-1 Photovoltaik(PV)-Module – Sicherheitsqualifikation – Teil 1: Anforderungen an den Aufbau (IEC 61730-1: 2004, modifiziert); Deutsche Fassung DIN EN IEC 61730-1 VDE 0126-30-1:2018-10 [16] und
- EN/IEC 61730-2 Photovoltaik(PV)-Module – Sicherheitsqualifikation – Teil 2: Anforderungen an die Prüfung (IEC 61730-2, modifiziert); Deutsche Fassung DIN EN IEC 61730-2 VDE 0126-30-2:2018-10 [17].

In diesem Teil von IEC 61730 werden die *Prüfanforderungen* an Photovoltaik-Module beschrieben, um den sicheren elektrischen und mechanischen Betrieb während der erwarteten Lebensdauer zu sichern. Es werden spezifische Themen behandelt, nach denen der Schutz gegen elektrischen Schlag, Brandgefährdungen sowie Verletzungen von Menschen infolge von mechanischen und umweltbezogenen Beanspruchungen bewertet werden können. Die Norm IEC 61730-1 behandelt die besonderen Anforderungen an den Aufbau. In Teil von IEC 61730-2 werden die Prüfanforderungen beschrieben. Dazu existieren drei Anwendungsklassen:

- Anwendungsklasse A: Allgemeine Anwendungen, Systemspannungen > 50 V DC – Schutzklasse II,
- Anwendungsklasse B: Eingeschränkte Zugänglichkeit, Systemspannungen > 50 V DC – Schutzklasse 0,
- Anwendungsklasse C: Anwendungen im Kleinspannungsbereich (< 50 V DC und < 240 W) – Schutzklasse III.

Entsprechend der Anwendungsklasse werden sicherheitsrelevante Prüfungen durchgeführt. Dabei werden Tests sowohl an kompletten Solarmodulen (gerahmt und ungerahmt) als auch an einzelnen Modul-Komponenten wie Anschlussdosen und Rückseitenfolien durchgeführt.

Diese Normen sind gelistet mit Bezug zu den EU-Richtlinien und damit Voraussetzung für die Konformitätserklärung. Sie müssten in der Konformitätserklärung der Module aufgelistet sein. Eine Konformitätserklärung allein im Hinblick auf die Schutzklasse ist nicht ausreichend.

Eine *Konformitätserklärung* für ein Modul könnte folgenden Inhalt haben:

> Die Konformität mit folgenden Richtlinien wird bestätigt:
> - Richtlinie 2006/95/EG (Niederspannungsrichtlinie) und
> - Richtlinie 2004/108/EG (EMV-Richtlinie).
>
> Die Übereinstimmung des bezeichneten Produktes mit den Bestimmungen der Richtlinie wird durch die vollständige Einhaltung folgender Normen nachgewiesen:
> - DIN EN 61215-1-1 VDE 0126-31-1-1:2018-06,
> - DIN EN IEC 61730-1 VDE 0126-30-1:2018-10 und
> - DIN EN IEC 61730-2 VDE 0126-30-2:2018-10.

3.1.1 Kennzeichnung der Module

Module müssen gekennzeichnet sein. Die Anforderungen an die Kennzeichnung sind in den vorgenannten Normen beschrieben.

Folgende Kennzeichnungen müssen unbedingt auf dem Modul vorhanden sein. **Bild 3.1** zeigt ein Beispiel:

- Angabe des Herstellers,
- Typenangabe,
- CE-Kennzeichen,
- Kennzeichnung der Schutzklasse, in diesem Fall Schutzklasse II,
- maximale Systemspannung,
- Maximalleistung,
- Toleranz,
- I_{SC},
- U_{OC} und
- U_{mpp}.

Weitere Angaben, wie die maximale, vorgeschaltete Sicherung oder der maximal durch das Modul fließende Strom,die Größe der Temperatureinflüsse für Spannung und Strom sowie für die Leistung, sind in den Datenblättern angegeben.

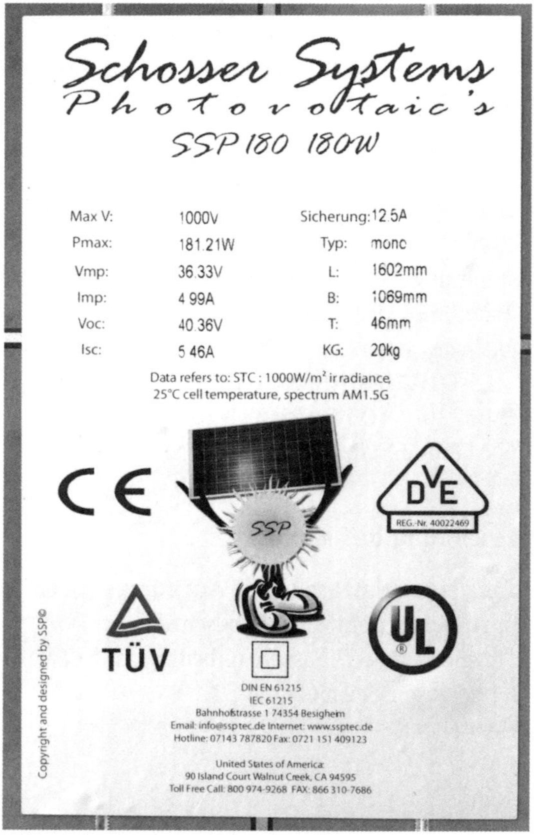

Bild 3.1 *Kennzeichnungen auf einem Modul*

3.2 Wechselrichter

Die Prüfung für Wechselrichter erfolgt nach DIN EN 50178:1998-04, Ausrüstung von Starkstromanlagen mit elektronischen Betriebsmitteln; Deutsche Fassung EN 50178 [18].

Das Dokument gilt für das Ausrüsten von Starkstromanlagen mit elektrischen Betriebsmitteln. Es behandelt insbesondere die Bemessung und Prüfung von EB sowie ihren Einbau in eine Starkstromanlage. Das Dokument bezieht sich auf elektronische Betriebsmittel mit Steuereinwirkung auf

Systeme und Prozesse, z. B. zur Erzeugung, Verteilung, Umwandlung, Steuerung und Regelung von Elektroenergie. Es stellt Mindestanforderungen an die Bemessung und Herstellung der EB, für den Schutz gegen gefährliche Körperströme, für die Prüfung und für ihren Einbau in Starkstromanlagen.

Die europäische Norm EN 5052, Datenblatt- und Typschildangaben von Photovoltaik-Wechselrichtern; Deutsche Fassung DIN EN 50524 VDE 0126-13:2010-04 [19] beschreibt die Datenblatt- und Typschild-Angaben für Photovoltaik-Wechselrichter zum Netzparallelbetrieb. Sie stellt ein Minimum an Informationen unter der Maßgabe bereit, ein sicheres und optimales System mit Photovoltaik-Wechselrichtern zu ermöglichen. Dabei ist unter dem Datenblatt eine vom Photovoltaik-Wechselrichter getrennte technische Beschreibung zu verstehen. Das Typschild darf sich innerhalb des Photovoltaik-Wechselrichters befinden, sofern es sichtbar ist, wenn eine Tür im normalen Betrieb geöffnet wird.

Eine Beurteilung der elektromagnetischen Verträglichkeit erfolgt nach

- DIN EN 61000-6-1, Elektromagnetische Verträglichkeit (EMV) – Teil 6-1: Fachgrundnormen – Störfestigkeit für Wohnbereich, Geschäfts- und Gewerbebereiche sowie Kleinbetriebe (IEC 61000-6-1); Deutsche Fassung EN 61000-6-1 [20],
- DIN EN 61000-6-2:2006-03 Elektromagnetische Verträglichkeit (EMV) – Teil 6-2: Fachgrundnormen – Störfestigkeit; Industriebereich (IEC 61000-6-2); Deutsche Fassung EN 61000-6-2 [21],
- DIN EN 61000-6-3 Elektromagnetische Verträglichkeit (EMV) – Teil 6-3: Fachgrundnormen – Störaussendung für Wohnbereich, Geschäfts- und Gewerbebereiche sowie Kleinbetriebe (IEC 61000-6-3: 2006); Deutsche Fassung EN 61000-6-3 [22] und
- DIN EN 61000-6-4:2007-09 Elektromagnetische Verträglichkeit (EMV) – Teil 6-4: Fachgrundnormen – Störaussendung für Industriebereiche (IEC 61000-6-4); Deutsche Fassung EN 61000-6-4 [23].

Eine Konformitätserklärung für einen Wechselrichter könnte damit folgendermaßen aussehen:

Die Konformität mit folgenden Richtlinien wird bestätigt:

- 2014/35/EU „Richtlinie über elektrische Betriebmittel zur Verwendung innerhalb bestimmter Spannungsgrenzen“ und
- 2004/108/EG „Richtlinie über elektromagnetische Verträglichkeit“.

Die Übereinstimmung des bezeichneten Produktes mit den Bestimmungen der Richtlinien wird durch die vollständige Einhaltung folgender Normen nachgewiesen:

- Gerätesicherheit: EN 50178:1997 (in Bezug auf Luft- und Kriechstrecken),
- Störfestigkeit: EN 61000-6-1:2007, EN 61000-6-2:2016-03,
- Störaussendung: EN 61000-6-3:2011-09, EN 61000-6-4:2011-09 (in Bezug auf Funkstörfeldstärke) und
- Netzrückwirkungen: EN 61000-3-12:2012-6, EN 61000-3-11:2017-04.

3.3 Niederspannungs-Schaltgerätekombinationen

Niederspannungs-Schaltgerätekombinationen sind entsprechend der DIN VDE 0660-600-1 und als Energieverteiler nach DIN VDE 0660-600-1 [24] herzustellen und zu prüfen. Die Schaltgeräte werden üblicherweise speziell für die konzipierte Anlage vom Installateur der Anlage hergestellt und geliefert. Für sie wie für alle anderen Geräte sind eine *CE-Kennzeichnung* und eine Konformitätserklärung erforderlich. Neben der Kennzeichnung gehört zur Lieferung eine umfangreiche, in den Normen beschriebene Dokumentation.

Die Herstellung nach DIN VDE 0660-500 [25] war bis 2014 aufgrund der Übergangsregelung noch erlaubt, die Anwendung für neue Anlagen sollte jedoch vertraglich ausgeschlossen werden.

Folgende Angaben müssen auf der Niederspannungs-Schaltgerätekombination, zum Beispiel auf einem Typenschild, mindestens enthalten sein:

- Name des Herstellers der Schaltgerätekombination oder Warenzeichen,
- Typenbezeichnung oder Kennnummer oder ein anderes Kennzeichen, aufgrund derer die notwendigen Informationen vom Hersteller der Schaltgerätekombination angefordert werden können,
- Kennzeichnung zur Feststellung des Herstellungsdatums und
- IEC 61439-X (der zutreffende Teil „X“ ist anzugeben).

Für Schaltgerätekombinationen, die nach einer besonderen Norm gefertigt werden, wie zum Beispiel nach DIN VDE 0660-600-2 [26] für die Energieverteilung, können zusätzliche Anforderung an die Kennzeichnung gestellt werden, die auf dem Bezeichnungsschild oder in einer zusätzlichen Dokumentation angegeben werden müssen.

Der Schaltanlage ist eine Dokumentation beizufügen, die, sofern zutreffend, die folgenden zusätzlichen Informationen zu denen auf dem Bezeichnungsschild enthalten muss:

- Bemessungsspannung,
- Bemessungsbetriebsspannung,
- Bemessungsstoßspannungsfestigkeit,
- Bemessungsisolationsspannung,
- Bemessungsstrom der Schaltgerätekombination,
- Bemessungsstrom eines jeden Stromkreises,
- Bemessungsstoßstromfestigkeit,
- Bemessungskurzzeitstromfestigkeit,
- bedingter Bemessungskurzschlussstrom,
- Bemessungsfrequenz und
- Bemessungsbelastungsfaktoren (RDF).

Darüber hinaus sind folgende Angaben erforderlich, sofern diese für die Schaltanlage zutreffen. Diese Angaben können ebenfalls in der Dokumentation enthalten sein:

- zusätzliche Anforderungen abhängig von den besonderen Betriebsbedingungen einer Funktionseinheit,
- der Verschmutzungsgrad,
- das System nach Art der Erdverbindung, für das die Schaltgerätekombination vorgesehen ist,
- die Innenraum- und/oder Freiluftaufstellung,
- ortsfest oder ortsveränderbar,
- die Schutzart,
- vorgesehen für die Verwendung durch Elektrofachkräfte oder Laien,
- die Einteilung nach elektromagnetischer Verträglichkeit (EMV),
- besondere Betriebsbedingungen,
- die äußere Bauform,
- Schutz gegen mechanische Einwirkung, sofern anwendbar,
- die Art des Aufbaus – Einsätze und herausnehmbare Teile,
- die Kurzschlussfestigkeit und Art der Kurzschluss-Schutzeinrichtung(en),
- Maßnahmen zum Schutz gegen elektrischen Schlag,

- Gesamtmaße (einschließlich vorstehender Teile z. B. Griffe, Verkleidungen, Türen) und
- die Masse, sofern sie 30 kg überschreitet.

Zu einer Niederspannungs-Schaltgerätekombination gehören Handhabungs-, Aufstellungs-, Betriebs- und Wartungsanweisungen. Diese müssen, sofern für die Schaltanlage zutreffend, folgenden Inhalt haben:

- Bedingungen für Handhabung, Aufstellung, Betrieb und Wartung der Schaltgerätekombination,
- Schaltgerätekombination enthaltenen Betriebsmittel,
- Bedingungen, die für Transport, Handhabung, Aufstellung und Betrieb der Schaltgerätekombination wichtig sind.

Wenn eine Schaltgerätekombination, die speziell für die Umgebung A vorgesehen ist, in Umgebung B verwendet wird, ist in der Dokumentation darauf hinzuweisen.

Soweit sich die Schaltung aus der konstruktiven Anordnung der eingebauten Geräte nicht klar erkennen lässt, müssen Schaltpläne oder Klemmenpläne mitgegeben werden. Die Betriebsmittel innerhalb der Schaltgerätekombination müssen gekennzeichnet sein. Die Kennzeichnung muss mit den Plänen übereinstimmen.

Für *Energie-Schaltgerätekombinationen* gelten dabei einige Änderungen. Die Bezugsnorm ist IEC 6234-2. Dazu sind die Angaben über die

- Form der inneren Unterteilung und die
- Arten elektrischer Verbindung von Funktionseinheiten anzugeben.

Damit könnte eine Konformitätserklärung für eine Energie-Schaltgerätekombination ohne elektronische Bauteile folgenden Inhalt haben:

> Die Konformität mit folgender Richtlinie wird bestätigt:
> - 2014/35/EU „Richtlinie über elektrische Betriebmittel zur Verwendung innerhalb bestimmter Spannungsgrenzen“.
>
> Die Übereinstimmung des bezeichneten Produktes mit den Bestimmungen der Richtlinien wird durch die vollständige Einhaltung folgender Normen nachgewiesen:
> - EN 61439-1 – Niederspannungs-Schaltgerätekombinationen – Teil 1: Allgemeine Festlegungen (IEC 61439-1:2009, modifiziert);
> - EN 61439-2 – Niederspannungs-Schaltgerätekombinationen – Teil 2: Energie-Schaltgerätekombinationen.

Bei der Dimensionierung der Niederspannungsschaltgrätekombination ist die Erwärmung im Innern zu berücksichtigen. Werden Leitungen und Betriebsmittel vom Strom durchflossen, wird über den Widerstand Wärme erzeugt und an das Innere der Verteilung abgegeben. Das geschieht im normalen Betrieb immer unter Volllast. Das bedeutet, dass, im Gegensatz zu einem Verteiler für die allgemeine Energieversorgung, in einer Wohnung oder in einem Büro für die Erwärmungsprüfung immer ein Gleichzeitigkeitsfaktor von 1 einzusetzen ist. Zusätzlich ist zu beachten, dass immer dann, wenn der maximale Strom im Verteiler fließt, auch die Umgebungstemperatur am höchsten ist, also in der Regel mindestens 30°C.

3.4 Leitungen, Steckverbinder und Gehäuse

3.4.1 Gehäuse

Die Norm DIN EN 60529 (VDE 0470-1:2014-09, Schutzarten durch Gehäuse (IP-Code) (IEC 60529:1989 + A1:1999 + A2:2013); Deutsche Fassung EN 60529:1991 + A1:2000 + A2:2013 [27] befasst sich mit einem Kennzeichnungssystem, das den Schutz gegen eindringendes Wasser, gegen eindringende Fremdkörper einschließlich des Eindringens von Staub und den Schutz gegen das Berühren spannungführender Teile beschreibt. Die Kennzeichnung erfolgt mit der Buchstabengruppe „IP“ gefolgt von zwei Ziffern und Buchstaben. In der Norm werden auch erforderlichen Prüfungen zum Nachweis der einzelnen Schutzgrade beschrieben. Eine häufige Kennzeichnung für Betriebsmittel, die im Außenbereich eingesetzt werden, ist IP54. Das bedeutet einen Schutz gegen eindringende Fremdkörper kleiner als 1 mm Durchmesser und Schutz gegen Spritzwasser von allen Seiten. Der Zugang mit einem Draht zum Berühren spannungführender Teile wird verhindert. Die Kennzeichnung durch die beiden Schutzgrade gegen das Eindringen von Fremdkörpern und das Eindringen von Wasser wird durch zusätzliche Buchstaben zur Kennzeichnung des Berührungsschutzes sowie zur Kennzeichnung von Betriebszuständen ergänzt. Bei dem Einsatz von Geräten im Außenbereich sind jedoch auch die vom Hersteller angegeben weiteren Bedingungen zu beachten. Das gilt insbesondere im Zusammenhang mit der Luftfeuchte und dem entstehenden Kondenswasser. Einige Gehäuse verfügen über spezielle Öffnungen, die den Ablauf von Kondenswasser aus dem Gehäuse ermöglichen. Diese sind bei Bedarf zu öffnen.

Grundsätzlich sind Leitungen vor einer Klemmstelle gegen Belastung, der durch Zug auf die Leitung entsteht, zu entlasten. Gerätedosen, die für den Anschluss von beweglichen Leitungen vorgesehen sind, verfügen dazu über entsprechende Zugentlastungen. Diese können auch in die Kabelverschraubung zum Schutz des Gehäuses gegen Fremdkörper und Wasser integriert sein. Sollte keine der Möglichkeiten zutreffen, ist die Leitung kurz vor der Einführung, max. 5 cm, zu befestigen. Bei der Einführung von Leitungen in Schaltanlagen gilt die Befestigung der Leitungen bis kurz vor der Schaltanlage als Zugentlastung für die Klemmen innerhalb der Schaltanlage. Eine zusätzliche Zugentlastung innerhalb der Schaltanlage ist nur dann nötig, wenn die Leitungen beispielsweise aus einem Kabelschacht von unten in das Gehäuse eingeführt werden.

Für die Gehäuse der Anschlüsse an PV-Modulen ist in EN 61730-1: 2007-12-01 [28] keine Prüfung der Zugentlastung für die angeschlossenen Leiter vorgesehen. Diese ist außerhalb der Anschlussgehäuse durch regelkonformes Befestigen der Anschlussleitung zu gewährleisten. Die Hersteller von Befestigungsmaterial stellen dazu geeignetes Material zur Verfügung. Die Fixierung mit Kabelbindern stellt für diesen Anwendungsfall kein geeignetes Befestigungsmittel dar.

3.4.2 Stecker

In der Norm DIN EN 50521 (VDE 0126-3):2009-10 – Steckverbinder für Photovoltaik-Systeme Sicherheitsanforderungen und Prüfungen; Deutsche Fassung EN 50521:2008 [29] werden Anforderungen an Steckverbinder zur Verwendung in Photovoltaik-Anlagen mit Bemessungsspannungen bis 1.000 V DC und Bemessungsströmen bis 125 A je Kontakt nach Anwendungsklasse A der EN 61730 1 beschrieben. Die Norm gilt für Steckverbinder, die keine Schaltleistung haben, jedoch spannungführend getrennt und gesteckt werden können. Diesem Hinweis ist besondere Beachtung zu schenken. Er bedeutet, dass während des Steckens oder Trennens kein Strom fließen darf. Dieser Hinweis ist in der Regel in den *Verwendungsanweisungen* des Herstellers enthalten.

Die internationale Norm DIN EN 61984 (VDE 0624):2009-11, Steckverbinder – Sicherheitsanforderungen und Prüfungen (IEC 61984: 2008); Deutsche Fassung EN 61984: 2009 [30] gilt für Steckverbinder mit Bemessungsspannungen von mehr als 50 V und bis zu 1000 V Wechselspannung und Gleichspannung und Bemessungsströmen bis 500 A je Kontakt, für die es entweder keine Bauartspezifikation (DS) gibt, oder, wenn sich deren Bauartspezifikation hinsichtlich der Sicherheitsanforderungen auf die vorliegende Norm bezieht.

Auch weitere wichtige Hinweise, die in den Verwendungshinweisen des Herstellers stehen, werden oftmals vernachlässigt:

→ XXX-Steckverbinder sind IP68-dicht, dürfen jedoch nicht dauerhaft Wasser ausgesetzt werden (z. B. Untertauchen) und nicht direkt auf der Dachhaut verlegt werden.

3.4.3 Leitungen

An die Leitungen von PV-Anlagen werden besonders hohe Anforderungen im Hinblick auf die physikalischen Beanspruchungen gestellt. Sie sind dem Wetter und der Sonne ausgesetzt. Einige Hersteller geben dazu folgende Anwendungshinweise.

→ Die Leitung ist geeignet für die feste, wie auch für die frei oder hängend frei bewegte Verkabelung von Photovoltaik-Stromerzeugungssystemen im Innen- und Außenbereich, auch unter direkter Sonneneinstrahlung.

Dabei darf allerdings nicht vergessen werden, dass die Leitung an den Anschlusspunkten zur Entlastung der Klemmstellen zugentlastet werden muss. Es ist also zu prüfen, ob die Klemmstelle an dem Modul wie auch der Stecker über derartige Zugentlastungen verfügen. Ist dies nicht der Fall, ist die Leitung in diesem Bereich fest zu verlegen. In der Normenreihe EN 61730 zur Prüfung der Module ist eine Prüfung der Zugentlastung von angeschlossenen Leitungen nicht vorgesehen. Darin wird lediglich die Festigkeit der in den Anschlusskasten eingebauten Klemme geprüft. Der bei der Verlegung zu beachtende Biegeradius beträgt typischerweise 5 x Außendurchmesser und die Zugbelastbarkeit 15 N je mm^2 Querschnitt.

Allerdings ist neben der Herstelleranweisung auch die Errichternorm zu beachten. Darin ist eine lose auf dem Dach liegende Leitung nicht zulässig [31].

Leitungen, die in Gebäuden installiert werden, werden im Zusammenhang mit den Ergebnissen aus den Prüfungen zum „Brandverhalten von elektrischen Kabeln“ klassifiziert. Damit werden die Brandklassen von Leitungen erstmals mit den übrigen Bauprodukten im Hinblick auf das Brandverhalten vergleichbar.

Struktur der Kennzeichnung

Die Klassifikation beschreibt das Brandverhalten mittels Buchstaben und Zahlen.

A = nicht brennbar
B1 = sehr hohe Anforderungen, zum Beispiel schwer entflammbar
B2 = sehr hohe Anforderungen, zum Beispiel schwer entflammbar
C = hohe Anforderungen, zum Beispiel normal entflammbar
D = mittlere Anforderungen, zum Beispiel normal entflammbar
E = geringe Anforderungen, zum Beispiel normal entflammbar
F = keine Anforderungen, zum Beispiel leicht entflammbar

Für die Leitungen als Bauprodukte gilt folgende Kennzeichnung der Klassen im Hinblick auf das Verhalten im Brandfall. Der Index „ca“ steht für Kabel. Die den Klassen zugehörigen Prüfnormen sind jeweils zugeordnet:

A_{ca} – Prüfnorm EN ISO 1416
$B1_{ca}$ – Prüfnorm EN 50399 und EN 60332-1-2
$B2_{ca}$ – Prüfnorm EN 50399 und EN 60332-1-2
C_{ca} – Prüfnorm EN 50399 und EN 60332-1-2
D_{ca} – Prüfnorm EN 50399 und EN 60332-1-2
E_{ca} – Prüfnorm EN 50399 und EN 60332-1-2
F_{ca} – Prüfnorm EN 50399 und EN 60332-1-2

Die Klassen sind hinsichtlich verschiedener Faktoren beschrieben. Dazu zählen:

Brutto-Verbrennungswärme mJ/kg (PCS), Wärmeentwicklung in MJ (THR), maximale Wärmefreisetzungsrate in kW (HRR), Feuerwachstumsrate in W/s (FIGRA), Flammenausbreitung in m (FS), Flammenausbreitung in mm (H).

Die heute verwendeten Kabel entsprechen nach der neuen Klassifizierung ungefähr der Klasse C_{ca}. Neuere Entwicklungen erreichen schon die Klasse $B2_{ca}$.

Beschreibung der Rauchentwicklung im Brandfall

s1 = keine/kaum Rauchentwicklung
s1a = keine/kaum Rauchentwicklung
s1b = keine/kaum Rauchentwicklung
s2 = begrenzte Rauchentwicklung
s3 = unbeschränkte Rauchentwicklung

Beschreibung des Abtropfverhaltens brennender Bestandteile

d0 = kein Abtropfen
d1 = begrenztes Abtropfen
d2 = starkes Abtropfen

Beschreibung der Korrosivität der Brandgase

a1 = entwickelt korrosive Gase mit Leitfähigkeit < 2,5 µS/mm
a2 = entwickelt korrosive Gase < 10 µS/mm
a3 = keine Beschreibung, Leitfähigkeit >10 µS/mm

Bewertung im Hinblick auf die Verwendung

Hierbei handelt es sich zunächst um eine Kennzeichnung von Kabeln und Leitungen im Hinblick auf ihre Eigenschaften. Eine Zuordnung von Kabeln und Leitungen zu einem bestimmten Bauvorhaben oder bestimmten Gebäudetypen existiert noch nicht. Die beteiligten Verbände und Hersteller haben dazu Vorschläge unterbreitet, die jedoch baurechtlich nicht verbindlich sind. Insoweit muss abgewartet werden, wie der Gesetzgeber den Einsatz der Kabel und Leitungen regelt.

Im Hinblick auf die Verwendung von Leitungen schlägt der ZVEI folgende Brandklassen den Sicherheitsbedarf in Gebäuden betreffend vor:

A_{ca} – Gebäude mit sehr hohen Anforderungen
$B1_{ca}$ – Gebäude mit sehr hohen Anforderungen
$B2_{ca}$ s1d1a1 – Gebäude mit sehr hohen Anforderungen
C_{ca} s1d1a1 – Gebäude mit hohen Anforderungen
D_{ca} s2d2a1 – Gebäude mit mittleren Anforderungen
E_{ca} – Gebäude mit geringen Anforderungen
F_{ca} – Gebäude ohne Anforderungen

Kennzeichnung anderer Bauprodukte

Auch bei den anderen Bauprodukten und Bauteilen wie Brandschottungen, Wände und Türen haben sich die Kennzeichnungen geändert.

Den Bauproduktkennzeichnungen sind neben der Feuerwiderstandsfähigkeit weitere Eigenschaften zugeordnet:

R (Résistance): Tragfähigkeit; kein Verlust der Standsicherheit
E (Étanchéité): Raumabschluss; Verhinderung des Feuerdurchtritts auf die unbeflammte Seite
I (Isolation): Wärmedämmung; Begrenzung der Übertragung von Feuer bzw. Wärme auf die dem Feuer abgewandte Seite

W (Radiation; ursprünglich Watt): Wärmestrahlung; Begrenzung der Wärmestrahlung auf der angewandten Seite
S (Smoke): Rauchdichtheit; Begrenzung des Rauchdurchtritts
M (Mechanical): mechanische Einwirkung; Stoffbeanspruchung auf die Wand
C (Closing): selbstschließend; für Rauchschutztüren und andere Feuerschutzabschlüsse
P (Power): Erhaltung der Energieversorgung; für elektrische Kabel
G: Brandbeständigkeit
K: Brandschutzwirkung
P: elektrischer Funktionserhalt

Eine Wand der Feuerwiderstandsklasse F90 nach DIN 4102 wird nach EN 13501 als „REI 90" bezeichnet. Soll diese Wand als Brandwand ausgeführt werden, muss sie die Klassifikation REIM 90 aufweisen (Zusatzkriterium Stoffbeanspruchung für die Brandwand).
Ein Kabelschott trägt danach die Kennzeichnung EI 90, wenn es die Ausbreitung von Feuer und Rauch in einer Wand mit REI 90 verhindern soll. Eine Leitungsanlage mit einem Funktionserhalt wird bei 30 min Feuerwiderstandsfähigkeit mit „P30" bezeichnet.

Ergänzend können Indizes eingesetzt werden, um bestimmte Leistungen zu beschrieben:

ve – vertikaler Einbau möglich, um die Feuerwiderstandsdauer zu erreichen
ho – horizontaler Einbau möglich, um die Feuerwiderstandsdauer zu erreichen
S – Begrenzung der Rauchleckrate (S für Smoke)
i→o – Wirkung der Feuerwiderstandsfähigkeit von innen nach außen
i←o – Wirkung der Feuerwiderstandsfähigkeit von außen nach innen
i↔o – Wirkung der Feuerwiderstandsfähigkeit in beide Richtungen
U/U – Verschluss von Rohrenden in beide Richtungen

Nach dieser Regel werden die häufig in der Elektrotechnik verwendeten Produkte wie folgt gekennzeichnet:

Leitungsanlage mit Funktionserhalt 90 min – P90 (alt E90)
Kabelschott mit Funktionserhalt 90 min – EI90 (alt S90)
Rohrschott mit Funktionserhalt 90 min – EI90 U/U (alt R90)
Installationskanal mit Funktionserhalt 90 min
für die im Inneren liegenden Leitungen – EI90 ve ho i←o (alt E90)

Installationskanal mit Verhinderung der Brandeinwirkung
auf einen Raum über 90 min – EI90 ve ho i←o (alt I90).

3.5 Überspannungsschutzeinrichtungen (SPD)

Überspannungsschutzeinrichtungen sollen die in Netzen auftretenden möglichen Überspannungen auf einen Wert begrenzen, der im Zusammenhang mit der Isolationskoordination einen Isolationsdurchbruch verhindert. Der Schutz der angeschlossenen Betriebsmittel wie Leitungen, Module usw. ist das Ziel des Einsatzes.

Die Eigenschaften der SPD werden in DIN EN 61643-11 (VDE 0675-6-11) beschrieben. Der Einbau in Anlagen berücksichtigt neben dem Schutz der Energieseite auf der Gleichspannungsebene auch den Schutz der Energieseite auf der Wechselspannungsebene. Die Systeme und Anschlüsse der Informationstechnik sind ebenfalls gegen die Auswirkung von Transienten mittels SPD zu schützen.

Der Einbau der Systeme auf der energietechnischen Seite ist in DIN VDE 0100-534 beschrieben.

3.6 Speichersysteme

Der Energieeintrag durch eine PV-Anlage ist nicht kontinuierlich und stimmt in aller Regel nicht mit dem tatsächlichen Energiebedarf der Verbraucheranlage überein. Hier hilft die Speicherung der elektrischen Energie bis zur Verwendung weiter. Aber auch der Einsatz in netzangeschlossenen Systemen bringt hier unter Umständen Vorteile. Diese können durch Verknüpfung zur Unterstützung einer Gesamtlösung durch regenerative Energien beitragen, indem sie zentral gesteuert dezentral anfallende Energiemengen durch Solar- oder Windeintrag optimal im Netz bereitstellen können. Insoweit ist die Zwischenspeicherung der erzeugten elektrischen Energie nicht nur für eine Insellösung gedacht oder für den Fall, dass der Ertrag der eingespeicherten Energie kleiner ist als die Kosten beim Bezug. Sie kann auch gesamtwirtschaftlich genutzt werden.

Elektrische Energiespeicher sind seit Anbeginn der Verwendung elektrischer Energie bekannt. Die Entwicklung spezieller Speicher wird von der Industrie vorangetrieben. Derzeit sind elektrische Speicher bevorzugt, grundsätzlich aber muss die Speichertechnologie nicht auf die bekannten

Akkumulatorsysteme beschränkt bleiben. Auch Wasserspeicher oder Gasspeicher sind aktuell, in Abhängigkeit vom Speichervolumen, in der Anwendung. Im Wohnhaus und kleineren Industriebereich finden dabei folgende Speicher Verwendung:

- Blei-Säure-Batterie
- Lithium-Ionen-Speicher in verschiedener Ausführung

Der Betreiber muss eine Entscheidung hinsichtlich Lebensdauer, Wirkungsgrad und Kosten treffen. Kriterien, nach denen ein Speichersystem ausgewählt werden kann, sind neben dem erforderlichen Speichervolumen im Hinblick auf die dauerhafte Nutzung der Energie auch technische Erwägungen. Zu nennen sind etwa der Anschlusspunkt des Speichers im System und damit die eventuell mehrfache Umwandlung sowie die Höhe der Batteriespannung und die Bauart der Batterie.

Charakteristische Größen für die Dimensionierung eines PV-Speichersystems sind

- die Leistungen des Solarwechselrichters,
- die maximale Entladeleistung des Batteriekonverters und
- die nutzbare Batteriekapazität.

Hinzu kommt die Regelung der Speicherkapazität mit der zur Verfügung stehenden Ladekapazität durch die Sonneneinstrahlung. Wird eine Förderung der Kosten des Speichers in Anspruch genommen, dürfen, abhängig vom Gesamtangebot der regenerativen Energie, nur noch maximal 50 % der Photovoltaiknennleistung in das Netz eingespeist werden. Ohne Förderung sowie bei Anlagen ohne Speicher liegt die Grenze bei 70 %. Ein Speicher kann also ein „Abregeln“ der erzeugten Einspeiseenergie verhindern. Damit das System, die durch die Abregelung vorhandene überschüssige Energie speichern kann, muss Platz im Speicher vorhanden sein. Dieser lässt sich nur durch korrekte Dimensionierung in Verbindung mit einer vorausschauenden Wetterprognose realisieren. An dieser Stelle sind die Hersteller gefragt.

Ergänzend dazu muss auch berücksichtigt werden, dass der Wirkungsgrad des Gesamtsystems stark von der Entladeleistung abhängt. Oftmals werden die Verbrauchernetze nur kurzfristig mit hohen Leistungen beaufschlagt. In der übrigen Zeit sind nur geringe Leistungen bereitzustellen. Wird das Speichersystem auf die Maximallast dimensioniert, führt das in der Regel in Zeiten der schwachen Last zu nicht unerheblichen Verlusten bei der Umwandlung. Eine genaue Analyse der Lastverhältnisse kann den Wirkungsgrad des Gesamtsystems optimieren.

Drei Varianten der Integration von PV-Speichersystemen sind möglich:

1) Anschluss auf der Gleichspannungsseite, vor dem Wechselrichter (**Bild 3.2**)
2) Anschluss im Zwischenkreis des Wechselrichters (**Bild 3.3**)
3) Anschluss auf der Wechselspannungsseite (**Bild 3.4**)

Alle drei Varianten haben ihre Vor- und Nachteile. Besonders beachtet werden sollte dabei insbesondere die Nachrüstbarkeit, die sich beim Anschluss an die Wechselspannungsseite des Systems am unkompliziertesten gestaltet.

Änderungen sind lediglich im Einschleifen der Speicherkomponenten auf der Gleichspannungsseite erforderlich. Wechselspannungsseitig bleibt die Anlage unberührt. Abhängig von der Generatorspannung und der Batteriespannung ist ein zusätzlicher Wandler erforderlich, um die Spannung des PV-Generators und die Batteriespannung anzupassen.

Der Anschluss des Speichers am Wechselrichter erfordert bei der Umrüstung von Bestandsanlagen die umfangreichsten Änderungsmaßnahmen. Der Wechselrichter ist gegen einen Hybrid-Wechselrichter auszutauschen. Dieser speist über den Zwischenkreis die Speicherbatterie und entnimmt dieser, bei Bedarf, die Energie und speist sie anstelle der Energie aus dem PV-Generator in das Netz ein.

Bei unveränderter Anlagenkonstellation kann das Speichersystem auch auf der Wechselspannungsseite eingeschleift werden. Dazu ist zusätzlich zu

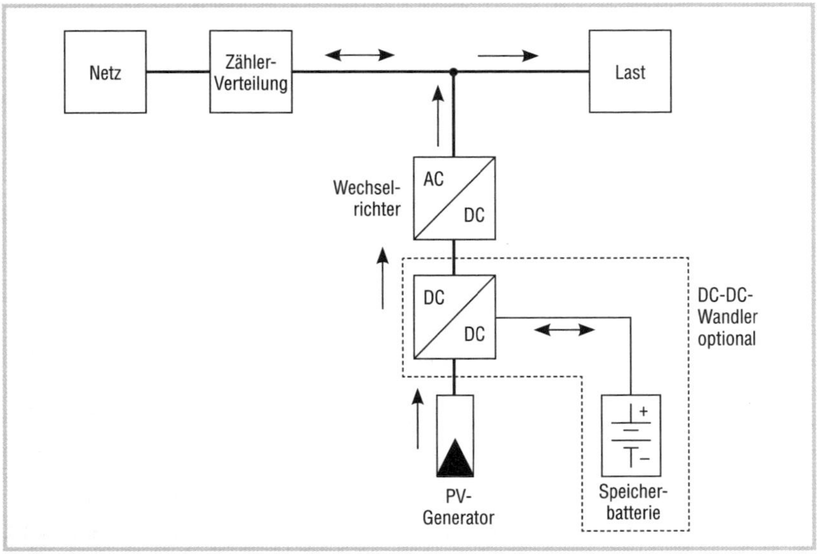

Bild 3.2 *Anschluss des Speichers auf der DC-Seite der PV-Anlage*

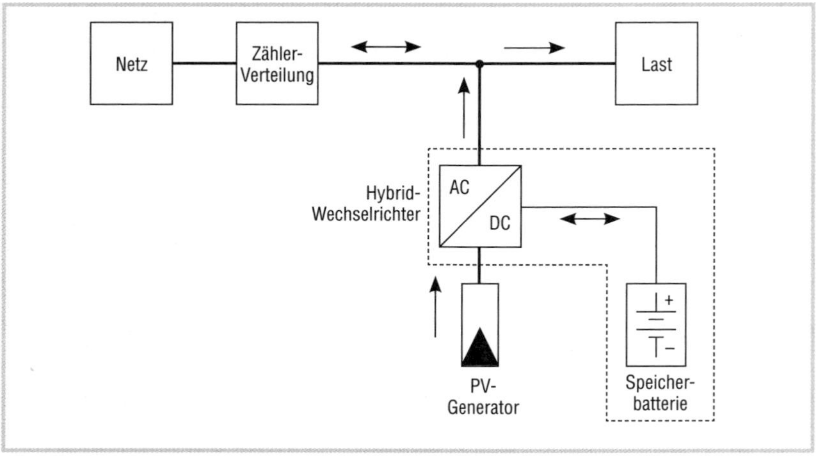

Bild 3.3 *Anschluss des Speichers über einen Wechselrichter*

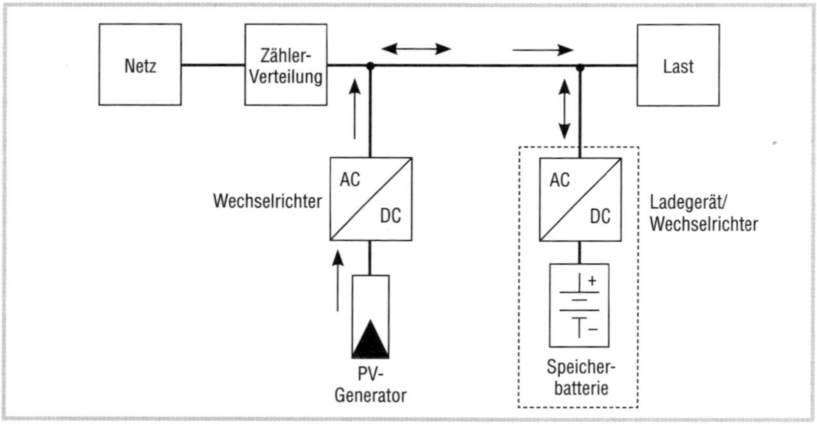

Bild 3.4 *Anschluss des Speichers an die AC-Versorgungsanlage*

der Speicherbatterie ein Gerät erforderlich, das bei Energieüberschuss aus dem PV-Generator die Batterie lädt und die Energie bei Bedarf über eine Wechselrichterfunktion in das Netz einspeist.

Der praktische Einsatz der jeweiligen Anordnung ist in Verbindung mit dem speisenden und nutzenden Netzsystem hinsichtlich der sicherheitstechnischen Anforderungen in VDE-AR-E 2510-2:2021-02 beschrieben. Diese enthält neben den Anforderungen an die elektrotechnische Installation auch Anforderungen an den Transport und die Errichtung von Batteriesystemen, an den Aufstellungsort sowie Hinweise auf die erforderlichen Prüfungen und die Maßnahmen zum ordnungsgemäßen Betrieb.

Zu beachten ist, dass der Schutz gegen elektrischen Schlag im Fehlerfall innerhalb der Anlage auch im Fall der Einspeisung aus dem Energiespeicher aufrechterhalten bleibt. Bei der Verwendung von Fehlerstromschutzeinrichtungen ist ein eventuell auftretender Gleichfehlerstrom zu berücksichtigen, der in der Anlage auftreten kann. Oftmals sind Fehlerstromschutzschalter Typ A nicht geeignet. Sie können durch auftretende Gleichströme im Netzt vormagnetisiert werden und damit in ihrer Funktion bis zum völligen Versagen eingeschränkt werden. Der Einsatz von Fehlerstromschutzschalter Typ B oder B+ ist zu prüfen.

Sollten auf der DC-Seite Verbraucher angeschlossen werden, sind diese auch im Fehlerfall gegen unzulässig hohe Berührungsspannungen zu schützen. Dazu stehen ebenfalls Fehlerstromschutzgeräte zu Verfügung. Diese sind derzeit als MRCDs (modulare Fehlerstromgeräte) nach DIN EN 60947-2, Anhang M verfügbar.

3.7 Tragsysteme

Je nach Montageort und Montagevariante sind Tragsysteme auszulegen. Aufbau und Auslegung der Tragsysteme erfolgt wesentlich nach den Wind- und *Schneelasten*. Bei Aufdachmontagen ist die Zusatzbelastung der Dachflächen zu beachten.

Bisher wurde für die Berechnung der Schneelasten DIN 1055-5:1975-06 [32] zu Grunde gelegt. Eine Neufassung galt seit 2005. Aktuell ist die Nachfolgeausgabe DIN EN 1991-1-3: 2010-12 [33] gültig.

Die Berechnung der Windlasten erfolgt nach DIN 1055-4:2006-11 [34]. Für einfache Fälle ist in der Tabelle 2 der DIN 1055-4 der Geschwindigkeitsdruck q für Bauwerkshöhen bis 25 m zusammengestellt.

Für die Beurteilung von Dachkonstruktionen ist DIN 1055-100 [35]: Einwirkungen auf Tragwerke – Sicherheitskonzept und Bemessungsregeln eine wichtige Grundlage.

Dazu ist die Wetter- und Korrosionsbeständigkeit der verwendeten Bauteile zu berücksichtigen. Nach DIN EN ISO 6988:1997-03 [36] erfolgen Prüfungen für Schwefeldioxid und DIN EN 60068-2-11:200-02 [37] für Mischgas und Salznebel. Bei besonderen chemischen Einwirkungen, wie sie zum Beispiel in der Nähe von Massentierhaltungen auftreten können, sind besondere Anforderungen zu berücksichtigen.

4 Montagevorschriften

4.1 Elektrotechnische Anlagen

Da es sich bei den Anlagen um Niederspannungsanlagen mit Spannungen unter 1.000V Bemessungsspannung handelt, ist die DIN VDE 0100 für die Bewertung der Installation heranzuziehen. Dabei ist für die Installation der Module und der Wechselrichter die DIN VDE 0100 zuständig. Werden Anschlüsse an das Mittelspannungsnetz ausgeführt, gilt die DIN VDE 0101. Darüber hinaus sind für die Melde- und Signalanlagen die DIN VDE 0800 sowie die Normen zur elektromagnetischen Verträglichkeit zu berücksichtigen. Zusätzlich sind die für besondere Umgebungen erforderlichen Regeln zu berücksichtigen, wie die Anforderungen an den Blitzschutz nach DIN VDE 0185.

In diesem Zusammenhang sollte der verantwortliche Installateur die Ausweitung der Haftung für das *Inverkehrbringen von Produkten* berücksichtigen.

Grundsätzlich haftet ein Importeur für die importierten Produkte. Durch die Erweiterung der Produkthaftung werden Händler und Installateur in die Haftung einbezogen. Das bedeutet, dass auch der Installateur für die Produkte, die eingesetzt werden, in Haftung genommen werden kann.

Oftmals wird übersehen, dass auch der Hersteller von Produkten bestimmte Vorgaben für die von ihm produzierten Geräte macht. Diese betreffen beispielhaft neben der Anforderung an den Montageort auch Anforderungen an die Temperatur, die Luftfeuchtigkeit sowie den Staub- und Wassereinfluss. Darüber hinaus sind oft Anforderungen an die Elektroinstallation wie den Potentialausgleich, den koordinierten Überspannungsschutz und den Schutz gegen Überlast und Kurzschluss vorhanden. Diese gilt es, neben den anerkannten Regeln der Technik, ebenfalls zu erfüllen.

Wechselrichter sind nach den Vorgaben der Hersteller zu installieren. Dabei sind folgende Punkte zu beachten:

- Zugänglichkeit im Hinblick auf die Bedienbarkeit,
- Zugänglichkeit der Geräte im Hinblick auf die Freischaltung,
- Temperatureinflüsse zum Beispiel durch Sonneneinstrahlung,
- Umwelteinflüsse im Hinblick auf Staub und Wasser.

4.2 Tragsysteme

Für die Indach-, Aufdach-, Freiland-, Flachdach-, Schrägdach-Montage stehen für die Montage der Module verschiedene, auf die Dacheindeckung abgestimmte Tragsysteme zur Verfügung. Dabei handelt es sich im Regelfall um Systeme, die insgesamt geprüft wurden und für die der Hersteller eine Verwendung festgeschrieben hat. Der Installateur hat diese Verwendungsvorgaben einzuhalten.

Die zu verwendenden Tragsysteme sind jedoch nicht nur im Hinblick auf die Dacheindeckung an das Projekt anzupassen, sondern auch auf die Tragfähigkeit der Unterkonstruktion zu beziehen. Dabei sind die zusätzlichen Gewichte ein großes Problem. Die Dächer werden alle für eine zum Zeitpunkt der Errichtung festgelegte Schneelast berechnet. In einigen Regionen weicht die heute der Berechnung zugrundeliegende Schneelast von den frühren Lasten ab. Insoweit besteht in manchen Fällen die Möglichkeit, die sich daraus ergebende Minderlast für weitere zusätzliche Auflasten zu nutzen. Da jedoch die Module durch den Windanfall einer Sogwirkung ausgesetzt sind, ergeben sich für die am Dach befestigten Traggestelle Zugkräfte, die auf das Dach einwirken. Diese Zugkräfte treten insbesondere am Rand des Daches mit größeren Kräften in Erscheinung als in der Mitte des Daches.

Die Höhe der Zugkraft hängt von der Neigung der Module im Bezug auf die Dachoberfläche ab. Bei absoluter dachparalleler Aufstellung fallen diese Zugkräfte ausschließlich im Dachrand an. In der Mitte sind die Zugkräfte vernachlässigbar. Werden die Module nicht dachparallel sondern auf der Dachhaut aufgeständert, so entstehen Zugkräfte und auch Schubkräfte, die bei der Planung der Dachkonstruktion und bei den Befestigungspunkten berücksichtigt werden müssen.

Leider ist es heute bei vielen Gebäuden so, dass die Revisionsunterlagen und somit auch die Statikberechnungen nicht mehr auffindbar sind. Auch die Recherche in vielen Gemeinden ergibt, dass die alten Baugenehmigungsunterlagen nicht mehr archiviert werden und dem Bauherrn diese Archivierungspflicht übertragen wurde. Das führt letztlich dazu, dass die Statik der Dächer neu berechnet werden muss.

Besonders problematisch stellt sich die Statikproblematik bei Flachdächern dar. Die Dachlasten sind oftmals nicht für zusätzliche Auflasten ausgelegt. Die Dächer tragen ausschließlich die vorgesehene Schneemenge und auch die Zugbelastung und die horizontale Schublast durch den Wind, der auf die Module einwirkt, finden in der Gebäudeplanung keine Berücksichtigung. **Bild 4.1** zeigt schematisch die Kräfte, die auf einen Befestigungspunkt einwirken.

Dazu kommt, dass die Befestigungspunkte der Tragkonstruktion in der Dachkonstruktion die aufkommenden Kräfte aufnehmen müssen. Dazu ist ein kerniger Holzsparren oder eine Dachhaut erforderlich, die diese Kräfte nachweislich aufnehmen können.

Bei der Befestigung kommt eine Vielzahl von unterschiedlichen Befestigungselementen zum Einsatz. Diese sind genauso vielfältig wie die unterschiedlichen Dacheindeckungen. Einige Beispiele sollen zur Veranschaulichung der Problematik dienen.

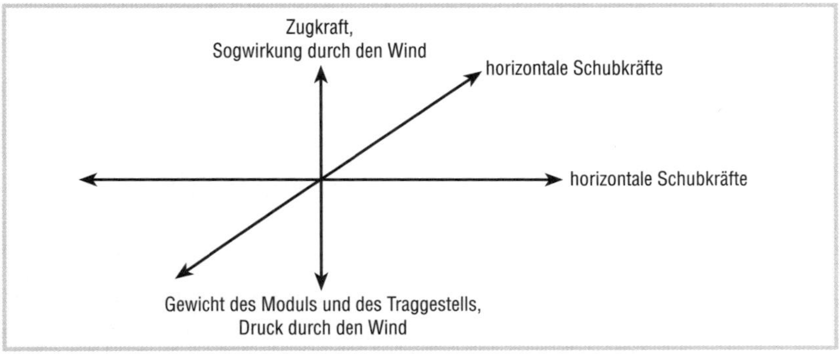

Bild 4.1 *Kräfte auf einen Befestigungspunkt im Dach*

4.2.1 Schrägdächer mit Pfanneneindeckung

Dazu ist es erforderlich, dass auch die Dachhaken bei einer Schrägdachmontage geprüft und zugelassen sind. Der Nachweis erfolgt durch eine bauaufsichtliche Zulassung. Darin werden die Montagebedingungen und die maximalen Lasten angegeben, die an dem Bauteil auftreten dürfen.

Bild 4.2 zeigt ein Problem auf, das in Kürze zu Schäden führen kann. Der Dachhaken liegt auf der Dachpfanne auf. Bei Bewegung durch Wind besteht schnell die Gefahr, dass der entstehende Druck auf die Dachpfanne zu groß wird und die Pfanne bricht. Ein undichtes Dach ist die Folge.

Eine sinnvolle Konstruktion, die auch Unebenheiten in der Sparrenlage ausgleichen kann, verfügt über eine Höhenverstellung, damit gewährleistet werden kann, dass der Bügel nicht auf der Dachpfanne aufliegt.

Die Anzahl der Dachhaken ergibt sich aus der Systemstatik des Traggestellherstellers.

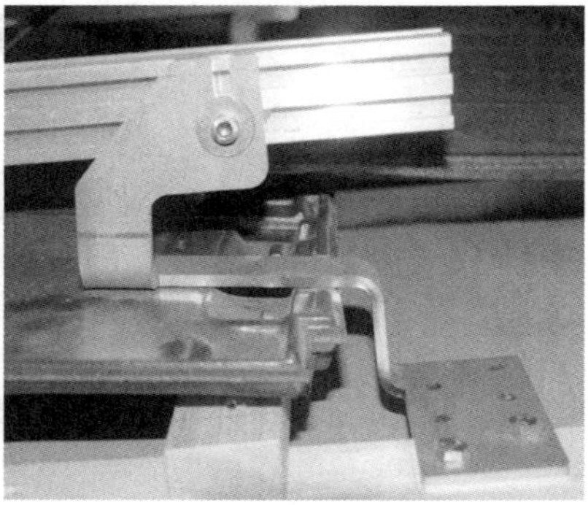

Bild 4.2 *Nicht verstellbarer Pfannenziegeldachhaken, Dachschaden ist vorprogrammiert*

4.2.2 Dächer mit Trapezeindeckung

Trapezblecheindeckungen bieten eine Vielzahl von Befestigungsmöglichkeiten. Entweder werden die Befestigungen der Tragsysteme auf der Sicke oder seitlich davon angebracht. Erforderlich ist in jedem Fall eine Abdichtung der in das Blech gedrehten Schraube. Das erfolgt meist mit einer untergelegten Gummiplatte. Den Vorgaben der Hersteller entsprechend ist das Dach zu überprüfen. Die Mindestmaterialstärken für die Bleche, unterschiedlich für Stahl oder Aluminium, sind einzuhalten. Auch die Vorgaben für die Bohrungsdurchmesser sind unbedingt einzuhalten, da diese die Voraussetzung für den sicheren Halt der Befestigung sind.

4.2.3 Flachdächer

Bei Flachdächern besteht die besondere Gefahr, dass zur Befestigung des Tragsystems die Dachhaut verletzt wird. Grundsätzlich besteht die Möglichkeit, auch Systeme einzusetzen, die sicher auf der Dachhaut aufliegen und diese nicht beschädigen. Problematisch allerdings wird bei diesen Konstruktionen das zusätzliche Gewicht werden, das bei der Herstellung des Daches nicht berücksichtigt wurde. Meist sind Flachdächer auf die durch die Schneelast zusätzlichen Gewichte ausgelegt. Kommt nun ein PV-System mit seinem Zusatzgewicht hinzu, sind diese Dächer meist überlastet.

Besonders interessant ist in diesen Fällen ein Tragsystem, das aufgrund seiner Form die auftretenden Windlasten kompensiert. Durch die großflächige Verbindung des gesamten PV-Systems durch durchlaufende Tragschienen und besonders geformte Bauteile ist eine Aufständerung der Module mit einem Winkel von 15° oder 30° ohne zusätzliche Ballastierung möglich. Die Auflast durch das Traggestell beträgt ca. 2 kg/m². Hinzuzurechnen sind dann noch die Modulgewichte. Ein Modul wiegt bei einer Fläche von 1,6 x 1 m² ca. 20 kg.

4.2.4 Freilandanlagen

Bei Freilandanlagen sind der Kreativität des Errichters wenig Grenzen gesetzt. Sowohl aufgeständerte Systeme mit einer festen Verankerung im Boden, wie in **Bild 4.3** gezeigt, sind genauso möglich wie aufliegende Systeme, wie sie von Flachdächern bekannt sind.

Bild 4.3 *Tragsystem einer Freilandanlage*

4.3 Verteilung der Module auf dem Dach

Die Verteilung der Module auf dem Dach stellt immer wieder ein besonderes Problem dar. Zum einen möchte der Betreiber seine Dachfläche natürlich so weit wie möglich nutzen. Zum anderen spricht aber eine ganze Reihe von Gründen gegen das komplette Zupflastern des Daches. Zunächst sind dabei die statischen Gründe zu nennen. An den Rändern des Daches entstehen Zonen mit besonderen Strömungen, die größer sind als in der Mitte der Dachfläche. Die statischen Anforderungen an die Befestigung dieser Module sind größer als die in der mittleren Fläche des Daches. Daraus folgernd ist es sinnvoll, die Randbereiche frei zu lassen und nicht mit Modulen zu belegen. **Bild 4.4** zeigt die Anordnung der Randbereiche auf der Seite und an den Ecken.

Die Breite „e" der Rand- und Eckbereiche ist dabei abhängig von den Gebäudeabmessungen. Bei Flachdächern gilt die Gebäudelänge „x" und die Gebäudebreite „y" als Bezugsmaß. Herstellerempfehlungen zufolge sollte der Randabstand bei aufgeständerten Modulen längs der Modulreihen ≥ 1,2 m und an der Querseite der Modulreihen ≥ 1,2 m betragen.

Bei Schrägdächern ist der Abstand, bezogen auf die doppelte Gebäudehöhe, von der Geländeoberfläche bis zum First. Damit ist für die Berechnung der Randabstände bei Schrägdächern der Randabstand mit $e = 2 \cdot h$ anzusetzen.

Neben den *Randzonen* ist auch die Begehbarkeit des Daches für Wartungs- und Inspektionsarbeiten zu berücksichtigen. Da die Module nicht betretbar sind, ist das bei einer Aneinanderreihung von Modulen auf der gesamten Dachfläche nicht mehr gewährleistet. Sinnvoll ist es, zwischen einer Anzahl von Modulen einen Wartungsgang zu belassen, um Wartungen und Prüfungen vornehmen zu können, ohne Module demontieren zu müssen.

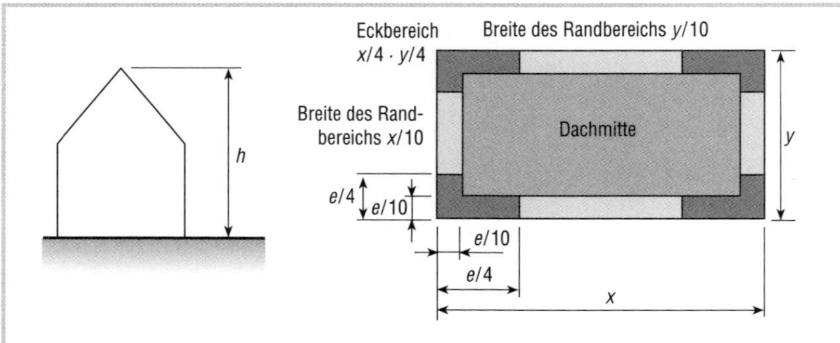

Bild 4.4 *Modulabstände vom Dachrand*

4.4 Dachdeckerarbeiten

Bei der Montage von Tragsystemen auf dem Dach und auch bei der Aufstellung von Tragsystemen auf dem Dach wird die Dacheindeckung beeinflusst. Dies kann dadurch geschehen, dass die Dachpfannen gelöst und bearbeitet werden müssen, um die Tragsysteme mit der Dachkonstruktion zu verbinden. Das kann aber auch dadurch geschehen, dass die Dachhaut durchbohrt werden muss, um die Befestigung der Tragsysteme zu erreichen. In allen Fällen sind dabei Arbeiten des Dachdeckerhandwerks tangiert. Diese sind nach den Regeln des Dachdeckerhandwerks auszuführen.

4.4.1 Leitungen und Steckverbinder

Wie oben bereits erwähnt, gelten auch für Leitungen und Steckverbinder die Verwendungsrichtlinien der Hersteller. Diese stimmen jedoch in einigen Fällen nicht mit den allgemeinen Errichternormen überein. Grundsätzlich muss jedoch festgestellt werden, dass Stecker und Leitungen nicht einfach auf die Dachhaut gelegt werden dürfen. Die Gefahr der Beschädigung ist im Laufe der Nutzungszeit der Anlage zu groß. Beliebt ist es auch, die Leitungen über Kanten zu hängen. Ein Erdschluss innerhalb kurzer Zeit wird die Folge der Installation sein, die im **Bild 4.5** dargestellt ist.

Bild 4.5 *Frei hängende Leitungen mit Scheuerstelle am Tragsystem. Hier besteht auch „Brandgefahr", wenn die Isolation beschädigt ist.*

5 Elektrotechnische Installationsrichtlinien

5.1 Allgemeine Anforderungen

Aus DIN VDE 0100-100 [38] folgen eine Reihe von Anforderungen an die Installation von PV-Anlagen. Diese werden in weiteren Normen der Normenreihe DIN VDE 0100 konkretisiert.

Der Teil 100 der DIN VDE-0100 enthält neben dem Anwendungsbereich allgemeine Grundsätze, die den Schutz zum Erreichen der Sicherheit, die Planung, die Auswahl von Betriebsmitteln und die Errichtung und Prüfung von elektrischen Anlagen betreffen. Weiterhin sind die Bestimmungen allgemeiner Merkmale, zum Zweck der Anlagen, zur Stromversorgung und zum Aufbau der Anlage enthalten. Auch werden die Verträglichkeit mit anderen Anlagen, die Instandhaltung und die Bedingungen für Sicherheitszwecke für die Reihe IEC 60364 behandelt. DIN VDE 0100-100 ist somit die Basisnorm für alle weitern Normen der Reihe 01 des Vorschriftenwerks.

5.2 Schutz gegen elektrischen Schlag

Die aktuell geltende Norm ist DIN VDE 0100-410 (VDE 0100-410) Errichten von Niederspannungsanlagen, Teil 4-41: *Schutzmaßnahmen*; Schutz gegen elektrischen Schlag [39].

Diese Norm wurde neu herausgegeben und ist Ersatz für DIN VDE 0100-410 (VDE 0100-410):1997-01; DIN VDE 0100-410/A1 (VDE 0100-410/A1):2003-06 und DIN VDE 0100-470 (VDE 0100-470):1996-02. Sie stellt wesentliche Anforderungen für den Schutz gegen elektrischen Schlag, einschließlich Basisschutz (Schutz gegen direktes Berühren) und den Fehlerschutz (Schutz beim indirekten Berühren) von Personen und Nutztieren fest. Es werden die Anwendung und Koordinierung dieser Anforderungen in Beziehung zu äußeren Einflüssen behandelt. Auch Anforderungen für die Anwendung eines zusätzlichen Schutzes durch Fehlerstrom-Schutzeinrichtungen (RCDs) werden für bestimmte Fälle genannt.

Schutzmaßnahmen bestehen aus zwei voneinander unabhängigen Maßnahmen: Basisisolierung und Abschaltung. Das gilt für PV-Anlagen für die

Wechselstromseite der elektrischen Anlage ebenso wie für die Gleichstromseite.

Schutz durch *Schutzisolierung* ist in Anlagen als alleinige Maßnahme nur erlaubt, wenn die Anlage durch Elektrofachkräfte überwacht wird. Dies ist bei den meisten PV-Anlagen nicht gewährleistet. Insoweit ist die PV-Anlage durch Abschaltung gegen elektrischen Schlag zu schützen.

Auch auf der Gleichstromseite werden zwei unterschiedliche Installationsvarianten praktiziert.

In den Wechselrichtern erfolgt die galvanische Trennung zwischen der Gleichstromseite und der Wechselstromseite. Es entsteht ein isoliertes System auf der Gleichspannungsseite. Der Schutz gegen elektrischen Schlag auf der Gleichspannungsseite eines PV-Systems ist dabei in dem speziellen Teil der Norm für die Installation von PV-Anlagen noch nicht festgelegt.

In den Wechselrichtern erfolgt keine galvanische Trennung zwischen der Gleichstromseite und der Wechselstromseite. Es entsteht kein isoliertes System auf der Gleichspannungsseite. Der Schutz gegen elektrischen Schlag wird durch die Maßnahmen der Wechselstromseite mit einer RCD vom Typ B realisiert.

Eine Seite des Generators wird geerdet und die Abschaltung erfolgt wie im TN-System. Die verwendeten Schutzeinrichtungen müssen auch bei Gleichstrom trennen können.

Auf der Gleichspannungsseite ist bevorzugt der Schutz durch Schutzisolierung anzuwenden. Der Schutz durch erdfreien Potentialausgleich oder durch nicht leitende Räume ist nicht erlaubt.

Häufig sind in den Wechselrichtern bereits RCD vom Typ B integriert, die die Abschaltung im Fehlerstromfall durchführen.

Zusätzlich sind Maßnahmen durch einen *Schutzpotentialausgleich* erforderlich. Dabei ist zu beachten, dass der Schutzpotentialausgleich an den gleichen Erder anzuschließen ist, an den auch der Schutzleiter angeschlossen ist. Bei der Verlegung ist auf eine EMV-gerechte Installation zu achten. Dabei sind Schutzpotentialausgleichsleiter und Energieleiter mit möglichst geringem Abstand zu verlegen, um auftretende Induktionsschleifen zu vermeiden.

5.3 Schutz gegen zu hohe Erwärmung

Der Schutz gegen zu hohe Erwärmung bezieht sich auf die Erwärmung der Betriebsmittel, insbesondere der Leitungen bei Belastung und auf die Einwirkung von Wärme auf die Betriebsmittel von außen. Wechselrichter, Schaltanlagen und Leitungen können der direkten Sonneneinstrahlung ausgesetzt sein. Das führt zu unkontrollierten Temperaturen in den Betriebsmitteln, die so warm werden können, dass es zum Ausfall der Systeme kommen kann. Eine mögliche Auswirkung kann auch der Ausfall der Schutzmaßnahme durch Versagen der Betriebsmittel und damit verbunden eine Gefährdung durch elektrischen Schlag sein. Auch die Wärmeabgabe der einzelnen Betriebsmittel in einer Niederspannungs-Schaltgerätekombination führt zu einer erhöhten Temperatur in der Umgebung eines Betriebsmittels.

Dabei sind die Maximaltemperaturen zu berücksichtigen. Übliche Umgebungstemperaturen als Grenztemperatur für Betriebsmittel sind z. B. für Leitungsschutzschalter und Sicherungen 30 °C und Fehlerstrom-Schutzeinrichtungen 40 °C.

Die Grenztemperaturen für Wechselrichter sind nach den Herstellerangaben einzuhalten. Eine Montageposition, die der direkten Sonnenstrahlung ausgesetzt ist oder an der sich die Wärme staut, ist unter diesen Bedingungen problematisch.

5.4 Schutz gegen Kurzschluss und Überlast

Die Betriebsmittel der Gleichstromseite sind wie auch die der Wechselstromseite gegen Kurzschluss zu schützen. Diesen Schutz übernehmen auf der Gleichstromseite die Sicherungen der Stränge. Eine gleichzeitige Übertragung der Aufgaben zur Abschaltung und zum Schutz gegen Überlast ist möglich.

Der Schutz bei Überlast darf für PV-Strang- und PV-Teilgeneratorleitungen entfallen, wenn die Dauerstrombelastbarkeit des Kabels oder der Leitung gleich oder größer ist als der 1,25-fache Wert von $I_{\mathrm{SC\ STC}}$, das ist der Kurzschlussstrom unter Standardprüfbedingungen (STC). Gleiches gilt auch für die PV-Gleichstromhauptleitungen im Bezug auf die Größe des PV-Generatorstromes. Für den Schutz der Module selbst sind die Vorgaben des Herstellers zu beachten.

Der Schutz der PV-Leitungen der Wechselspannungsseite geschieht durch Schutzeinrichtungen für den Kurzschlussschutz oder durch eine Überstrom-Schutzeinrichtung. Diese sind an der Anschlussstelle der Wechselstromseite zu installieren.

5.5 Leitungsverlegung

Zugentlastung und Befestigungsabstände von Leitungen gelten auch für PV-Anlagen.

Anschlussstellen von Leitungen sind gegen Zugbelastung zu schützen. Dazu dienen Zugentlastungseinrichtungen. Diese sind entweder in den Anschlusskästen der Module und in den Steckverbindern vorhanden oder müssen durch Befestigung der Leitungen realisiert werden.

Die Verlegeart von Kabel- und Leitungsanlagen erfolgt in Abhängigkeit von der Bauart und den Herstellervorgaben. Nach Tabelle 52F aus DIN VDE 0100-520 (VDE 0100-520) [31] ist für einadrige Kabel und Leitungen die Verlegung mit „nicht anwendbar oder in der Praxis nicht üblich" gekennzeichnet. Die unbefestigte Verlegung von einadrigen Leitungen entspricht damit nicht den üblichen in der Elektrotechnik praktizierten Verfahren und somit auch nicht den anerkannten Regeln der Technik, die von der Mehrheit der Fachleute praktiziert wird. Das gilt auch für flexibel hergestellte Anschlussleitungen der fest installierten Module. Unbefestigt, aber auch nur mit entsprechender Zugentlastung versehen, dürfen nur Leitungen für bewegliche Betriebsmittel sein. **Tabelle 5.1** zeigt die Befestigungsabstände die nach den anerkannten Regeln der Technik einzuhalten sind.

Die Hersteller geben oftmals in den *Verwendungshinweisen* an, dass die Leitungen unbefestigt liegend oder hängend „verlegt" werden dürfen. **Bild 5.1** zeigt ein Beispiel für eine solche „Verlegung".

Tabelle 5.1 *Befestigungsabstände von Kabeln und Leitungen*

Leitungsdurchmesser in mm	Befestigungsabstand horizontal	Befestigungsabstand vertikal
$D < 9$	250 mm	400 mm
$9 < D < 15$	300 mm	400 mm
$15 < D < 20$	350 mm	450 mm
$20 < D < 40$	400 mm	550 mm
Befestigungsabstand für Kabel	20 x D bis maximal 0,8 m	maximal 1,5 m

Bild 5.1 *Hängend verlegte Strangleitungen sind nach den Verlegevorschriften mancher Hersteller erlaubt*

5.6 Schutz von Leitungen

Bei Leitungen zwischen Strangleitungsverteilern und den Wechselrichtern werden oftmals Mantelleitungen mit PVC-Mantel eingesetzt. Diese dürfen nicht der direkten Sonneneinstrahlung ausgesetzt werden. Gleichzeitig ist zu beachten, dass die erd- und kurzschlusssichere Verlegung der Strangleitungen gefordert wird. Mehradrige Mantelleitungen erfüllen diese Anforderung nicht. Dabei gilt auch, dass das Befestigungsmaterial der Leitungen den Anforderungen am Montageort genügt.

Weitere Schutzmaßnahmen sind insbesondere im Bereich landwirtschaftlicher Betriebsstätten erforderlich. Erfahrungsgemäß sind in diesen Anwendungsfällen Nagetiere sehr aktiv. Nach DIN VDE 0100-705 ist bei der Auswahl von Kabel- und Leitungsanlagen dem Auftreten von Nagetieren, wie zum Beispiel Mäusen und Ratten, besondere Aufmerksamkeit zu widmen. Das bedeutet für eine Leitungsanlage auf dem Dach, dass eine Verlegung in einem geschlossenen metallenem Verlegesystem erfolgen sollte, um Nagetierverbiss vorzubeugen.

5.7 Verlegeabstände zwischen IT/MSR- und Energieleitungen

Regeln für die Verlegeabstände zwischen den Leitungen verschiedener Verwendung finden sich in den Regelwerken über die elektromagnetische Verträglichkeit. Hier sind zwei Normen relevant:

- DIN VDE 0100-444 (VDE 0100-444) – Errichten von Niederspannungsanlagen – Teil 4-444: Schutzmaßnahmen – Schutz bei Störspannungen und elektromagnetischen Störgrößen (IEC 60364-4-44: 2007 (Abschnitt 444), modifiziert); Deutsche Übernahme HD 60364-4-444: 2010 + Cor.: 2010b [40] und
- DIN EN 50174-2 (VDE 0800-174-2) Informationstechnik – Installation von Kommunikationsverkabelung – Teil 2: Installationsplanung und Installationspraktiken in Gebäuden; Deutsche Fassung EN 50174-2:2018 [41].

In DIN EN 50174-2 (VDE 0800-174-2) werden Anforderungen an die folgenden Aspekte *informationstechnischer Verkabelung* festgelegt:

- Planung und
- Installationspraktiken.

Die Norm gilt für alle Arten informationstechnischer Verkabelung innerhalb von Gebäuden (und kann auf Verkabelung angewendet werden, die als Teil des Gebäudes definiert ist). Die in dieser Norm gestellten Anforderungen sind, sofern sie nicht von den Anforderungen in den „gebäudespezifischen" Abschnitten aufgehoben werden, gebäudeunabhängig.

Die Situation, dass ungeschirmte Energieleitungen und geschirmte informationstechnische Leitungsanlagen verlegt werden, ist obligatorisch. Dabei sind die in **Tabelle 5.2** aufgeführten Abstände einzuhalten, welche in DIN VDE 0100-444 genannt sind.

Die Abstände sollten für Leitungen zum datentechnischen Verknüpfen der Wechselrichter sowie für sonstige Fernmeldeleitungen und MSR-Leitungen eingehalten werden, um Störungen zu vermeiden.

Tabelle 5.2 *Verlegeabstände zwischen Energie- und MSR-Leitungen*

Trennsteg	Abstand in mm
ohne Trennsteg	50
nichtmetallischer Trennsteg	50
Trennsteg aus Aluminium	20
Trennsteg aus Stahl	5

5.8 Schleifenbildung der Strangleitungen

Strangleitungen sind so zu verlegen, dass die Bildung von Induktionsschleifen minimiert wird. Dazu sind Hinleitungen und Rückleitungen nebeneinander zu verlegen. Durch diese Verlegeart wird verhindert, dass ein in der Nähe einschlagender Blitz durch die mit dem Einschlag verbundenen elektromagnetischen Felder keine Spannungen in den Strangleitungen induzieren. **Bild 5.2** zeigt eine Installationsart mit großer Schleifenbildung. Im **Bild 5.3** ist dargestellt, wie die Schleifengröße minimiert werden kann.

Bild 5.2 *Beispiel einer Strangverkabelung mit großer Induktionsschleife*

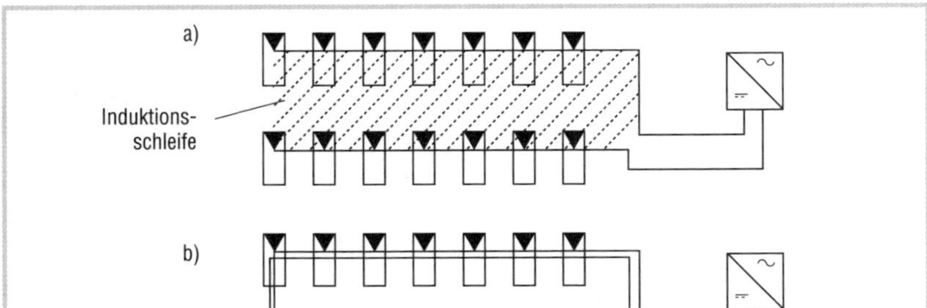

Bild 5.3 *Induktionsschleifenbildung bei der Strangverkabelung*
a) große Induktionsschleife,
b) nahezu keine Induktionseinwirkung auf die Strangverkabelung

5.9 Erdung – Schutzpotentialaugleich

Die für die Maßnahmen gültige Norm ist DIN VDE 0100-410, Abschnitt 411.3.1.2 Schutzpotentialausgleich [39].

Die Auslegung der Leitung erfolgt nach DIN VDE 0100-540 (VDE 0100-540) Errichten von Niederspannungsanlagen – Teil 5-54: Auswahl und Errichtung elektrischer Betriebsmittel – Erdungsanlagen, Schutzleiter und Schutzpotentialausgleichsleiter (IEC 60364-5-54:2011, modifiziert); Deutsche Übernahme HD 60364-5-54:2011 [42].

Die Erdung von Teilen der Gebäudekonstruktion oder der Tragkonstruktion von Betriebsmitteln geschieht mit dem Ziel der Vermeidung von Potentialdifferenzen im Fehlerfall.

Zu den mit dem Schutzpotentialausgleich zu verbindenden Teilen gehören auch fremde, leitfähige Teile, zum Beispiel berührbare Teile der Gebäudekonstruktion.

Hier ist klar zwischen dem Betriebsmittel „Modul" und der Tragkonstruktion als fremdes, leitfähiges Teil der Gebäudekonstruktion zu unterscheiden. Das Betriebsmittel „Modul" ist dabei das manchmal in einen leitfähigen Modulrahmen eingebettete Element. Dieses Element wird, wie schon ausgeführt, im Hinblick auf die Anforderungen nach EN/IEC 61730-1 und EN/IEC 61730-2 [16] geprüft.

Die Notwendigkeit einer Erdung der Tragkonstruktion ist in der besonderen Installationsrichtlinie DIN VDE 0100-712:2016-10 [43] nicht wörtlich gefordert. Grundsätzlich ergibt sie sich aber aus den Anforderungen der Schutzmaßnahmen gegen elektrischen Schlag DIN VDE 0100-410:2018-10 [39] und nach den Regeln zum Schutzpotentialausgleich nach DIN VDE 0100-540:2012-06 [42].

Fremde leitfähige Teile der Gebäudekonstruktion sind nach DIN VDE 0100-410 [39], sofern im üblichen Gebrauchszustand berührbar, mit der Haupterdungsschiene zu verbinden. Die Berührung im üblichen Gebrauchszustand ist in diesem Fall mit der regelmäßigen Inspektion der PV-Anlage und der notwendige Reinigung der Module begründet.

Das Gestell der PV-Anlage ist auch nach den Forderungen der Hersteller der Wechselrichter zu erden. Dabei ist eine Verbindung zum vorhandenen Fundamenterder oder Ringerder erforderlich. Eine Montage eines eigenen Erders ist wegen der Verbindung der Wechselrichter mit dem Schutzleiter und der damit vorhandenen Verbindung zum Traggestell der PV-Anlage nicht sinnvoll. Durch zwei Erder können Ausgleichsströme fließen, die zu

Korrosion führen. Darüber hinaus werden gefährliche Induktionsschleifen gebildet. **Bild 5.4** zeigt diese Situation.

Grundsätzlich ist die Verbindungsleitung vom Gestell zum Erder in unmittelbarer Nähe der PV-Leitungen zu verlegen, um die Einwirkung von elektromagnetischen Feldern auf die entstehende Leiterschleife zu minimieren. Die dabei positive Wirkung einer Verlegung der Leitungen in einem geschlossenen, geerdeten, metallischen Verlegesystem wurde bereits mehrfach beschrieben.

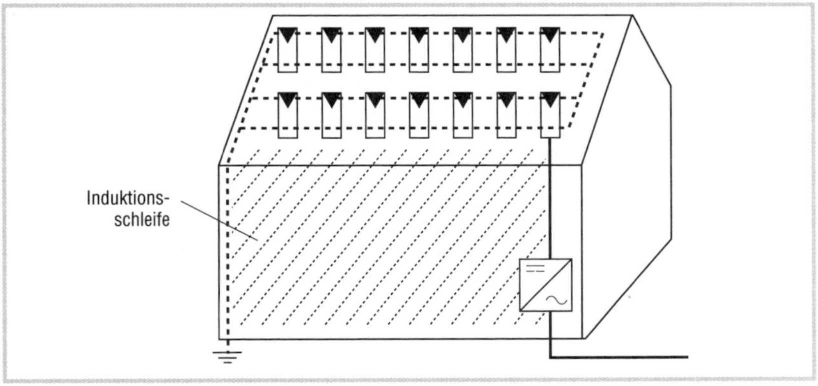

Bild 5.4 *Schleifenbildung durch falsch geführte Erdungsleitung*

5.10 Schutz gegen Überspannungen

Der Schutz gegen Überspannungen wird nach DIN VDE 0100-443 [44] für Anlagen mit Auswirkungen in Bezug auf Gewerbe- oder Industrieaktivitäten, z.B. Hotels, Banken, Industriebetriebe, Gewerbemärkte, Bauernhöfe, die einer gewerblichen Nutzung unterliegen, gefordert. Bei Ansammlungen von Personen, z.B. in großen Gebäuden, Büros, Schulen sowie in Gebäuden mit Einzelpersonen, z.B. kleine Büros und Wohngebäude, in denen Betriebsmittel der Überspannungsschutzkategorie I oder der Überspannungsschutzkategorie II errichtet sind, müssen SPD ebenfalls zum Schutz gegen Entstehung von Bränden installiert werden.

Die Anlagen sind entsprechend DIN VDE 0100-534 [45] mit Schutzgeräten der Typen 2 und 3 zu beschalten. Sollte das Gebäude eine Blitzschutzanlage haben, sind zusätzlich Blitzstromableiter Typ 1 einzusetzen.

Beim Schutz gegen Überspannungen sind auch die Anforderungen der Wechselrichterhersteller zu berücksichtigen. Die Geräte sind für eine bestimmte Überspannungsschutzkategorie gebaut. Wenn die daraus resultierende Bemessungsstehstoßspannung überschritten werden kann, ist ein Überspannungsschutz vorzuschalten.

Überspannungsschutzmaßnahmen stehen in direktem Zusammenhang mit den Maßnahmen zum Blitzschutz. Sollte dabei festgestellt werden, dass kein Blitzschutz erforderlich ist, muss eine Beurteilung nach DIN VDE 0100-443 durchgeführt werden. Dabei kann festgestellt werden, dass Überspannungsschutzgeräte zu installieren sind. Die Antwort darauf kann bereits durch die Feststellung, dass der erzeugte Strom verkauft wird, vorweggenommen werden. Die genannte Norm fordert bei Auswirkungen auf gewerbliche Aktivitäten einen Überspannungsschutz. Die Errichtung des Überspannungsschutzes erfolgt dann nach DIN VDE 0100-534 (VDE 0100-534) – Errichten von Niederspannungsanlagen – Teil 5-53: Auswahl und Errichtung elektrischer Betriebsmittel – Trennen, Schalten und Steuern – Abschnitt 534: Überspannungs-Schutzeinrichtungen (SPD) (IEC 60364-5-53 (Hauptabschnitt 534), modifiziert); Deutsche Übernahme HD 60364-5-534 [45].

Bei der Installation ist auch zu beachten, dass die *Kommunikationsanschlüsse* der Wechselrichter gegen Überspannungen geschützt werden, wenn diese benutzt werden.

In dem gezeigten Beispiel **Bild 5.5** sind auch die Schutzmaßnahmen im Bereich der Energieversorgung dargestellt. Dabei handelt es sich um eine Prinzipdarstellung für ein einphasiges wie für ein dreiphasiges System. Zu beachten sind zusätzlich die Maßnahmen an den Geräten der Informations-

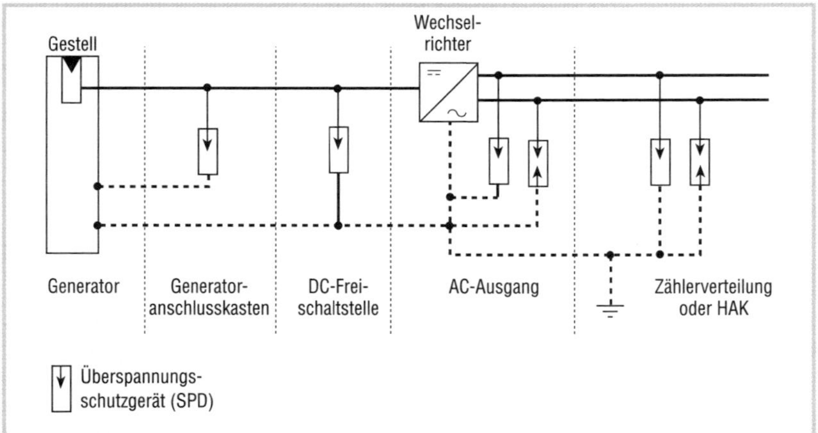

Bild 5.5 *Überspannungsschutzmaßnahmen für PV-Anlagen, energieseitig*

technik des übrigen Gebäudes in Abhängigkeit von der Anforderung nach DIN VDE 0185 [46] und DIN VDE 0100-443 [44]. Besonders gern werden die Kommunikationsschnittstellen der Wechselrichter bei der Beschaltung vergessen. Bei der Dimensionierung der Überspannungsschutzgeräte ist die Koordination mit der Bemessungsstehstoßspannungsfestigkeit der Wechselrichter zu erfüllen. Die Daten sind den Datenblättern zu entnehmen.

5.11 Blitzschutzmaßnahmen

Vor der Installation von Blitzschutzanlagen ist eine Gefährdungsbeurteilung zur Ermittlung der Blitzschutzklasse sowie der Maßnahmen zum Überspannungsschutz und zum Potentialausgleich erforderlich. Hilfsweise können Tabellen zum Beispiel aus VdS 2010 [47] verwendet werden. Darin wird für PV-Anlagen in der Leistung ab 10 kWp eine Blitzschutzanlage der Klasse 3 (LPS III) einschließlich eines koordinierten Überspannungsschutzes gefordert.

Grundsätzlich kann festgestellt werden, dass die Gefährdung eines Gebäudes im Hinblick auf die Gefährdung durch *Blitzeinschlag* durch die Installation einer PV-Anlage nicht erhöht wird. Das bedeutet, bei Vorliegen einer Gefährdungsbeurteilung ist diese zur Bewertung hinzuzuziehen. Eine Änderung der Gefährdung ergibt sich zwar durch die Installation der PV-Anlage grundsätzlich nicht, jedoch ist ein wirtschaftlicher Schaden bei Eintritt eines Ereignisses zu berücksichtigen. Damit ist relativ schnell eine Forderung nach einer Blitzschutzanlage vorhanden. Liegt keine Gefährdungsbeurteilung nach DIN VDE 0185-305-2 [48] vor, ist diese zu erstellen. Im Zusammenhang mit den wirtschaftlichen Verlusten sind bei der Gefährdungsbeurteilung auch die Kosten für den Ausfall der Stromerzeugung zu berücksichtigen.

Grundlage für die Ausführung der Blitzschutzanlage ist DIN VDE 0185. Speziell für den Blitzschutz von PV-Anlagen gilt das Beiblatt 5 zu DIN VDE 0185-305 [49]. Das Beiblatt erklärt die bestehende Norm im Hinblick auf die PV-Anlagen.

Bei bestehenden oder neu zu errichtenden Blitzschutzanlagen kommt es in Verbindung mit den Trennungsabständen zwischen den Leitungsanlagen der Blitzschutzanlage und den Komponenten der PV-Anlage immer wieder zu nicht regelkonformen Ausführungen (**Bild 5.6**). Die Trennungsabstände sind nach den Vorgaben von DIN EN 62305-3 [50] zu ermitteln.

Bild 5.6 *Trennungsabstand zu gering*

Nach den Vorgaben des Beiblatts 5 ist die PV-Anlage im Schutzbereich von Fangeinrichtungen zu installieren. Eine direkte Verbindung des Traggestells mit den Leitungen des Blitzschutzes ist nicht sinnvoll. Der Blitzschutzpotentialausgleich des Traggestells ist jedoch notwendig. Hier ist auch die Schleifenbildung zwischen dem Potentialausgleichsleiter und den Energieleitungen zu beachten.

Zur Konzeption der Maßnahmen des Blitz- und Überspannungsschutzes ist es dringend erforderlich, eine koordinierte Planung durchzuführen. Diese erfasst neben den Komponenten der PV-Anlage auch die übrigen technischen Einrichtungen des Gebäudes. Eine isolierte Betrachtung der PV-Anlage birgt die Gefahr, dass die durchgeführten Maßnahmen negative Auswirkungen auf die übrigen im Gebäude installierten Techniken haben. Dabei sind auch die Verknüpfungen mit anderen nebenstehenden Gebäuden zu berücksichtigen. Besonders zu beachten sind dabei die Verbindungen mit Leitungsanlagen, egal ob elektrischer oder sonstiger Medienleitungen.

5.12 Prüfen der elektrotechnischen Installationen

Während der Errichtung und nach Fertigstellung der Anlagen sind diese vor der *Inbetriebnahme* zu prüfen. Die Prüfgrundlage für die Anlage stellt DIN VDE 0100-600 [51] dar. Die Prüfung ist zu dokumentieren und das Ergebnis ist dem Kunden in Form eines Prüfprotokolls zu übergeben.

An dieser Stelle darf nicht vergessen werden, dass ein Teil der Prüfung die ordnungsgemäße Installation der Produkte gemäß Herstellervorgabe ist. Das setzt voraus, dass geprüft wird, ob alle Produkte den Anforderungen, zum Beispiel an die erforderliche CE-Kennzeichnung, auf Basis der relevanten Hersteller- und Prüfnormen entsprechen. Das gilt im Übrigen auch für die eingesetzten Niederspannungs-Schaltgerätekombinationen nach DIN VDE 0660-600-1 [24] für die allgemeinen Anforderungen und DIN VDE 0660-600-2 [26] für die Festlegungen für Energieschaltkombinationen.

Im Zusammenhang mit der Prüfung sei auch auf die Informationen zu den Prüfvorschriften für Blitzschutzanlagen aus DIN EN 62305-3 Bbl 3 (VDE 0185-305-3 Bbl 3) [52] hingewiesen. Danach ist ein Blitzschutzsystem zu kontrollieren, wenn Änderungen oder Reparaturen an einer geschützten baulichen Anlage durchgeführt wurden. Die Installation einer PV-Anlage ist eine derartige Änderung, die eine Prüfung der vorhandenen Blitzschutzanlage durch eine Blitzschutzfachkraft erforderlich macht.

In Verbindung mit den aus den Normen geforderten Prüfungen vor Inbetriebnahme haben auch Fachvereinigungen, wie zum Beispiel der Bundesverband Solarwirtschaft (BSW), spezifische *Prüfprotokolle* entwickelt, die neben den technischen Anforderungen auch wesentliche Teile der Anlagendokumentation enthalten.

5.13 Prüfen des PV-Systems

Die Dokumentation der Prüfung der PV-Anlage erfolgt nach DIN EN 62446-1 (VDE 0126-23-1) Photovoltaik(PV)-Systeme – Anforderungen an Prüfung, Dokumentation und Instandhaltung, die im April 2019 veröffentlicht wurde.

In dieser internationalen Norm werden die erforderlichen Mindestangaben, die zum ordnungsgemäßen Betrieb erforderlich sind, und deren Dokumentation festgelegt. Diese sind einem Kunden nach der Installation eines netzgekoppelten PV-Systems zu übergeben. Die Norm schreibt zusätzlich den Mindestumfang der Inbetriebnahmeprüfungen sowie Prüfkriterien zur Prüfung der sicheren Installation und des korrekten Betriebes des Systems vor. Sie kann auch für die wiederkehrende Nachprüfung angewendet werden. Diese Norm gilt ausschließlich für netzgekoppelte PV-Systeme.

5.14 Einspeisung in das Versorgungsnetz und Eigennutzung

Zur Förderung des Ausbaus der regenerativen Energien sind Gesetze erlassen worden. Das zurzeit gültige Erneuerbare-Energien-Gesetz (EEG) stammt aus dem Jahr 2018 [54]. Nach dem § 33 Absatz 2 haben sich einige Änderungen ergeben. Diese beziehen sich insbesondere auf die Eigennutzung der selbst erzeugten Energie.

Die Umsetzung der Vorschriften des EEG wurde in einer Ergänzung zur TAB veröffentlicht. **Bild 5.7** zeigt die technischen Einrichtungen. Dabei sind auch die Maßnahmen des Überspannungsschutzes zu beachten.

Im Zusammenhang mit der Einspeisung stehen die Anforderungen aus dem EEG Abschnitt 2. Dabei kann die Einspeiseleistung aufgrund einer nicht ausreichenden Netzstruktur zeitlich begrenzt werden. Der notwendige Ausbau des Netzes ist vom Netzbetreiber zu finanzieren.

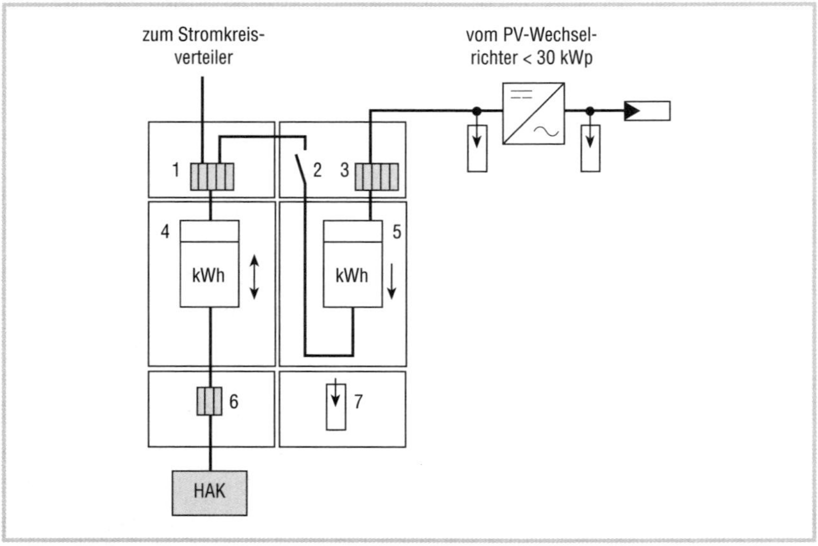

Bild 5.7 *Prinzipschaltbild der Netzeinspeisung für PV-Anlagen ≤ 30 kW nach EEG § 33*
1 Hauptleitungsabzweigklemme
2 Trennvorrichtung für die Erzeugungsanlage
3 Hauptleitungsabzweigklemme (alternativ auch bis 3 Sicherungen)
4 Zweirichtungszähler für Bezug und Lieferung
5 Zähler der Eigenerzeugungsanlage mit Rücklaufsperre
6 Trennvorrichtung für die Kundenanlage
7 Überspannungsableiter Typ 1 im Vorzählerbereich

5.15 Erstprüfungen von PV-Anlagen

Prüfungen der elektrischen Sicherheit und der Funktion von PV-Anlagen sind nach einer speziellen Norm durchzuführen. Es gilt DIN EN 62446 (VDE 0126-23) – Netzgekoppelte Photovoltaik-Systeme – Mindestanforderungen an Systemdokumentation, Inbetriebnahmeprüfung und wiederkehrende Prüfungen [53].

Diese Norm beschreibt den Mindestumfang der für die Inbetriebnahme von netzgekoppelten PV-Anlagen erforderlichen Prüfungen sowie die Mindestangaben, die in der Dokumentation der PV-Anlage enthalten sein müssen. Die Norm kann auch bei der Durchführung von Wiederholungsprüfungen als Richtschnur für die erforderlichen Prüfschritte gelten. In der Norm wird für die Prüfung Bezug auf die DIN VDE 0100-600 [51] genommen. Die Norm gilt nicht für Wechselstrommodulsysteme oder Systeme mit Energiespeichern (z. B. Batterien) oder Hybridsysteme.

6 Regelmäßige Überprüfung

Elektrische Anlagen sind in einem ordnungsgemäßen Zustand zu halten. Dies geschieht durch Messen, Erproben und Prüfen. Im Rahmen der Erstprüfung wird festgestellt, ob die Anlage regelkonform errichtet wurde. Da sich der Zustand während der Betriebszeit durch Wettereinfluss und Benutzung oder durch unvorhergesehene Ereignisse wie Gewitter ändern kann, sind regelmäßige Prüfungen erforderlich. Eine regelmäßige elektrotechnische Überprüfung nach DIN VDE 0105 [55] ist mit den Unfallverhütungsvorschriften begründbar. Im Regelfall beträgt die Prüffrist 4 Jahre. Für besondere Anlagen nach DIN VDE 0100 Gruppe 700, und zu diesen zählt die PV-Anlage nach DIN VDE 0100-712, oder um die *Anlagenverfügbarkeit* sicher zu stellen, ist eine Verkürzung der Prüffrist auf 1 Jahr erforderlich. Die Anwendung der Unfallverhütungsvorschrift wird wegen der eindeutigen gewerblichen Nutzung einer PV-Anlage für erforderlich gehalten. Sollte die Anlage in einer gewerblichen Nutzung stehen, in der das Arbeitsschutzgesetz gilt, so ist für die Prüfung der elektrischen Sicherheit die TRBS 1201 [56] hinzuzuziehen.

Modulhersteller schreiben eine regelmäßige Überprüfung der Installation vor. Danach sind folgende Punkte zu beachten:

- Überprüfen sämtlicher Anschlussleitungen und Steckverbinder auf mechanische Unversehrtheit und Korrosion,
- Überprüfen des Erdungswiderstands des Gesamtsystems gemäß der regionalen Vorschriften,
- Überprüfen auf Verschmutzungen der Module,
- Überprüfen des Zustands des Montagesystems im Hinblick auf Festigkeit und Korrosion.

Bei der routinemäßigen Instandhaltung eines Moduls darf die Erdungsleitung nicht unterbrochen oder zerstört werden!

Bei der Prüfung sind neben den oben genannten Prüfkriterien der Module besonders gründlich die außenliegenden Leitungsanlagen und Betriebsmittel auf ihren Zustand zu prüfen. Das schließt eine vollständige Isolationsüberprüfung mit ein. Bei der Sollwertfestlegung sind die nach DIN VDE 0105 [55] aufgeführten Isolationswiderstände zu Grunde zu legen. Darüber hinaus gelten die schon bei der Erstprüfung angewandten Regeln nach DIN VDE 0100-600 [51].

7 Arbeitssicherheit

Dieser Abschnitt soll nicht abgeschlossen werden, ohne auf die Fragen der Arbeitssicherheit einzugehen.

Grundsätzlich sind alle Arbeiten auf einem Dach zu organisieren. Das bedeutet zunächst die Aufstellung einer *Gefährdungsanalyse*, die auf die die tatsächlichen Gegebenheiten der Baustelle abgestimmt ist (BetrSichV § 3).

Folgende Maßnahmen sind erforderlich:

- Erstellung einer Montageanweisung,
- Unterweisung der Mitarbeiter über alle mit der Arbeit verbundenen Gefahren auf Grundlage der Gefährdungsbeurteilung,
- Einholung einer Ausnahmegenehmigung bei der zuständigen Behörde bei Montage der Solaranlage auf vorhandenen Wellasbestzementdächern,
- Einleitung und Durchführung technischer Schutzmaßnahmen, z. B. regelkonforme Baustromversorgung (DIN VDE 0100-704 [57], DGUV Vorschrift 3 [11], DGUV Information 203-00 [58]), Absicherung des öffentlichen Verkehrs und Absturzsicherungen für Verkehrswege und Arbeitsplätze (DGUV Vorschrift 38 [59], DGUV Information 201-008 [60]).

Ein Anseilschutz kommt nur bei kurzzeitigen Dacharbeiten in Betracht, wenn der Gesamtumfang der Arbeiten nicht mehr als zwei Personentage (zwei Personen ein Tag oder eine Person zwei Tage) umfasst oder Absturzsicherungen aus arbeitstechnischen Gründen nicht möglich sind oder Auffangeinrichtungen unzweckmäßig sind. Zur Beurteilung der Unzweckmäßigkeit der Verwendung von Auffangeinrichtungen gilt:

Der Einsatz von kollektiven, technischen Sicherungsmaßnahmen hat Vorrang vor der Verwendung von persönlichen Schutzausrüstungen gegen Absturz (PSAgA).

Die Ausnahmen sind jedoch bei der Montage von PV-Anlagen selten anwendbar, da meist mehrere Mitarbeiter auf dem Dach mit der Verteilung und Befestigung der Module beschäftigt sind.

Satteldächer mit einer Dachneigung >20° und ≤45° benötigen an der Traufseite ein Fanggerüst. Die Giebelseite erhält einen Seitenschutz. Lässt sich ein Seitenschutz nicht anbringen, ist auch hier ein Fanggerüst erforderlich (**Bild 7.1**).

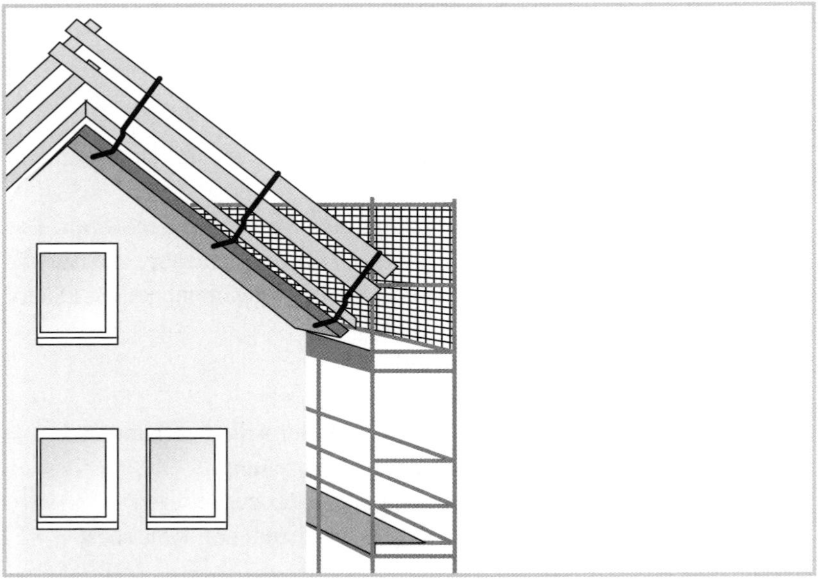

Bild 7.1 *Fangeinrichtung bei Dacharbeiten (Quelle: Info Fachstelle Bau Nr. 08 Stand 10-2008)*

Bei Satteldächern zwischen 45° und 60° Dachneigung ist ein sicherer Standplatz einzurichten. Das kann zum Beispiel mit Dachdeckerstühlen, oder Lattungen geschehen. Fangeinrichtungen müssen seitlich immer mind. 1 m über den Arbeitsplatz hinausragen.

Weitere Informationen sind den Schriften der Berufsgenossenschaften zu dem Thema „Sicherheit bei der Durchführung von Dacharbeiten" zu entnehmen. Hier sei insbesondere auf die Info der Fachstelle „Bau" Nr. 08 Stand 10-2008 zum Thema „Montage von Solar- und Photovoltaikanlagen auf Dächern" verwiesen.

8 Praktische Umsetzung

8.1 Festlegung der Tragkonstruktion

Die Tragkonstruktion stellt nicht nur den Untergrund für die Montage dar. Wesentliche Eigenschaften der Anlage werden durch die Konstruktion beeinflusst, wie die Optimierung der Leistung durch die Ausrichtung im Hinblick auf die Elevation und den Azimut. Darüber hinaus stellt die Art der sicheren Befestigung der Module einen wichtigen Aspekt dar. Das Erschweren der Demontage als *Diebstahlschutz* gehört ebenfalls dazu. Dazu existieren verschiedene Techniken. Zum Beispiel können mechanisch codierte Schrauben, Schrauben mit speziellen Antrieben wie z.B. Innensechskant, Torx usw. mit eingeschlagenen Stahlkugeln oder Stahlstopfen, Schrauben mit Einwegantrieben eingesetzt werden. [61]

Das Tragsystem stellt mit den Befestigungselementen zum Untergrund und zum Modul eine Einheit dar, für die ein statischer Nachweis der Festigkeit erforderlich ist. Dieser kann durch ein Zeugnis einer Materialprüfstelle erbracht werden. Hersteller von Tragsystemen legen diesen Nachweis vor. Der Installateur hat das System entsprechend den darin gemachten Vorgaben mit den vorgegebenen Produkten zu installieren.

Ein weiterer Aspekt ist die Wartbarkeit der Anlage. Elektrische Betriebsmittel müssen so angeordnet werden, dass ein ausreichender Platz für die Errichtung und für das spätere Ersetzen einzelner Teile gegeben ist. Zusätzlich ist der erforderliche Platz für notwendige Prüfungen, für die Besichtigung, Instandhaltung und Reparatur vorzuhalten, ohne wesentliche Teile der Anlage demontieren zu müssen. [38]

Darüber hinaus kann ein Tragsystem bei entsprechender Konstruktion auch als Verlegesystem für die Strangleitungen dienen.

8.2 Festlegen der Tragkonstruktion und der Befestigungspunkte auf den Montagegrund

Die Befestigung der Module auf dem Dach oder dem Untergrund muss so erfolgen, dass die gesamte Konstruktion gegen äußere Einwirkungen stabil ist. Die äußeren Einwirkungen, wie Gewicht der Module, Wind, Schnee und teilweise Begehen der Anlage müssen von der Tragkonstruktion aufgenommen werden. Dabei können *Zug- und Schubkräfte* in allen Richtungen und *Druckkräfte* auftreten, die von den Befestigungspunkten in den Untergrund geleitet werden müssen. Dazu sind die Elemente selbst für diese auftretenden Kräfte auszulegen, aber auch der Untergrund muss in der Lage sein, diese Kräfte aufzunehmen.

Besondere Probleme treten in diesem Zusammenhang bei Industriedächern auf, die üblich nur für die auftretenden Schneelasten ausgelegt sind und keine weiteren Lasten mehr tragen können. Ein morscher Balken eines Dachstuhls ist auch sicher nicht in der Lage, die Lasten aufzunehmen.

In Abhängigkeit von der Lastaufnahmemöglichkeit der Befestigungselemente und der Lastaufnahmefähigkeit des Untergrunds sind Anzahl und Art der Befestigungen zu bestimmen.

Bei der Festlegung des Montageuntergrunds muss zudem berücksichtigt werden, dass es sich bei den Belastungen nicht um rein statische Lasten handelt. Insbesondere der Wind führt zu Wechsellasten, die aufgefangen werden müssen und die ein ganzes Tragsystem ins Schwingen bringen können.

→ Eindringendes Wasser führt zu Zerstörung!

Bei der Konstruktion und Befestigung der Tragkonstruktion ist unbedingt darauf zu achten, dass eindringendes Wasser einwandfrei abfließen kann. Sollte Wasser in den Frosttagen in der Konstruktion verbleiben, führt dies zu erheblichen Schäden, die die Festigkeit der Konstruktion beeinflussen können. Auch die elektrischen und mechanischen Eigenschaften der Leitungen und Verbindungselemente können in Mitleidenschaft gezogen werden. Besondere Sorgfalt ist bei der Durchdringung der Dachhaut geboten. Eindringendes Wasser führt dabei zu gravierenden Schäden, die durch fachgerechte Ausführung der Arbeiten vermeidbar sind.

8.3 Verschaltungsarten von Modulen

PV-Module erzeugen derzeit bei Leistungen von bis zu 600 W eine durchschnittliche Spannung von rund 40 V und Ströme von bis zu ca. 17 A in Abhängigkeit von der Einstrahlung. Die Umwandlung der erzeugten Gleichspannung in eine Wechselspannung zur Verwendung in unseren Niederspannungsnetzen wird mit Wechselrichtern realisiert. Um eine hinreichende Leistung bereitzustellen, existieren zwei Wege, diese aus der von den Modulen bereitgestellten Energie umzusetzen. Es ist möglich, die Module in einer Reihenschaltung zu verschalten, um die Spannung an den Wechselrichtern zu erhöhen. Es ist auch möglich, die Module parallel zu verschalten, sodass die Spannung gleich bleibt, sich aber der Strom aus der Summe der Module erhöht. **Bild 8.1** zeigt die unterschiedlichen Verkabelungsstrategien dieser beiden Varianten.

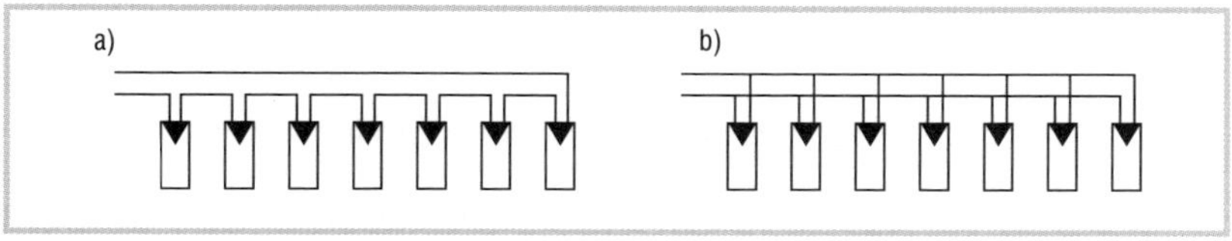

Bild 8.1 *Modulverschaltung in a) Reihenschaltung und b) Parallelschaltung*

Einflüsse auf die Art der Verschaltung entstehen zum Beispiel bei unvermeidlichen Verschattungen, bei denen die Parallelschaltung erhebliche Vorteile aufweist. Die Wechselrichter sind in jedem Fall an die entsprechende Verschaltungsart anzupassen.

Bei der Dimensionierung der Reihenschaltung von Modulen ist besonders auf die Spannungs-Grenzwerte der Module zu achten. Die Werte für die maximale Modulspannung sind zu berücksichtigen. Diese kann zwei unterschiedliche Werte beinhalten.

Maximale Modulspannung:

- nach Schutzklasse II = 750 V DC und
- nach IEC 61215 = 1.000 V DC.

Die Dimensionierung erfolgt in Abhängigkeit von der Schutzmaßnahme. Diese ist mit Schutzklasse II in DIN VDE 0100-712 [43] angegeben. Bei der Dimensionierung ist auch der Temperaturkoeffizient der Spannung zu berücksichtigen. Die angegebene Modulspannung ändert sich mit dem Temperaturkoeffizienten und ist bei niedrigen Temperaturen höher als mit U_{SC} angegeben. Bei der Reihenschaltung von Modulen ist darauf zu achten, dass die Systemspannung kleiner bleibt als die maximal zulässige Spannung für die Module, Leitungen, Sicherungen usw.

Bei der Berechnung der maximal im System auftretenden Spannung ist das Hersteller-Datenblatt erforderlich. Dazu werden folgende Werte benötigt:

- Leerlaufspannung V_{oc} des Moduls und
- Temperaturkoeffizient der Spannung.

Aus den Anlagenwerten sind folgende Werte erforderlich:

- die Anzahl der in Reihe geschalteten Module,
- die geringste zu erwartende Temperatur, die Mindestauslegungstemperatur und
- die maximale Bestrahlungsstärke, die bei dieser Temperatur auftreten kann.

Aus diesen Werten ist die höchste zu erwartende Strangspannung zu ermitteln. Diese darf nicht höher sein als die Bemessungsdaten der beteiligten Betriebsmittel.

Gleichung 8.1: Temperaturkorrigierte Strangspannung

$$U'_{\mathrm{OC\,MOD}} = U_{\mathrm{OC\,MOD}} \cdot (1 + \Delta\varphi_{\mathrm{TH}} \cdot \text{Temperaturkoeffizenten für } U_{\mathrm{OC}}) \cdot N$$

N	Anzahl der Module im Strang, die in Reihe geschaltet sind
$U_{\mathrm{OC\,MOD}}$	Modulleerlaufspannung bei 25 °C
$\Delta\varphi_{\mathrm{TH}}$	Temperaturunterschied zwischen der niedrigsten Betriebstemperatur und der „STC-Temperatur“ 25 °C, zum Beispiel 0,36 %/°C.

Auch bei der Parallelschaltung von Modulen können Betriebsmittel an der Grenze der Betriebsbedingungen der Anlage überlastet werden. Dazu ist der im Fehlerfall maximal auftretende Strom zu ermitteln. Dieser darf nicht größer werden als der zulässige Strom durch ein Modul, der in den Datenblättern angegeben ist.

8.3.1 Netzsysteme von PV-Anlagen

Auch bei der Beschreibung von PV-Systemen werden, wie bei den übrigen Versorgungssystemen, Buchstabengruppen verwendet, um den Systemaufbau zu kennzeichnen.

Die Buchstabengruppen beschreiben die Erdungsanordnung des PV-Systems und die Auswirkung auf den Anwendungsstromkreis des PV-Systems. Dieses Kennzeichnungssystem gilt nur für den Gleichstromteil der PV-Anlage.

Erster Buchstabe – Verbindung des Gleichstromsystems der PV-Anlage mit Erde:

- E – direkte Verbindung eines Punktes der stromführenden Leiter mit Erde,
- F – alle aktiven Teile sind gegen Erde isoliert oder ein Punkt der stromführen den Leiter ist hochohmig mit Erde verbunden,

- **R** – alle aktiven Teile sind nicht direkt mit Erde verbunden; sie sind aber über einen Stromrichter auf Erde bezogen.

Zweiter Buchstabe – Verbindung der Körper der Anlage mit Erde:

- **T** – direkte elektrische Verbindung der Körper mit Erde unabhängig von der Erdung eines beliebigen Punktes des Anwendungsstromkreises; E DIN IEC 62548 (VDE 0126-42):2010-07,
- **D** – direkte elektrische Verbindung der Körper mit dem geerdeten Punkt des Anwendungsstromkreises. Eine Art des Anwendungsstromkreises kann das elektrische Versorgungsnetz sein. In diesen Wechselstromnetzen ist der geerdete Punkt gewöhnlich der Neutralpunkt oder, falls kein Neutralpunkt zur Verfügung steht, ein Außenleiter. Es gelten hier die Bezeichnungen der DIN VDE 0100.
- **U** – keine Verbindung der Körper mit Erde.

Nachfolgende Buchstaben gelten, soweit sie im System vorhanden sind und der Anwendungsstromkreis, mit dem die PV-Anlage verbunden ist, die folgenden Eigenschaften aufweist:

- **D** – Gleichstromlasten,
- **I** – Wechselstromlast über einen Umrichter mit Potentialtrennung,
- **X** – Wechselstromlast über einen Umrichter ohne Potentialtrennung (ein Wechselrichter, der keine galvanische Trennung zwischen der Gleichstrom- und der Wechselstromverbindung bietet),
- **B** – der Anwendungsstromkreis enthält eine Batterie, die einen Fehlerstrom zurück in die PV-Anlage einspeisen kann [62].

8.4 Dimensionierung der Strangleitungen

Strangleitungen sind wie andere Energieleitungen auf die Betriebsspannung und auf die Strombelastbarkeit zu dimensionieren. Dazu stehen Tabellenwerke zur Verfügung, die, bezogen auf die Leitungsart, die Umgebungstemperatur und die maximale am Leiter zulässige Betriebstemperatur ausgelegt sind.

Die **Tabelle 8.1** gilt für 60 °C Umgebungstemperatur und für eine maximale Leitertemperatur von 120 °C. Für die von 60 °C abweichenden Temperaturen gilt **Tabelle 8.2.**

Werden die Leitungen zu mehr als 2 Leitungen gebündelt, sind Reduktionsfaktoren für die Häufung anzusetzen. Diese ergeben sich aus der Tabelle A.52 – 17 der IEC 60364-5-52, grundsätzlich lässt sich hier die Tabelle 21 aus DIN VDE 0298-4 verwenden, die das gleiche Ziel verfolgt. **Tabelle 8.3** zeigt die *Reduktionsfaktoren* bezogen auf die verlegten Stränge.

Tabelle 8.1 *Strombelastbarkeit von PV-Leitungen [63]*

Nennquerschnitt in mm²	Strombelastbarkeit in A nach Verlegeart		
	einzeln frei in Luft	einzeln an Flächen	zwei berührend an Flächen
1,5	30	29	24
2,5	41	39	33
4	55	52	44
6	70	67	57
10	98	93	79
16	132	125	107

Tabelle 8.2 *Umrechnungsfaktoren für von 60 °C abweichende Umgebungstemperaturen [64]*

Umgebungstemperatur in °C	Umrechnungsfaktor
bis 60	1
70	0,91
80	0,82
90	0,71
100	0,58
110	0,41

Tabelle 8.3 *Reduktionsfaktoren für Leitungen*

Anzahl der Stränge	1	2	3	4	5	6	7	8	9	10	12	14	16	18	20
Reduktions-faktor	1,00	0,80	0,70	0,65	0,60	0,57	0,54	0,52	0,50	0,48	0,45	0,43	0,41	0,39	0,38

Das bedeutet praktisch, dass bei der Zusammenfassung von Strangleitungen, wenn dazu 6 Stränge in einem gemeinsamen Bündel zum Wechselrichter geführt werden, diese nur zu 57 % belastet werden dürfen.

Eine für den Strom von 41 A zugelassene Leitung darf demnach nur mit 57 % von 41 A entsprechend 23,37 A belastet werden. In der Praxis werden diese Werte allgemein eingehalten. Wird ein Strang mit einem Strom von ca. 10 A installiert und eine Leitung mit einem Querschnitt von 6 mm² verwendet, die mit einem Strom von ca. 60 A belastbar ist, ist in diesem Fall $10/60 = 0{,}17$ also ein Reduktionsfaktor auf 17 % möglich. Das würde wesentlich mehr als 20 Stränge in einem Bündel bedeuten.

Ein Beispiel für die Anwendung des Faktors zur Häufung findet sich in einigen Herstellerunterlagen. **Bild 8.2** zeigt einen Ausschnitt aus einer Herstellerunterlage mit Verarbeitungshinweisen für die Verwendung.

Auch die Umrechnungsfaktoren für abweichende Umgebungsbedingungen werden von manchen Herstellern angegeben. **Bild 8.3** zeigt die Umrechnungsfaktoren eines Herstellers.

Kabelquerschnitt in mm²	Strom in A bei Verlegung frei in Luft	an Flächen ohne gegenseitiger Berührung	an Flächen mit gegenseitiger Berührung	in Rohr, Kanal Gehäuse
	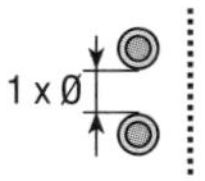	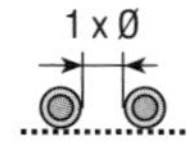	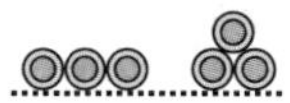	
1,5	39	37	26	21
2,5	51	48	34	27
4	68	65	45	36
6	88	84	59	47
10	121	115	80	64

Bild 8.2 *Strombelastbarkeit und Korrektur für Häufung von BETAflam Solar Leitungen der Fa. Leonie Studer AG [65] (Auszug)*

Temperatur in °C	Strombelastbarkeit bei 120 °C x Faktor
20	1,05
30	*1,00*
40	0,94
50	0,88
60	0,82
70	0,75
80	0,67
90	0,58

Bild 8.3 *Korrekturfaktoren für geänderte Umgebungsbedingungen (Basis 30 °C) für BETAflam Solar-Leitungen der Fa. Leonie Studer AG [65] (Auszug)*

8.4.1 Leitungsverluste

Wie bei allen elektrischen Leitungsanlagen geschieht auch in diesen Systemen der Transport der Energie nicht verlustfrei. So hat der Errichter der Anlage zu entscheiden, welche Verluste er zulassen kann, um die Wirtschaftlichkeit der Anlage zu gewährleisten. Bei der Leitungsdimensionierung sind die beiden Faktoren die Kosten der Leitungen, bezogen auf den zu verwendenden Querschnitt mit seinem Leistungsverlust.

Grundsätzlich gilt, je größer der Leitungsquerschnitt umso kleiner die Verluste auf den Leitungen und umso höher ist der Ertrag der Anlage. Dabei ist der Mindestquerschnitt im Hinblick auf die Belastbarkeit und den Kurzschlussfall zu berücksichtigen. Diese Dimensionierung steht im engen Zusammenhang mit der Dimensionierung der Strangsicherungen und der Steckersysteme sowie der Anschlüsse in den Strangverteilern und Wechselrichtern. Diese Anschlüsse sind für bestimmte Leiterdimensionen hergestellt, die aus mechanischen Gründen eingehalten werden müssen. Es handelt sich bei der Dimensionierung um einen Optimierungsprozess, bei dem die genannten Faktoren einzuhalten sind. **Bild 8.4** stellt die Zusammenhänge dar.

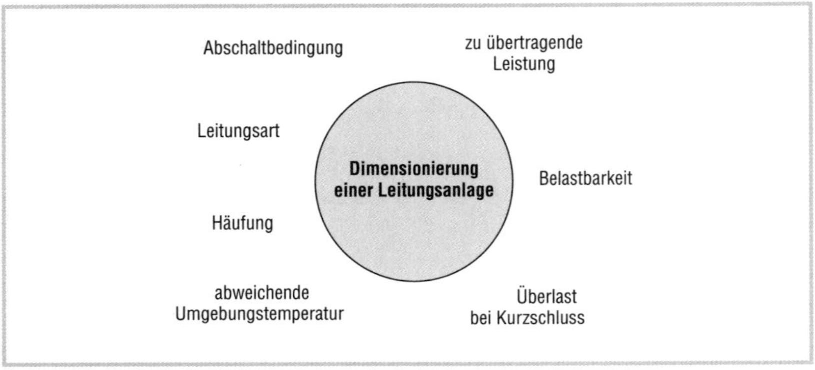

Bild 8.4 *Bestimmende Faktoren zur Leitungsdimensionierung*

Der Leistungsverlust auf einer gleichstromführenden Leitung ist proportional dem Quadrat des fließenden Stromes und umgekehrt proportional zum Querschnitt. Mit Hilfe der Gleichung 8.2 können diese Verluste ermittelt werden.

Gleichung 8.2: Leistungsverlust auf Gleichstromleitungen

$$P_V = I^2 \cdot R_L$$

P_v Verlustleistung auf einer Leitung mit dem Widerstand R
R_L Ohmscher Widerstand der Leitung
I Strom, der auf der Leitung fließt

Das Verhältnis der Verlustleistung zwischen zwei Querschnitten ergibt sich unter Verwendung der Gleichung 8.3:

Gleichung 8.3: Leiterwiderstand

$$R_L = \frac{l}{\chi \cdot S}$$

R_L Ohmscher Widerstand der Leitung
l Leiterlänge
S Leiterquerschnitt
χ spezifischer Leitwert des Leitermaterials

Für die Leitung mit dem Querschnitt S_1 gilt:

$$R_{V1} = \frac{l_1}{\chi \cdot S_1}$$

Damit gilt für das Verhältnis zweier Leitungen mit unterschiedlichen Querschnitten:

Gleichung 8.4: Verhältnis von Leistungsverlust und Leiterquerschnitt

$$\frac{P_{V1}}{P_{V2}} = \frac{S_2}{S_1}$$

P_{V1} und P_{V2} Leistungsverlust auf den Leitungen
S_1 und S_2 Leiterquerschnitt der jeweilige Leistungsverluste

Bei der Dimensionierung ist der maximal fließende Strom in den Leitungen abzuschätzen. Dieser ergibt sich, wie gezeigt, aus den technischen Daten des Modulherstellers und der Verschaltungsart der Module.

Ein Beispiel einer Strangverkabelung mit x-Modulen in Reihe soll das Verfahren verdeutlichen. Dabei wird ein maximaler Strom im Normalbetrieb von ca. 10 A angenommen.

Für die Verkabelung stehen üblich folgende Leiterquerschnitte zur Verfügung: 2,5 mm^2, 4 mm^2, 6 mm^2, 10 mm^2.

Ein Strom von 10 A kann mit einer Leitung mit einem Querschnitt von 2,5 mm^2 transportiert werden, wenn diese entsprechend verlegt ist.

Unter Verwendung der Gleichung 8.4 folgt:

$$\frac{P_{V1}}{P_{V2}} = \frac{S_2}{S_1} = \frac{4\ \text{mm}^2}{2{,}5\ \text{mm}^2} = 1{,}6$$

Damit ist der Leistungsverlust einer 2,5 mm^2-Leitung um den Faktor 1,6 größer als der einer 4 mm^2-Leitung. Das bedeutet, wenn eine 2,5 mm^2-Leitung verlegt wird, hat diese 60 % höhere Verluste als eine 4 mm^2-Leitung.

Zwischen der 4 mm^2-Leitung und der 6 mm^2-Leitung besteht ein Faktor von 1,5 und damit 50 % höhere Verluste bei dem kleineren Querschnitt. Wird hingegen anstelle einer 1,5 mm^2-Leitung eine Leitung mit 6 mm^2 Querschnitt verwendet, wird sich der Verlust auf den Faktor 4 erhöhen.

Die Verlustleistung auf den Leitungen und der damit verbundene Verlust an Einspeisearbeit kann aus der Leistung der Anlage und dem fließenden Gleichstrom abgeschätzt werden.

Berechnungsgrundlage zur Abschätzung kann ein mittlerer Strangstrom von 5 A und einer Stunde Betrieb sein. Daraus folgt für eine Leitung mit 1,5 mm²:

$$W = \frac{I^2 \cdot l \cdot \rho}{A} \cdot t = \frac{5^2\,A^2 \cdot 0{,}018\,\Omega mm^2/m \cdot 1\,m}{1{,}5\,mm^2} \cdot 1\,h = 0{,}3\,Wh$$

Eine 1,5 mm²-Leitung hat somit bei einem Strom von 5 A je Meter einen Verlust von 0,3 Wh in einer Stunde Stromproduktion. Eine 4 mm²-Leitung weist lediglich 0,11 Wh Verlust pro Stunde und Meter auf. Mit der Einspeisevergütung und der möglichen Betriebszeit der Anlage multipliziert, kann die Frage beantwortet werden, welche Leitung am sinnvollsten ist.

Daraus lässt sich auch ein Planungsgrundsatz ableiten, der besagt, dass die Leitungen, gleichgültig ob Gleichstromleitungen oder Wechselstromleitungen, möglichst kurz sein sollten, um derartige Verluste zu minimieren. Nur bei optimierten Leitungsanlagen kann auch eine optimale Ausnutzung der in der Anlage erzeugten Energie erfolgen.

8.4.2 Dimensionierung der Strangsicherungen

Ein Überstromschutz für einen PV-Strang muss installiert werden, wenn

Gleichung 8.5: Notwendigkeit des Überstromschutzes

$$(n_p - 1) \cdot I_{SC\,MOD} > I_{MAX\_OCPR} \cdot 1{,}25$$

n_p	Anzahl der parallel geschalteten Stränge einer PV-Anlage
$I_{SC\,MOD}$	Kurzschlussstrom eines PV-Moduls oder eines PV-Stranges bei Normprüfbedingungen nach den Festlegungen des Herstellers auf dem Leistungsschild
I_{MAX_OCPR}	Bemessungswert des größten Überstromschutzes des PV-Moduls nach IEC 61730. Dieser Wert ist vom Hersteller anzugeben.

Bild 8.5 zeigt ein Leistungsschild eines Moduls das die zur notwendigen Berechnung erforderlichen Daten enthält.

Das bedeutet zum Beispiel, dass bei einem vom Hersteller angegebenen Wert von $I_{MAX\,OCPR}$ = 12 A und einem Wert $I_{SC\,MOD}$ = 5,58 A bei zwei parallel geschalteten Strängen

$$(n_p - 1) \cdot I_{SC\,MOD} > I_{MAX\,OCPR} \cdot 1{,}25$$

$$(2 - 1) \cdot 5{,}58\,A > 12 \cdot 1{,}25$$

5,58 A ist nicht größer als 15 A.
Damit ist kein Überstromschutz für einen Strang erforderlich.

Bild 8.5 *Leistungsschild eines Moduls*

Für fünf Stränge sieht die Rechnung wie folgt aus:

$$(n_p - 1) \cdot I_{SC\,MOD} > I_{MAX\,OCPR} \cdot 1{,}25$$

$$(5 - 1) \cdot 5{,}58\,A > 12 \cdot 1{,}25$$

22,32 A ist größer als 15 A.
Damit ist für 5 Stränge, die parallel geschaltet werden, die Absicherung erforderlich.

Für den Nennwert des Auslösestromes I_{TRIP} der Überstrom-Schutzeinrichtungen für einen Strang muss gelten:

Gleichung 8.6: Nennwert der Überstromschutzeinrichtung im Strang [62]

$$I_{TRIP} > 1{,}4 \cdot I_{SC\,MOD}$$

und

$$I_{TRIP} < \text{der kleinere Wert von } (2{,}4 \cdot I_{SC\,MOD} \text{ oder } I_{MAX\,OCPR})$$

I_{TRIP}	Nennstromstärke einer Überstromschutzeinrichtung
$I_{SC\,MOD}$	Kurzschlussstrom eines PV-Moduls oder eines PV-Stranges bei Normprüfbedingungen nach den Festlegungen des Herstellers auf dem Leistungsschild
$I_{MAX\,OCPR}$	Bemessungswert des größten Überstromschutzes des PV-Moduls nach IEC 61730. Dieser Wert ist vom Hersteller anzugeben.

Das bedeutet zum Beispiel, dass bei einem vom Hersteller angegebenen Wert von $I_{MAX\ OCPR}$ = 12 A und einem Wert $I_{SC\ MOD}$ = 5,58 A folgende Sicherung eingesetzt werden muss:

$I_{TRIP} > 1{,}4 \cdot 5{,}58$ A

$I_{TRIP} >$ als 7,8 A

und

$I_{TRIP} <$ der kleinere Wert von ($2{,}4 \cdot I_{SC\ MOD}$ oder $I_{MAX\ OCPR}$)

$I_{TRIP} <$ der kleinere Wert von ($2{,}4 \cdot 5{,}58$ A oder 12 A)

$I_{TRIP} <$ der kleinere Wert von (13,4 A oder 12 A)

$I_{TRIP} < 12$ A

Der Wert der Sicherung muss also zwischen 7,8 A und 12 A liegen.

Der Nennwert des Auslösestromes I_{TRIP} der Überstrom-Schutzeinrichtungen für *PV-Teilanordnungen (S-ARRAY)* muss nach folgender Gleichung bestimmt werden:

Gleichung 8.7: Nennwert der Überstromschutzeinrichtung im Array [62]

$$1{,}25 \cdot I_{SC\ ARRAY} \leq I_{TRIP} \leq 2{,}4 \cdot I_{SC\ ARRAY}$$

I_{TRIP} Nennstromstärke einer Überstromschutzeinrichtung

$I_{SC\ S\text{-}ARRAY}$ Kurzschlussstrom der PV-Anlage bei Normprüfbedingungen mit folgender Gleichung: $I_{SC\ S\text{-}ARRAY} = I_{MOD} \cdot S$; dabei ist S die Anzahl der parallel geschalteten PV-Stränge in der PV-Anlage.

Der Nennwert des Auslösestromes I_{TRIP} der Überstrom-Schutzeinrichtungen für *PV-Anordnungen (ARRAY)* muss nach folgender Gleichung bestimmt werden:

Gleichung 8.8: Nennwert der Überstromschutzeinrichtung im Array [62]

$$1{,}25 \cdot I_{SC\ S\text{-}ARRAY} \leq I_{TRIP} \leq 2{,}4 \cdot I_{SC\ S\text{-}ARRAY}$$

Bei der Auswahl der Sicherungen sollte jedoch zusätzlich überprüft werden, ob die Anlagendaten auch nach Temperaturänderung noch mit den zugrunde gelegten Daten übereinstimmen und die Sicherungen nicht überlastet werden. Das gilt zum einen für die Anordnung der Sicherungen und zum anderen für die zulässige Betriebsspannung.

Bei der Auswahl der Sicherung ist die Bemessungsspannung der Sicherungen zu berücksichtigen. Die Spannung am Generator ändert sich bei unterschiedlichen Temperaturen. Sie ist bei niedrigster *Auslegungstemperatur* am höchsten. Bemessungswert ist eine Temperatur von 20 °C. In diesem Fall entspricht die Modulspannung dem Wert U_{oc}. Werden mehrere Module in Reihe geschaltet, erhöht sich die Strangspannung entsprechend.

Die Spannung ist mit dem Faktor der Temperaturkoeffizienten für U_{oc} zu berichtigen.

Gleichung 8.9: Temperaturkorrigierte Modulspannung

$$U'_{OC\,MOD} = U_{OC\,MOD} \cdot (1 + \Delta\vartheta_{TH} \cdot \text{Temperaturkoeffizenten für } U_{OC})$$

$U_{OC\,MOD}$ Modulleerlaufspannung bei 25 °C

$\Delta\vartheta_{TH}$ Temperaturunterschied zwischen der niedrigsten Betriebstemperatur und der „STC-Temperatur" 25 °C

Ein Beispiel soll das verdeutlichen:
Die niedrigste Betriebstemperatur ist mit – 20°C festgelegt. Das ist die Temperatur, die am Aufstellungsort bei Betrieb der Anlagen vorkommen kann. Der Temperaturkoeffizient für U_{oc} beträgt nach den beispielhaften Angaben des Modulherstellers 0,36 %/°C. Aus Gleichung 8.9 folgt:

$$U'_{OC\,MOD} = 36{,}4\,\text{V} \cdot [1 + (25\,°\text{C} - 20\,°\text{C}) \cdot 0{,}36\,\%/°\text{C}]$$
$$= 36{,}4\,\text{V} \cdot 1{,}018 = 37{,}06\,\text{V}$$

Damit beträgt die Modulspannung bei der niedrigsten angenommenen Modultemperatur ca. 16 % mehr als die STC-Spannung. Auch die Strangspannung steigt in diesem Fall um den gleichen Faktor. Das ist nicht nur für die Bemessungsspannung der Sicherung, sondern auch für die maximale Systemspannung am Modul und am Wechselrichter relevant.

Werden mehrere Sicherungen nebeneinander angeordnet, so besteht die Möglichkeit der gegenseitigen Beeinflussung. Durch die abgegebene Wärme und durch Wärmeeinfluss von außen verschiebt sich die Kennlinie nach unten, was zu einer früheren Abschaltung als bei Nennbedingungen führt.

Für die Temperaturanpassung ist das der Faktor K_{TH} für das Temperatur-*Derating*.

Unter Derating versteht man das Herabsetzen von Kennwerten unter bestimmten Anwendungsbedingungen. In diesem Fall beschreibt es die Verschiebung der Auslösekennlinie einer Sicherung bei erhöhten Temperaturen. Bei 60 °C ist ein Faktor K_{TH} von 0,84 anzusetzen. Das bedeutet, dass die Sicherung bei einer Umgebungstemperatur von 60 °C bereits bei 84% des auf 30 °C bezogenen Bemessungsstromes auslöst.

Der Wechsellastfaktor „A2“ beschreibt die Laständerung, die bei unterschiedlicher Einstrahlung auftritt und in der Sicherung einen unterschiedlichen Strom hervorruft.

Werden Sicherungen so montiert, dass sie sich gegenseitig durch die Abwärme beeinflussen, ist die Häufung der Sicherungshalter „K_{SZ}“ zu berücksichtigen. Werden diese Korrekturen nicht durchgeführt, kann es zu einer frühzeitigen Auslösung der Sicherung kommen.

Insgesamt ergibt sich damit eine Gleichung für die Berücksichtigung von *Korrekturfaktoren* zur Auslegung von Sicherungen, wie in Gleichung 8.10 dargestellt.

Gleichung 8.10: Geringster Bemessungsstrom der Sicherung

$$I'_N = I_N \cdot K_{TH} \cdot A_2 \cdot K_{SZ}$$

I'_N auf die Umgebung korrigierter Sicherungsbemessungsstrom
I_N unter Normalbedingungen
K_{TH} Faktor für das Temperatur-Derating nach Herstellerangaben
A_2 Wechsellastfaktor, vom Wechsel der Sonneneinstrahlung abhängig
K_{SZ} Korrekturfaktor durch Häufung der Sicherungshalter gemäß Datenblatt des Herstellers

Der so errechnete Belastungswert der Sicherung muss mit der Gleichung 8.6 überprüft und gegebenenfalls angepasst werden. Auf die Abschaltbedingung zum Schutz gegen elektrischen Schlag hat die Reduzierung keinen negativen Einfluss, da die Sicherung früher schaltet als mit dem Nennwert berechnet.

8.5 Wechselrichter in PV-Systemen

Elektrische Anlagen sind so zu planen und zu installieren, dass ein ungefährdeter Betrieb gewährleistet ist. Daraus folgt, dass PV-Generatoren, Wechselrichter und sonstige Betriebsmittel sachgerecht und regelkonform gewartet werden können. Das setzt voraus, dass diese Arbeiten im spannungsfreien Zustand ausgeführt werden können. Dazu sind die Spannungsversorgungen, die zu den Geräten führen, so auszulegen, dass sie freigeschaltet werden können und gegen Wiedereinschalten zu sichern sind. Dazu sind auf der Gleichspannungsseite wie auf der Wechselspannungsseite

Schaltgeräte vorzusehen. Auf der Gleichspannungsseite müssen diese Geräte in der Lage sein, unter Last zu trennen. Es sind folglich Lasttrennschalter einzusetzen. Diese müssen für die Gleichspannungslast ausgelegt sein. Die häufig verwendeten Stecker der Gleichstromleitungen erfüllen diese Anforderungen nur bedingt. Der Hinweis in **Bild 8.6** zeigt das Verbot der Trennung unter Last. Gleiches gilt auf der Wechselspannungsseite. Hier können auch angeordnete Schutzeinrichtungen, wie Sicherungslasttrenner, zur Freischaltung dienen. Die generellen Möglichkeiten zur Anordnung von Freischaltstellen zeigt **Bild 8.7**.

Die Positionen a und b im Bild 8.7 zeigen die Möglichkeit, die Gleichspannungsfreischaltung direkt vor dem Wechselrichter oder am Verteiler des Teilgenerators zu positionieren. Die *Freischaltstellen* auf der Wechselstromseite finden sich in jedem Fall im Schaltgerät der Messeinrichtung

Bild 8.6 *Nicht unter Last trennen – Sicherheitshinweis auf einem Stecker*

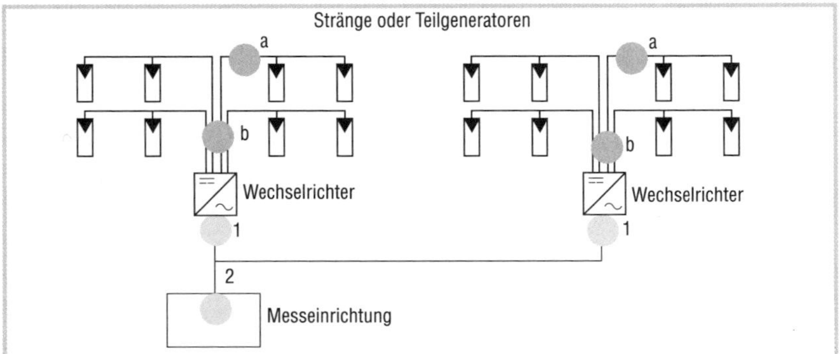

Bild 8.7 *Freischaltstellen an einer PV-Anlage*

und, wenn mehrere Wechselrichter in der Anlage installiert sind, vor jedem Wechselrichter. Dadurch muss nicht die gesamte Anlage freigeschaltet werden, wenn an einem Wechselrichter gearbeitet wird.

In Abhängigkeit von der Anlagengröße werden weitere Schaltgerätekombinationen benötigt. Bei einfachen, kleinen Anlagen bis 30 kWp lassen sich die Stränge direkt in die Wechselrichter führen. Dort werden sie verdrahtet. Bei größeren Anlagen werden Stränge zu Teilgeneratoren zusammengefasst. Die **Bilder 8.8** bis **8.10** zeigen Beispiele dazu.

Die Zusammenfassung zu *Teilgeneratoren* kann zum Beispiel in einem Schaltgerät erfolgen, in dem die Strangsicherungen, der Schalter zum Freischalten sowie weitere der Überwachung dienenden Geräte enthalten sind. **Bild 8.11** zeigt den Aufbau eines solchen Verteilers für 16 Stränge.

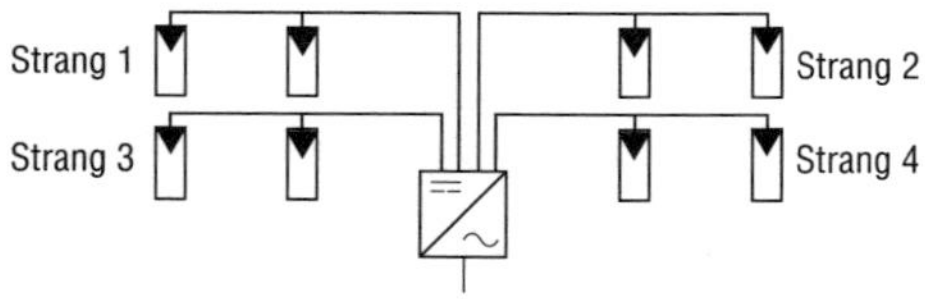

Bild 8.8 *Stränge werden direkt im Wechselrichter zusammengefasst*

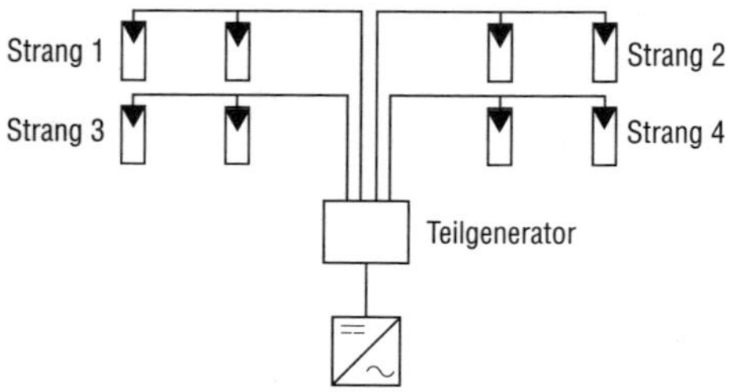

Bild 8.9 *Stränge werden zu Teilgeneratoren zusammengefasst*

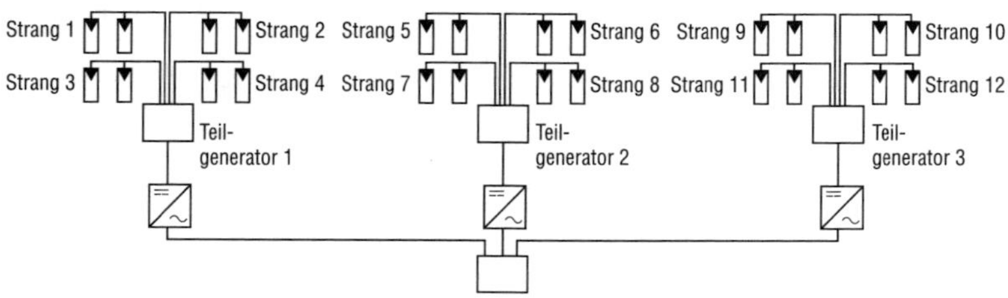

Bild 8.10 *Teilgeneratoren mit den Wechselrichtern werden zusammengefasst*

Bild 8.11 *Teilgeneratorschaltgerät mit Freischalteinrichtung und Strangüberwachung*

8.6 Leitungen zwischen Wechselrichter und Zählerverteiler

Die Leitungsanlagen zwischen dem Wechselrichter und der Messeinrichtung sind entsprechend den Anforderungen der DIN VDE 0100 zu errichten. Es handelt sich hierbei um eine ganz normale Versorgungsanlage. Eine Reihe von Einflüssen ist bei der Dimensionierung zu berücksichtigen. Eine Zusammenstellung der wichtigsten Faktoren zeigt **Bild 8.12.**

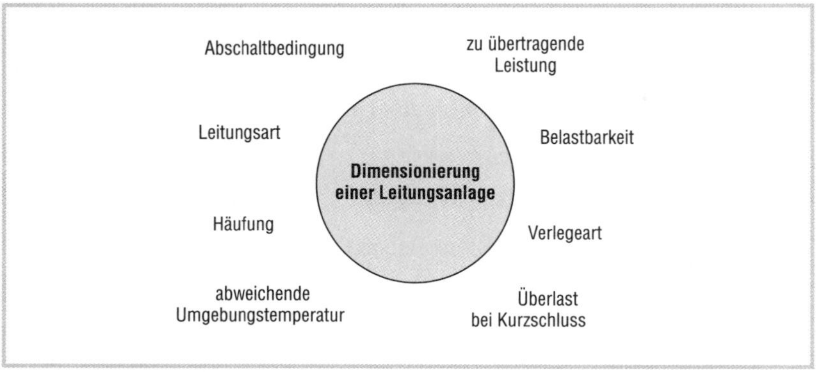

Bild 8.12 *Faktoren, die bei der Leitungsdimensionierung zu berücksichtigen sind*

8.6.1 Betriebsstrom der Leitung

Zu Beginn der Dimensionierung ist die zu übertragende Leistung aus der Anlage festzulegen. Dabei können auch geplante Erweiterungen in Betracht gezogen werden. Daraus ist der Strom zu bestimmen, der in der Leitung maximal fließt.
Die Gleichung 8.11 kann dabei zu Grunde gelegt werden:

Gleichung 8.11: Leistung im Drehstromsystem

$$P = \sqrt{3} \cdot U \cdot I \cdot \cos\varphi$$

P	die im Generator erzeugte Leistung unter Berücksichtigung der Verluste auf den Strangleitungen und im Wechselrichter
U	die Versorgungsspannung des Netzes, Leiterspannung bei dreiphasigen Systemen, Strangspannung bei einphasigen Systemen
$\cos\varphi$	Leistungsfaktor der Verbraucheranlage
$\sqrt{3}$	Verkettungsfaktor des dreiphasigen Systems

Wenn man die die Gleichung umstellt, ergibt das den Betriebsstrom für die Leitung. Dies ist die mindestens erforderliche Strombelastbarkeit der Leitung:

Gleichung 8.12: Betriebsstrom auf Versorgungsleitungen

$$I_B = \frac{P}{\sqrt{3} \cdot U \cdot I \cdot \cos\varphi}$$

Der so ermittelte Strom belastet die Leitung und ist bei der Festlegung des Leiterquerschnitts mindestens zugrunde zu legen. Dabei sind eventuelle spätere Erweiterungen der Anlage zu berücksichtigen. Die bereits im Vorfeld verlegte höher belastbare Leitung erfordert weniger Kosten als ein späteres Auswechseln der Leitung nach einer Erweiterung.

8.6.2 Belastbarkeit von Leitungen

Die Strombelastbarkeit einer Leitung ist abhängig von der

- Betriebstemperatur des Leiters,
- Umgebungstemperatur,
- Verlegeart gemäß VDE 298 Teil 4 [66],
- Anzahl der belasteten Adern,

- abweichenden Umgebungstemperaturen,
- Häufung und
- von dem Oberschwingungsgehalt der Spannung.

So ist zunächst ein Leitungstyp auszuwählen, der den Umgebungsbedingungen genügt. Wird die Leitung im Außenbereich verlegt und ist sie dabei der Sonnenstrahlung ausgesetzt, ist eine Leitung vom Typ NYY zu verwenden. Im Innenbereich und ohne direkte Sonneneinstrahlung kann der Leitungstyp NYM verwendet werden. Beide haben nach DIN VDE 0298-4 [66] die gleiche Belastbarkeit. Diese basiert auf der maximal zulässigen Betriebstemperatur an der Leiteroberfläche.

Für die Belastbarkeit gelten die Tabellen 3 und 4 aus DIN VDE 0298-4 [66] unter Berücksichtigung der Betriebsart, Verlegeart, der Einzelverlegung und der Umgebungstemperatur von 30 °C.

Für die Verlegung auf oder in einer Wand von ein- oder mehradrigen Kabeln oder ein- oder mehradrigen, ummantelten Installationsleitungen, Verlegeart C bei 25 °C, gelten die Werte aus **Tabelle 8.4.**

Weichen die tatsächlichen Verlegebedingungen von den beschriebenen ab, so sind Korrekturfaktoren zu berücksichtigen oder es sind andere Tabellen zu verwenden, die zum Beispiel die Belastbarkeit in der Erde angeben. Diese korrigierte Belastbarkeit gilt für

- die Häufung, wenn mehrere Kabel oder Leitungen gemeinsam verlegt werden,
- andere Umgebungstemperaturen als 30 °C,
- eine andere Anzahl von stromführenden Adern in der Leitung oder im Kabel,
- die Belastung durch Oberschwingungen.

Diese Korrekturen fließen mithilfe von Umrechnungsfaktoren in die Berechnung ein.

Tabelle 8.4 *Belastbarkeit I_r von Leitungen, Verlegeart C bei 25 °C (Mustertabelle)*

Zeile	Spalte	1	2	3	4	5	6	7
1	Querschnitt	1,5	2,5	4	6	10	16	25
2	Strombelastbarkeit I_r in A bei Wechselstrom	21	29	38	49	67	90	119
3	Strombelastbarkeit I_r in A bei Drehstrom	18,5	25	34	43	63	81	102

Dabei gilt:

Gleichung 8.13: Belastbarkeit von Leitungen

$$I_B < I_Z < I_r$$

I_B Betriebsstrom der über die Leitung transportiert werden soll in A
I_Z der korrigierte Wert der Strombelastbarkeit I_r in A
I_r der aus der Tabelle entnommene Wert der Strombelastbarkeit in A

Der Wert I_Z lässt sich mit Hilfe der zusätzlichen Tabellen aus der DIN VDE 0298-4 [66] ermitteln. Dazu wird je Korrekturwert ein Faktor f bestimmt. Das Produkt der Faktoren und des Tabellenwertes I_r ist dann der gesuchte Wert I_Z.

Wird eine Leitung unter höheren Temperaturen verwendet und tritt eine Häufung auf, so sind die Korrekturfaktoren nach den folgenden **Tabellen 8.5** bis **8.7** zu berücksichtigen.

Dabei gilt:

Gleichung 8.14: Berücksichtigung von Korrekturfaktoren

$$I_Z = I_r \cdot f_1 \cdot f_2 \cdot f_3$$

Die aufgeführten Tabellen dienen ausschließlich der Darstellung der Berechnungsverfahren. Bei der Dimensionierung sind ausschließlich die zum Zeitpunkt der Errichtung gültigen Normen mit den darin enthaltenen Tabellenwerken zu verwenden. [66]

Tabelle 8.5 *Korrekturfaktor f_1 für andere Umgebungstemperaturen bezogen auf 30 °C (Mustertabelle)*

Umgebungstemperatur in °C	10	15	20	25	30	35	40	45	50
Korrekturfaktor	1,22	1,17	1,12	1,06	1,00	0,94	0,87	0,79	0,71

Tabelle 8.6 *Korrekturfaktor f_2 für Häufung von Leitungen (Mustertabelle)*

Anzahl	1	2	3	4	5	6	7	8	9	10
Umrechnungsfaktoren	1,00	0,80	0,70	0,65	0,60	0,57	0,54	0,52	0,50	0,48

Tabelle 8.7 *Korrekturfaktor f_3 für die Anzahl der belasteten Adern (Mustertabelle)*

Anzahl der belasteten Adern	**Verlegung in Luft**	**Verlegung in Erde**
3	1	1
5	0,75	0,70
7	0,65	0,60
10	0,55	0,50

Meist liegt der Strom der notwendigen Schutzeinrichtung, für die eine Leitung dimensioniert werden muss, vor. In diesem Fall kann der Weg durch Ermittlung der Mindest-Strombelastbarkeit der Leitung erfolgen. Diese errechnet sich unter Berücksichtigung der Korrekturfaktoren, wie in Gleichung 8.15 dargestellt:

Gleichung 8.15: Ermittlung der Mindestbelastbarkeit $I_{\mathrm{r\,min}}$ einer Leitung

$$I_{\mathrm{r\,min}} = \frac{I_{\mathrm{B}}}{f_1 \cdot f_2 \cdot f_3}$$

$I_{\mathrm{r\,min}}$ geringste Strombelastbarkeit entsprechend DIN VDE 0298 in A
I_{B} Betriebsstrom der Leitung in A
f_1, f_2, f_3 Korrekturfaktoren zur Leitungsbelastung

Aus den Tabellenwerken kann der sich daraus ergebende Mindestquerschnitt ermittelt werden.

Ein Beispiel soll die Berechnung darstellen:
Es soll im Keller eines Hauses eine Leitung in einem Installationskanal zwischen dem Wechselrichter und dem Zählerverteiler verlegt werden. Die Umgebungstemperatur kann mit 25 °C festgelegt werden. Die Leitung ist 5-adrig und enthält drei Außenleiter, den Neutralleiter und den PE. In dem Kanal befinden sich zwei weitere gleiche Leitungen. Die Leitung soll mit 25 A belastet werden.

Aus den Tabellen der Korrekturfaktoren entnehmen wir folgende Korrekturfaktoren:

- der Korrekturfaktor f_1 für Temperatur bei 25 °C ist 1,06,
- der Korrekturfaktor f_2 für Häufung mit 3 Leitungen ist 0,7,
- der Korrekturfaktor f_3 für 3 belastete Adern ist 1.

Der Wert der Belastbarkeit der Leitung „I_{r}“ folgt aus Gleichung 8.15 und muss größer oder gleich sein als:

$$I_{\mathrm{r\,min}} = \frac{I_{\mathrm{B}}}{f_1 \cdot f_2 \cdot f_3} = \frac{25\ \mathrm{A}}{1{,}06 \cdot 0{,}7 \cdot 1} = 33{,}7\,\mathrm{A}$$

Aus der Tabelle 8.4 ist aus Zeile 3 Spalte 4 ein *Belastungswert* bei Drehstrombelastung von 34 A zu entnehmen. Aus Zeile 1 Spalte 4 folgt damit ein Querschnitt von 4 mm², der unter den vorgenannten Bedingungen den Strom von 25 A tragen kann.

Bei der Dimensionierung kann es möglich sein, dass bei den nachfolgenden Schritten festgestellt werden muss, dass der Querschnitt nicht ausreicht. In diesen Fällen ist der größere Querschnitt aus den nachfolgenden Berechnungen zu wählen.

8.6.3 Abschaltbedingung

In Abhängigkeit von dem vorhandenen Netzsystem ist die Abschaltbedingung zum Schutz gegen elektrischen Schlag im Fehlerfall zu gewährleisten. Wird dazu kein Fehlerstromschutzschalter eingesetzt, ist die Abschaltbedingung über die Schleifenimpedanz zu kontrollieren und mit dem Abschaltstrom der vorgeschalteten Schutzeinrichtung zu koordinieren. Das kann bei langen Leitungen einen Einfluss auf den Querschnitt der gewählten Leitung haben. Der Leitungsquerschnitt ist in manchen Fällen größer auszuwählen als er für die Belastbarkeit notwendig ist.

Die Schleifenimpedanz wird an der Einbaustelle der Schutzeinrichtung gemessen oder berechnet. Zur Prüfung der Schutzmaßnahme muss folgende Bedingung aus DIN VDE 0100-600 eingehalten sein:

Gleichung 8.16 Maximalwert der Schleifenimpedanz [51]

$$Z_{\mathrm{s\,(m)}} \leq \frac{2}{3} \cdot \frac{U_0}{I_\mathrm{a}}$$

$Z_{\mathrm{s\,(m)}}$ gemessene oder berechnete Schleifenimpedanz an der Prüfstelle in Ω
U_0 Spannung des Netzes gegen Erde in V
I_a Strom, der die Schutzeinrichtung innerhalb der in DIN VDE 0100-410 vorgegebenen Zeit zur Abschaltung bringt (im Falle einer Verteilanlage 5 s) in A.

Die Abschaltung einer Schmelzsicherung oder eines Leitungsschutzschalters kann **Tabelle 8.8** und **8.9** entnommen werden.

Bei der Prüfung der Abschaltbedingungen sind auch die Fehler des Messgerätes zu berücksichtigen.

Tabelle 8.8 *Auslöseströme und Mindestgrößen von Kurzschlussströmen und Schleifenimpedanzen zur Auslösung von Sicherungen des Typs gG*

I_N	I_a gemessen in A zur Auslösung einer gG-Sicherung in 5 s	I_k gemessen in A zur Auslösung einer gG-Sicherung in 5 s	$Z_{S\,min}$ gemessen in Ω zur Auslösung einer gG-Sicherung in 5 s
10	47	61	3,76
16	65	85	2,72
20	85	111	2,08
25	110	143	1,61
32	150	195	1,18
35	173	224	1,02
40	190	247	0,93
50	260	338	0,68
63	320	416	0,55

Tabelle 8.9 *Auslöseströme und Mindestgrößen von Kurzschlussströmen und Schleifenimpedanzen zur Auslösung von Leitungsschutzschaltern*

I_N	Typ B I_a zur Auslösung 0,4 s und 5 s	I_k gemessen in A	$Z_{S\,min}$ gemessen in Ω	Typ C I_a zur Auslösung 0,4 s und 5 s	I_k gemessen in A	$Z_{S\,min}$ gemessen in Ω
2	10	15	15,33	20	30	7,67
4	20	30	7,67	40	60	3,83
6	30	45	5,11	60	90	2,56
10	50	75	3,07	100	150	1,53
16	80	120	1,92	160	240	0,96
20	100	150	1,53	200	300	0,77
25	125	188	1,23	250	375	0,61
32	160	240	0,96	320	480	0,48
35	175	263	0,88	350	525	0,44
40	200	300	0,77	400	600	0,38
50	250	375	0,61	500	750	0,31
63	315	473	0,49	630	945	0,24

8.6.4 Kurzschluss auf den Leitungen

Im Fall eines Kurzschlusses auf der Leitung muss die vorgeschaltete Schutzeinrichtung rechtzeitig abschalten, um die Leitung nicht durch die Temperaturerhöhung und die auftretenden magnetischen Kräfte zu zerstören.

Gleichung 8.17: Zulässige Abschaltzeit im Kurzschlussfall [67]

$$t_k = (k \cdot \frac{S}{I})^2$$

t_k zulässige Abschaltzeit im Kurzschlussfall in s
k Materialbeiwert Cu/PVC-Leitung 115 A S1/2/mm^2 [68]
I Strom bei vollkommenem Kurzschluss in A
S Leiterquerschnitt in mm^2

Die ermittelte zulässige Abschaltzeit ist mit der Abschaltzeit der Schutzeinrichtung, die den Kurzschlussschutz erfüllen soll, zu vergleichen. Die Sicherung muss vor der berechneten Zeit abschalten. Die Abschaltzeit folgt aus der Zeit-Strom-Kennlinie der Schutzeinrichtung.

8.7 DC-Lasttrennschalter

Der DC-Lasttrennschalter hat die Aufgabe, die Anlage vom Netz zu trennen. Das gilt sowohl für die DC-Seite als auch für die AC-Seite. Diese Trennstelle muss Wartungsarbeiten ohne elektrische Gefährdung an den Wechselrichtern ermöglichen.

Zwar weisen viele Wechselrichter die Möglichkeit auf, die Gleichspannung abzuschalten. Damit ist aber ein gefahrloses Arbeiten im spannungsfreien Zustand nicht möglich, wenn der Wechselrichter ausgetauscht werden sollte. Es müssen die Steckverbindungen oder die Anschlüsse am Wechselrichter abgeklemmt oder getrennt werden. Dazu muss der Stecker aber Lasttrenneigenschaften aufweisen. Die Hersteller der Steckverbinder machen aber dazu keine Aussage. Insoweit ist der Stecker nicht geeignet, diese Trennfunktion unter Last sicher zu erfüllen. Es ist ein zusätzlicher Lasttrennschalter erforderlich, der die PV-Module von den Wechselrichtern und der elektrischen Anlage der Netzeinspeisung trennt. **Bild 8.13** zeigt ein Beispiel für ein solches Schaltgerät.

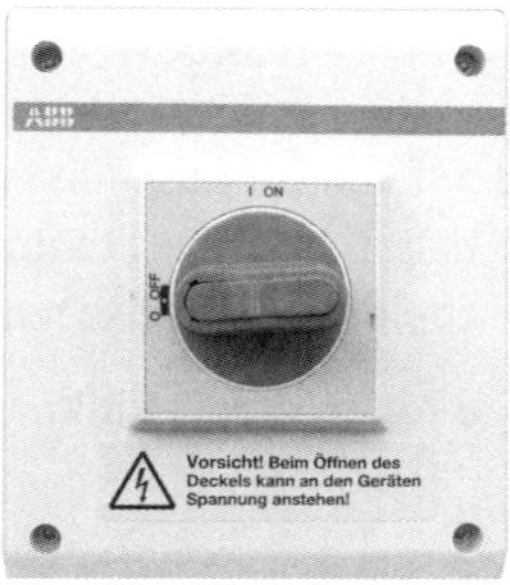

Bild 8.13 *DC-Schaltgerät zum Freischalten eines Stranges*

Eine weitere Anforderung ist, dass eine Trennstelle vorhanden sein muss, zu der der Verteilungsnetzbetreiber (VNB) jederzeit Zugang hat. An dieser Stelle muss er die Einspeisung in sein Netz unterbrechen können. Das geschieht insbesondere unter Berücksichtigung der Arbeitssicherheit der Mitarbeiter des Netzbetreibers. Werden Kabelarbeiten im Versorgungssystem erforderlich, so ist ohne Freischaltung der in das Netz einspeisenden PV-Anlagen kein sicheres Arbeiten im spannungsfreien Zustand möglich.

8.8 Erdung von PV-Systemen

8.8.1 Regeln zur Herstellung von Erdern

In den Normen für die Herstellung der Erder DIN 18014 wird gefordert, dass Erder bestimmten Anforderungen genügen müssen. Diese beziehen sich auf die Art der Anordnung sowie auf das zu verwendende Material. Darüber hinaus haben Erder die Anforderungen der jeweiligen Anlage zu erfüllen, für die sie verwendet werden.

8.8.2 Erder für die elektrische Versorgungsanlage

Die Anforderungen an die Erdung erfolgen aus EN 60364 – Errichten von Niederspannungsanlagen. Der spezielle Teil, der für die Erdungsanlagen gilt, ist in DIN VDE 0100-540 [42] enthalten. Dieser Teil der DIN VDE 0100 gilt für Erdungsanlagen, Schutzleiter und Schutzpotentialausgleichsleiter. Es ist das Ziel, die Sicherheit elektrischer Anlagen zu erfüllen. Das gilt insbesondere für die Anforderungen aus DIN VDE 0100-410 [39], in der die Schutzmaßnahmen gegen elektrischen Schlag formuliert sind.

Bei der Errichtung der Erdungsanlage sind auch die Anforderungen aus DIN 18014 Fundamenterder, insbesondere im Hinblick auf die Materialwahl und Positionierung der Erder zu berücksichtigen.

Anforderungen an den Erder von Versorgungsanlagen beziehen sich in erster Linie auf die Art der Ausführung des Erders und die Größe des Erdungswiderstands. In Gebäuden, die unter die TAB fallen, ist ein Fundamenterder gefordert. Dieser ist nach DIN 18014 [69] zu errichten. Der Erdungswiderstand ergibt sich aus der verwendeten Schutzmaßnahme gegen elektrischen Schlag und damit aus den Abschaltbedingungen, insbesondere für TT-Systeme. Danach ist der Erdungswiderstand entsprechend der Gleichung 8.18 auszulegen.

Gleichung 8.18 Erdungswiderstand bei Einsatz von FI-Schutzschaltern im TT-System

$$R_E \leq \frac{U_l}{I_{\Delta N}}$$

R_E Erdungswiderstand des Erders
U_l maximal zulässige Berührungsspannung im Fehlerfall
$I_{\Delta N}$ Bemessungsdifferenzstrom des RCD

8.8.3 Erder für die Mittelspannungsanlage

Die Erdungsanlage ist nach den Anforderungen der Betriebserdung der Mittelspannungsanlage in DIN VDE 0101 [70] enthalten. Das Dokument befasst sich mit Festlegungen für das Planen und Errichten von Erdungsanlagen und auch mit der Errichtung von Starkstromanlagen mit Nennspannung über 1 kV AC. Die allgemeinen Anforderungen der Netzbetreiber an diese Einrichtungen sind in der technischen Richtlinie des VDN „Transformatorstationen am Mittelspannungsnetz – Bau und Betrieb von Übergabestationen zur Versorgung von Kunden aus dem *Mittelspannungsnetz*“ [71] enthalten. Bei der Planung und Ausführung sind die Anforderungen der örtlichen Netzbetreiber zu beachten.

Die Erdungsanlage ist unter Berücksichtigung der VNB-Netzdaten entsprechend DIN VDE 0101 auszulegen.

Hinweise dazu gibt auch die VDEW-Broschüre „Erdungen in Starkstromnetzen“ [72]. Der einzuhaltende Erdungswiderstandswert muss beim VNB erfragt werden. Der Bau der Erdungsanlage obliegt dem Kunden und muss mit dem VNB abgestimmt werden. Die Prüfprotokolle sind dem VNB rechtzeitig vor der Inbetriebnahme zu übergeben.

Berührbare, nicht zum *Betriebsstromkreis* gehörende Metallteile von elektrischen Betriebsmitteln (Körper), die Teil des elektrischen Netzes sind, müssen geerdet werden. Metallteile, die nicht zu elektrischen Betriebsmitteln gehören, sind zu erden, wenn an diesen im Fehlerfall, z. B. durch Störlichtbögen, Gefährdungsspannungen auftreten können. Dazu gehören z. B.

- metallene Leitern, Türzargen, Lüftungsgitter,
- metallene Flansche von Durchführungen sowie
- metallene Schaltgerüste und Schutzgitter.

Alle Erder sind innerhalb der Station an der Erdungssammelleitung lösbar anzuschließen. Die einzelnen Anschlüsse sind zu beschriften. Erdungs- und Außenleiterfestpunkte müssen z. B. als Kugelfestpunkte entsprechend der maximal auftretenden Kurzschlussströme des VNB-Netzes bemessen sein und dürfen nicht als Schraubverbindung benutzt werden. Transformatoren müssen ober- und unterspannungsseitig geerdet werden können.

Die eingesetzten Erdungsgarnituren entsprechen DIN EN 61230 [73]. Der Ausbreitungswiderstand des Erders muss an gut zugänglicher Stelle zwischen Erder und Potentialausgleichsschiene gemessen werden können.

Der Erder der Mittelspannungsanlage kann mit dem Erder der Niederspannungsanlage verbunden werden, wenn während eines Erdfehlers folgende Bedingungen erfüllt sind: Im Niederspannungsnetz treten keine gefährlichen Berührungsspannung auf und die Niederspannungsgeräte in der Verbraucheranlage, hier der PV-Anlage, übersteigen nicht die Werte in der Tabelle 6 der genannten Norm.

8.8.4 Erder für die Blitzschutzanlage

Festlegungen zur Erdung von Blitzschutzanlagen sind in EN 62305-3 [50] geregelt. Diese Norm enthält Anforderungen an ein Blitzschutzsystem zum Schutz einer baulichen Anlage gegen physikalische Schäden und Anforderungen an den Schutz von Personen gegen Verletzungen durch Berührungs- und Schrittspannungen in der Nähe eines Blitzschutzsystems. Diese Norm gilt für die Planung, Errichtung, Prüfung und Wartung von Blitzschutzsystemen für bauliche Anlagen ohne Begrenzung bezüglich ihrer Höhe; die Durchführung von Schutzmaßnahmen gegen Verletzungen von Personen durch Berührungs- und Schrittspannungen. Darin wird festgestellt, dass unter dem Gesichtspunkt des Blitzschutzes eine einzige integrierte Erdungsanlage der baulichen Anlage zu bevorzugen ist, die für alle Zwecke, wie z. B. Blitzschutz, Versorgungssystem und Telekommunikationsanlagen, geeignet ist.

Es werden zwei Erderanordnungen beschrieben:

- Erder vom Typ A und
- Erder vom Typ B.

Die Anordnungen vom Typ A bestehen entweder aus horizontalen oder vertikalen Erdern, die außerhalb der zu schützenden Anlage errichtet werden und mit jeder Ableitung verbunden sind. Für die Anordnung Typ A beträgt die Mindestanzahl zwei Erder. Oder sie bestehen aus dem Typ B, der als Fundamenterder oder Ringerder ausgeführt werden kann.

Für beide Erdertypen muss grundsätzlich eine Mindestlänge beachtet werden, die in der genannten Norm in Abhängigkeit von der Blitzschutzklasse beschrieben ist. Die Mindestlänge muss nicht beachtet werden, wenn ein Erdungswiderstand der Erdungsanlage von weniger als 10 Ω erreicht wird.

Die Ausführung der Erder ist auch in Kombination möglich, insbesondere dann, wenn die umspannte Fläche bezogen auf den erforderlichen spezifischen Erdwiderstand und die Blitzschutzklasse nicht ausreicht.

8.8.5 Montage von Erdern

Allgemein besteht das Problem, dass PV-Anlagen auf Gebäuden montiert werden sollen, die bereits bestehen. Das hat zur Folge, dass der Erder der Anlage zwar zur Erdung des PV-Gestells verwendet werden kann, eine Verwendung als Blitzschutzerder ist meist jedoch nicht möglich. Es ist ein zusätzlicher Erder für die Blitzschutzanlage herzustellen. Die Ausführung erfolgt dabei in den meisten Fällen als Ringerder, der um das Gebäude herum verlegt wird. Der Abstand zum Gebäude beträgt dabei mindestens 1 m und die Einbringtiefe mindestens 0,5 m. Das Erdermaterial besteht aus rostfreiem Edelstahl mit der Werkstoffnummer 1.4571 (V4A). Trotz des rostfreien Materials ist es sinnvoll, den Erder in homogenes Material wie zum Beispiel ein Sandbett zu verlegen. **Bild 8.14** zeigt die Anordnung eines Ringerders. Die Ableitungen der Blitzschutzanlage werden an den Ringerder über *Trennstellen* angeschlossen. Der Ringerder ist auch mit der Haupterdungsklemme des Gebäudes und dem Schutzpotentialausgleich sowie mit dem PV-Gestell zu verbinden. Bei aus dem Erdreich führenden Anschlüssen ist

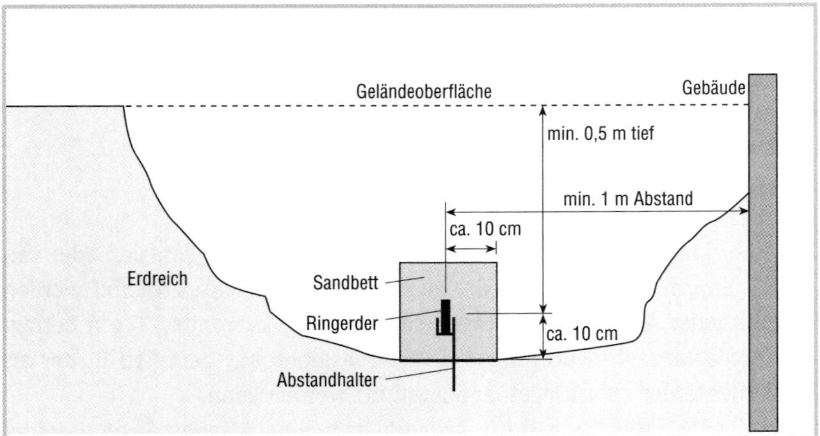

Bild 8.14 *Ringerder im Schnitt*

der Korrosionsschutz zu beachten. Hier werden am besten isolierte Leitungen verwendet. **Bild 8.15** zeigt die Anordnung der Anschlüsse beispielhaft.

Während des Einbringens des Erders sollte die Montage überwacht und fotografiert werden. Die Bilder sind, nachdem die Installation des Erders abgeschlossen ist, der Dokumentation beizufügen. Die Messung des Erdübergangswiderstands erfolgt nach der Fertigstellung an den Trennstellen.

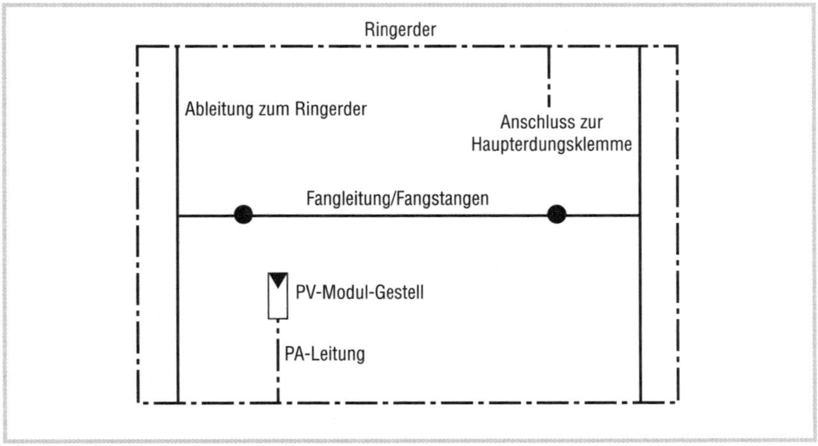

Bild 8.15 *Ringerder mit Anschlüssen*

8.8.6 Schutz gegen Erdschlüsse

Gleichstromseitige Netzsysteme, die erdfrei betrieben werden, müssen gegen Erdschlüsse überwacht werden. In Systemen, die in der Netzkennzeichnung auf der Gleichstromseite mit R oder F beginnen, ist diese Kontrolle der ungewollten Erdverbindung zu installieren. Erdschlüsse können mit einem akustischen Erdschlussmelder versehen werden, um die Situation anzuzeigen. Der Signalton, der einen Erdschluss anzeigt, muss dem eindeutig Betreiber anzeigen, dass ein Erdschluss vorliegt [74]. Eine Weitermeldung an eine ständig besetzte Stelle des Anlagenbetreibers über entsprechend ausgebaute Kommunikationswege ist in Kombination mit anderen *Störmeldungen* sinnvoll.

8.9 Schutz gegen Überspannungen

Häufig tritt in der Praxis die Frage auf, ob ein Überspannungsschutz in der Verbraucheranlage auch dann erforderlich ist, wenn keine Blitzschutzanlage installiert ist. Diese Frage beantwortet DIN VDE 0100-443 [44], die im Jahr 2016 neu erschienen ist.

8.9.1 Ursachen von Überspannungen

Die Entstehung von Überspannungen kann auf verschiedene Ursachen zurückgeführt werden. Besonders zu beachten, weil in gefährlichen Größenordnungen auftretend, sind dabei Überspannungen infolge von Blitzeinschlägen, die auch aus größeren Entfernungen über die Leitungssysteme in ein Gebäude gelangen und dort Schäden verursachen können. In geringeren Größen, aber nicht minder gefährlich, sind Überspannungen aus Schalthandlungen, die zum Beispiel in Folge eines Kurzschlusses durch Abschaltung der Sicherungen auftreten können. Kurzschlussströme im Kilo-Ampere-Bereich sind durchaus in der Lage, einige kV Überspannung in den Leitungen zu erzeugen. Aber auch Einkopplungen elektromagnetischer Felder in Folge verschiedenster Störquellen können in Verbraucheranlagen zu Überspannungen führen, die Zerstörungen hervorrufen.

8.9.2 Gefährdung durch Überspannungen

Betrachtet man die Gefahr, die von einer Überspannung ausgeht, so wird zunächst die Personengefährdung oder eine Brandgefahr durch Überschlag entstehen. Die Zerstörung und damit der Ausfall wichtiger zum Betrieb erforderlicher Geräte ist eine weitere Gefahr, die auftreten kann und die für eine zum Erwerb ausgerichtete PV-Anlage ein erhebliches Risiko darstellt.

Wenden wir uns zunächst den gefährlichen Höhen der Überspannung zu. Grundsätzlich sind unsere Anlagen und Betriebsmittel so gebaut, dass sie kurzzeitig höhere Spannungen als die Bemessungsspannung ohne Zerstörung verkraften. Um für die Hersteller Richtwerte vorzugeben, sind Überspannungskategorien mit maximal zugeordneten Bemessungsstoßspannungen definiert worden.

Die **Tabelle 8.10** gibt die geforderten Werte an. Dabei bedeutet die Bemessungsstoßspannung die Spannung zwischen einem aktiven Leiter und der Erde.

Tabelle 8.10 *Bemessungsstehstoßspannung [28]*

	geforderte Bemessungs-Stehstoßspannung in kV für			
Dreiphasen-Systeme	Betriebsmittel am Speisepunkt der Anlage (Überspannungs-kategorie IV)	Betriebsmittel der Verteilungs- und Endstromkreise (Überspannungs-kategorie III)	Geräte (Überspannungs-kategorie II)	besonders geschützte Betriebsmittel (Überspannungs-kategorie I)
Beispiele	Elektrizitätszähler, Rundsteuergeräte	Verteilertafeln, Schalter, Steckdosen	Haushaltsgeräte, tragbare Werkzeuge	empfindliche elektrische Geräte mit externem Schutz bei Überspannungen z. B. PC-Anlagen
Nennspannung der Anlage 230/400 V 277 ... 480 V	**6**	**4**	**2,5**	**1,5**

Werden die Betriebsmittel mit höheren Werten beaufschlagt, ist die Zerstörung oder eine mögliche Fehlfunktion die Folge. Wechselrichter sind nach den Daten vieler Hersteller für eine maximale Bemessungsstehstoßspannung von 4 kV ausgelegt. Dabei sind jedoch auch die weiteren Geräte, insbesondere die angeschlossenen informationstechnischen Geräte, zur Datenerfassung und zum Datenaustausch zu berücksichtigen.

8.9.3 Risiko durch Gewitter

Nicht jedes Gewitter führt in PV-Anlagen zu gefährlichen Überspannungen. Dabei stellt die Anzahl der Gewittertage, die in einer Region auftreten, einen wesentlichen Faktor zur Beurteilung dar. Die Überspannungen, die in den Anlagen durch Gewitter hervorgerufen werden können, führen normgemäß in Regionen, in denen weniger als 25 Gewittertage/Jahr auftreten, zu keiner Gefährdung. Ein Überspannungsschutz ist aus dieser Sicht nicht erforderlich, wenn die Anlage entsprechend der Überspannungsschutzkategorie I aufgebaut ist, wenn also Spannungen zwischen den aktiven Leitern und der Erde von bis zu 1,5 kV keine Störungen hervorrufen.

Auch wenn die Niederspannungsversorgungsleitungen der Anlage komplett im Erdreich verlegt sind und keine Freileitungen im Versorgungsnetz vorhanden sind, ist mit höheren als den in der Tabelle 8.10 der Überspannungsschutzkategorie I angegebenen Spannungen aus Blitzeinschlägen in der Umgebung nicht zu rechnen. In allen anderen Fällen muss mit einer Gefährdung durch Überspannung infolge von Blitzeinwirkungen von außerhalb des Gebäudes gerechnet werden. Berücksichtigt ist dabei allerdings nicht der Fall, dass das Gebäude mit einer Blitzschutzanlage ausgestattet ist. Dieser Fall ist separat zu betrachten.

8.9.4 Risikoanalyse zum Überspannungsschutz

Um über die Berücksichtigung der Gewittertage hinaus auch die Eigenschaften der Nutzung einer Anlage und die Gefährdung durch nicht im Erdreich verlegte Versorgungsleitungen zu berücksichtigen, ist eine Risikoanalyse erforderlich. Dazu sind die Arten der Gefährdung bei Überschreiten der zulässigen Bemessungsstehstoßspannung in den jeweiligen Anlagenteilen zu berücksichtigen.

Grundsätzlich kann davon ausgegangen werden, dass folgende, durch Überspannungen hervorgerufene Schäden, entstehen können:

- Personenschäden durch Überschläge,
- Brandschäden durch Lichtbögen sowie
- Folgeschäden durch Ausfall von Einrichtungen und Betriebsmitteln.

Die genannten Schäden sind in Gefährdung und Größe der Auswirkung abhängig von der Art der Anlage, der Anzahl der Gewittertage und der Art der Versorgungsleitungen. Um eine genauere Beurteilung der Notwendigkeit zu erreichen, wurden *Schutzniveaus* eingeführt.

Darin unterscheidet die Norm die folgenden Auswirkungen:

a) Auswirkungen in Bezug auf das menschliche Leben, z. B. Anlagen für Sicherheitszwecke, medizinische Betriebsmittel in Krankenhäusern;
b) Auswirkungen in Bezug auf öffentliche Einrichtungen, z. B. Ausfall von öffentlichen Diensten, Telekommunikationszentren, Museen;
c) Auswirkungen in Bezug auf Gewerbe- oder Industrieaktivitäten, z. B. Hotels, Banken, Industriebetriebe, Gewerbemärkte, Bauernhöfe;
d) Auswirkungen auf Ansammlungen von Personen, z. B. große Wohngebäude, Kirchen, Büros, Schulen;
e) Auswirkungen auf Einzelpersonen, z. B. kleine und mittelgroße Wohngebäude, kleine Büros, wenn in diesen Gebäuden Geräte der Überspannungskategorie 1 oder 2 errichtet sind, wovon grundsätzlich ausgegangen werden kann.

Sollten Schäden in den Kategorien a bis e zu befürchten sein, bedeutet dies in jedem Fall die Notwendigkeit des Einsatzes von Überspannungs-Schutzeinrichtungen [62].

Die Bewertung der einzelnen Gefährdungspunkte führt zur Entscheidung, ob in diesem Einzelfall ein Überspannungsschutzsystem installiert werden muss. Dazu kann festgestellt werden, dass, wie schon an anderer Stelle angesprochen, eine PV-Anlage eine gewerbliche Aktivität ist, wenn die erzeugte Energie verkauft wird. Insoweit sind zwingend Maßnahmen zum Überspannungsschutz anzuwenden, weil diese Anlagen dann unter die Kategorie „c" fallen. Das gilt unabhängig davon, ob im Folgenden eine Risikoanalyse ergibt, dass das Gebäude mit einer Blitzschutzanlage ausgestattet werden muss. Hier geht es um die Forderung aus DIN VDE 0100, in deren grundsätzlichen Schutzzielen der Personenschutz und der Sachschutz von Anlagen stehen.

8.9.4.1 Beurteilung von Bestandsanlagen

Das vorgeschriebene Berechnungsverfahren ist eine Vereinfachung des Verfahrens, das in der VDE 0185-101 beschrieben wurde. Das bis 14.12.2018 gültige Verfahren stellt eine kritische Länge der Versorgungsleitung in Bezug auf die Blitzhäufigkeit dar. Dabei wird eine kritische Länge d ermittelt. Diese ergibt sich aus Art und Länge der Versorgungsleitung.

Die so ermittelte Länge d ist nun zu vergleichen mit der kritischen Länge d_c, die sich aus der Anzahl der Gewittertage pro m^2 und Jahr ermitteln lässt.

Der Schutz ist gefordert bei:

Gleichung 8.19: Ermittlung der Notwendigkeit des Schutzes durch Überspannungsschutzmaßnahmen [75]

$$d > d_c$$

d konventionelle Länge der Versorgungsleitung der betrachteten Baustruktur in km, mit einem Maximalwert von 1 km

d_c kritische Länge

Bei der kritischen Länge werden zwei Auswirkungsfälle unterschieden:

- d_c in km ist gleich 1/N für den Auswirkungsfall d) und
- d_c in km ist gleich 2/N für den Auswirkungsfall e).

Die konventionelle Länge d errechnet sich aus den Längen der Versorgungsleitungen. Aufgrund einer Vereinbarung ist d begrenzt auf 1 km.

Gleichung 8.20: Ermittlung der konventionellen Länge *d* [76]

$$d = d_1 + \frac{d_2}{k_g} + \frac{d_3}{k_t}$$

d Länge der Niederspannungs-Freileitung, die die Baustruktur versorgt, begrenzt auf 1 km

d_1 Länge des im Erdreich verlegten ungeschirmten Niederspannungskabels, das die Baustruktur versorgt, begrenzt auf 1 km

d_2 Länge der Hochspannungs-Freileitung, die die Baustruktur versorgt, begrenzt auf 1 km

Die Länge des im Erdreich verlegten Hochspannungskabels wird vernachlässigt.

Die Länge eines im Erdreich verlegten geschirmten Niederspannungskabels wird vernachlässigt.

k_g Reduktionsfaktor, der abgestützt auf dem Verhältnis des Einflusses von Blitzentladungen zwischen den Freileitungen und im Erdreich verlegten ungeschirmten Kabeln für einen Widerstand des Erdreichs von 250 mΩ berechnet ist. Der Faktor wird mit dem Wert 4 angegeben.

k_t typischer Reduktionsfaktor für einen Transformator. Der Faktor wird mit dem Wert 4 angegeben.

Sind einzelne Längen in dem zu betrachtenden Versorgungssystem nicht vorhanden, so entfallen diese in der Berechnung. Längen über 1 km werden auf 1 km begrenzt.

Zur Ermittlung von d_c können Berechnungsformeln für d aufgestellt werden.

Fall 1: Hochspannungsfreileitung mit Trafo und Niederspannungsfreileitung (**Bild 8.16**)

Fall 2: Hochspannungsfreileitung und Niederspannungsleitung im Erdreich verlegt (**Bild 8.17**)

Fall 3: Hochspannungsleitung und Niederspannungsleitung im Erdreich verlegt (**Bild 8.18**)

Fall 4: Hochspannungsleitung im Erdreich zum Transformator im Gebäude der Anlage verlegt (**Bild 8.19**)

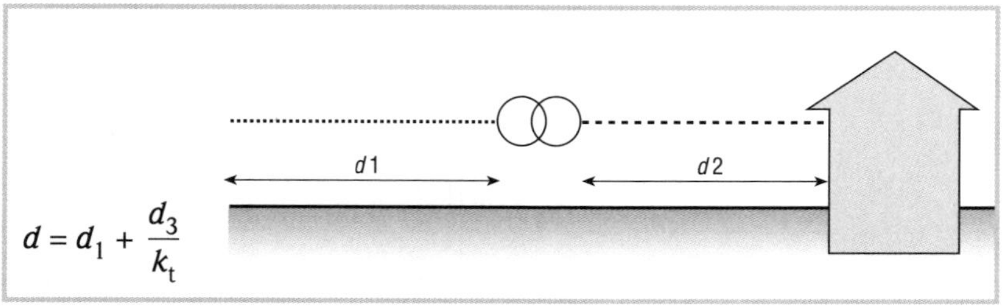

Bild 8.16 *Fall 1 zu DIN VDE 0100-443*

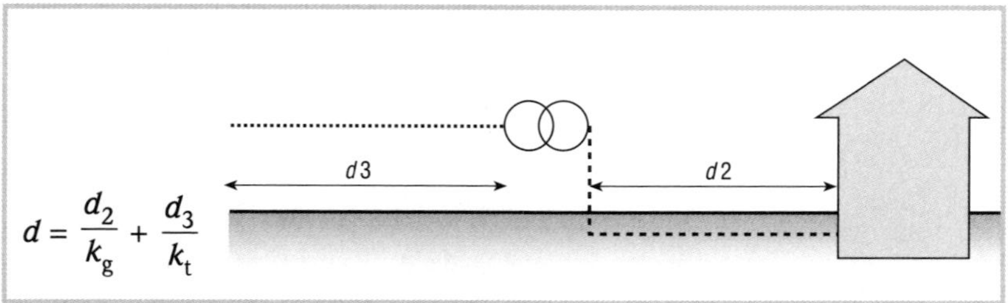

Bild 8.17 *Fall 2 zu DIN VDE 0100-443*

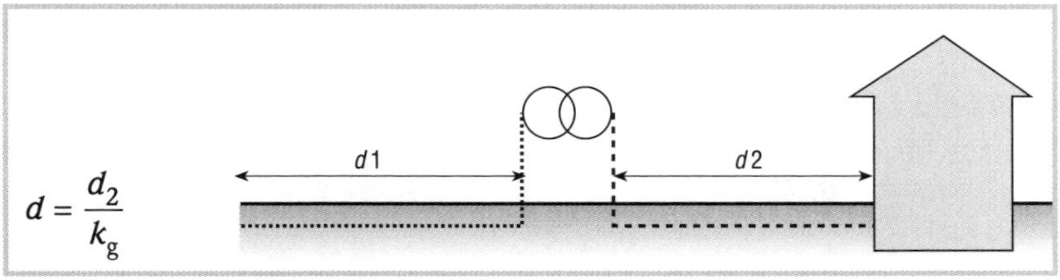

Bild 8.18 *Fall 3 zu DIN VDE 0100-443*

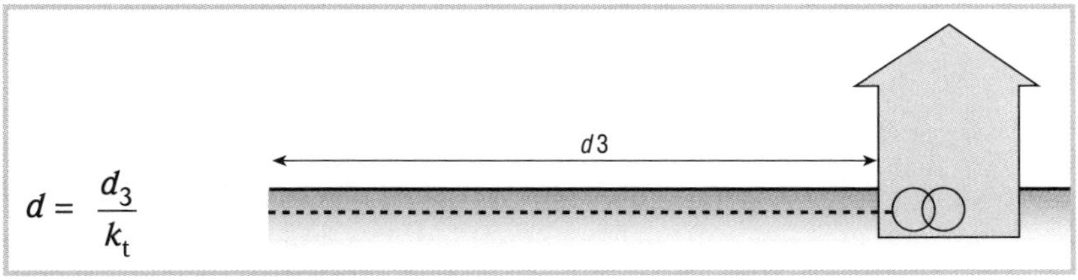

Bild 8.19 *Fall 4 zu DIN VDE 0100-443*

Ein Beispiel soll die Berechnung verdeutlichen:
Ein Gebäude, in dem Auswirkungen auf Ansammlungen von Personen, z. B. große Wohngebäude, Kirchen, Büros, Schulen zu erwarten sind, wird in einer Region mit 1,24 bis 1,84 Erdblitzen/km^2 und Jahr in einem Versorgungsnetz errichtet, das über eine in der Erde verlegtes Niederspannungsnetz verfügt. Der Transformator wird über eine Freileitung eingespeist.

Anzuwenden ist die Gleichung aus Bild 8.18.

Zur Berechnung von d_c wird der höchste Wert verwendet, der um 25% erhöht wird. Bei der Auswertung der Gewitterhäufigkeit kann es regional zu Unterschieden in der Gewitterhäufigkeit kommen, die eine Erhöhung bei der Risikoanalyse erforderlich machen. Es wird also mit einem Wert von 2,4 Blitzen/km^2 Jahr gerechnet.

$$d_c = \frac{1}{N_g} = \frac{1}{2,4} = 0,42$$

Der Wert *d* ergibt sich aus folgender Gleichung:

$$d = \frac{d_2}{k_g} + \frac{d_3}{k_t} = \frac{1}{4} + \frac{1}{4} = \frac{1}{2} = 0,5$$

Das Ergebnis der Auswertung lautet

$$d = 0,5 \geq d_c = 0,42$$

Der Wert d ist größer als der Wert der kritischen Länge d_c. Somit sind in diesem Fall Überspannungs-Schutzeinrichtungen notwendig.

Wird in dem gleichen Gebiet ein Gebäude errichtet, in dem Auswirkungen auf Einzelpersonen, z. B. kleine und mittelgroße Wohngebäude oder kleine Büros zu erwarten sind, ergibt sich folgendes Bild:

$$d_c = \frac{2}{N_g} = \frac{2}{2{,}4} = 0{,}83$$

Für d ergibt sich die gleiche Rechnung.
Damit ist

$$d = 0{,}5 \leq d_c = 0{,}83.$$

Die Installation von Überspannungsschutzmaßnahmen aus der Gefährdung durch Auswirkungen auf Einzelpersonen durch Gewitter ist damit nicht erforderlich. Grundsätzlich sollte aber auch berücksichtigt werden, dass ein Schutz gegen Überspannungsschäden in Gewerbeunternehmungen damit nicht berücksichtigt wurden. Aus diesem Grund ist es immer sinnvoll einen Gewerbebetrieb in das Schutzniveau c einzugliedern und auch den Sachschutz zu berücksichtigen. Das gilt insbesondere für die Ausfälle von für den Betrieb lebenswichtigen IT-Systemen.

In diesem Fall werden Überspannungsschutzmaßnahmen immer notwendig.

8.9.4.2 Gefährdung durch Überspannungen muss gesondert beurteilt werden

Grundsätzlich ist zu beachten, dass mit diesem Verfahren ausschließlich die Gefährdung bei Blitzeinwirkungen beurteilt wird. Eine Beurteilung durch Überspannungen zum Beispiel aus Schalthandlungen oder anderen Einflüssen ist nicht berücksichtigt. Wie gezeigt, können aber besonders durch Kurzschlüsse in Anlagen Überspannungen mit erheblichen Größenordnungen auftreten, die auch beherrscht werden müssen. Dabei ist die Gefahr besonders groß, wenn infolge kleiner Schleifenimpedanzen hohe Kurzschlussströme auftreten.

8.9.4.3 Koordination des Überspannungsschutzes

Bei den Maßnahmen zum Schutz der Geräte sind die vorgeschalteten Überspannungsschutzgeräte mit den Überspannungsschutzmaßnahmen in den Geräten zu koordinieren. Grundsätzlich ist eine Koordination nur dann gewährleistet, wenn diese entsprechend den Regeln hergestellt und geprüft sind. Wesentlich ist dabei die Kurvenform, nach der diese Prüfung durchgeführt wurde. Es reicht bei der Beurteilung der notwendigen Überspannungsschutzmaßnahmen also nicht aus, zu wissen, für welche *Bemessungs-stehstoßspannung* das Gerät produziert wurde. Es ist auch erforderlich, diese an die Prüfkurve der Schutzgeräte der Anlage anzupassen.

8.9.5 Installation von Überspannungs-Schutzeinrichtungen in PV-Systemen

Nachdem die Notwendigkeit der Überspannungsschutzmaßnahmen in Abhängigkeit von der Nutzung, der Art der Versorgung und der Lage der Anlagen beschrieben wurde, soll im Folgenden die sachgerechte Planung der Geräte und der praktische Einbau beschrieben werden. Grundlage dazu bildet die Norm DIN VDE 0100-534 aus der Reihe 0100 – Errichten von Niederspannungsanlagen – Teil 5-53: Auswahl und Errichtung elektrischer Betriebsmittel – Trennen, Schalten und Steuern – Abschnitt 534: Überspannungs-Schutzeinrichtungen (ÜSE) [45]. Diese Norm zeigt nicht nur die Anforderungen an die Installation von ÜSE nach DIN VDE 0100-443, sondern auch nach DIN VDE 0185.

8.9.5.1 Einsatz von ÜSE

Anforderungen an den Schutz gegen Überspannungen finden sich in DIN VDE 0100-443 [44], die besonders die Überspannungen aus den Versorgungsnetzen und die Schalthandlungen innerhalb von Anlagen behandelt sowie DIN VDE 0185 [46], die den Schutz im Falle von Blitzeinschlägen behandelt.

Sollten nach einer dieser Normen Überspannungsschutzmaßnahmen erforderlich werden, so sind diese nach den Regeln der DIN VDE 0100-534 [45] zu errichten. Die Norm enthält dazu die erforderlichen Anforderungen an die Auswahl und die Installation von ÜSE. Dabei wird neben den Anforderungen an die ÜSE auch auf den Anschluss und die notwendigen Leiterquerschnitte sowie die Absicherung eingegangen.

8.10 Überspannungsschutzkonzept

Um ein Überspannungsschutzkonzept zu entwickeln, ist es erforderlich, die Gefährdungen in einer Anlage festzustellen und die gefährdeten Komponenten einer Überspannungsschutzkategorie zuzuordnen. Dazu wird das Gebäude in Schutzzonen aufgeteilt. **Bild 8.20** und **8.21** zeigen die Aufteilung der Blitzschutzzonen in einem Gebäude schematisch.

Die Schutzzonen haben dabei folgende Eigenschaften:

In der Schutzzone 0_A ist mit einem direkten Blitzeinschlag zu rechnen. Die darin installierten Geräte sind besonders gefährdet. Leitungsanlagen, die von diesen Geräten in das Gebäude führen, können Transienten hoher Energie in das gebäudeinterne Leitungsnetz eintragen. Ein Überspannungsschutz mit Hilfe von Blitzstromableitern, ÜSG Typ 1, ist bei diesen Leitungen unbedingt erforderlich, sofern das Risiko des direkten Einschlags besteht. Andernfalls ist ein ÜSG des Typs 2 ausreichend.

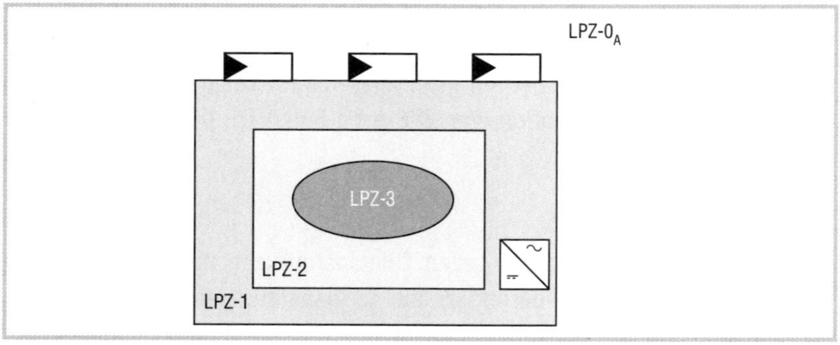

Bild 8.20 *Zuordnung von Schutzzonen und ÜSE in einem Gebäude ohne Blitzschutzanlage*

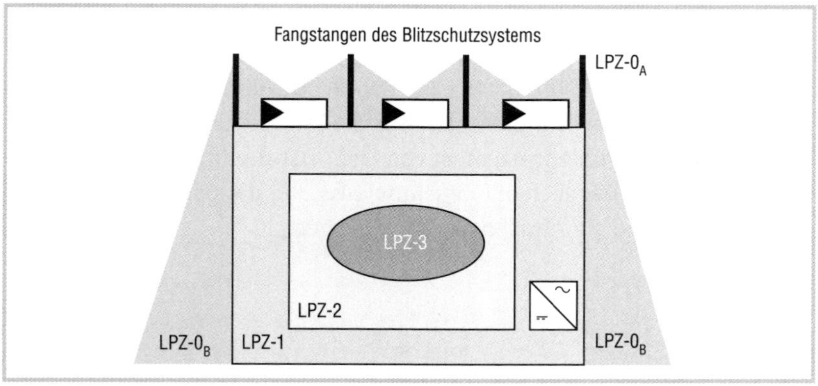

Bild 8.21 *Zuordnung von Schutzzonen und ÜSE in einem Gebäude mit Blitzschutzanlage*

In die Schutzzone 0_B kann ein Blitz nicht direkt einschlagen. Eine Beeinflussung von Geräten ist jedoch durch elektromagnetische Felder möglich. Die von diesen Geräten in das Gebäude eingeführten Leitungen sind mit einem Schutzgerät des Typ 2 zu schützen, um den weiteren Eintrag von Transienten in das Gebäude zu verhindern.

Die Schutzzone 1 ist ein Bereich, in dem die maximale Stehstoßspannungsfestigkeit gemäß Tabelle 8.10 mit 6 kV vereinbart ist. Die Leitungen, die aus der Schutzzone 0 kommen, können mit ÜSG des Typ 1 geschützt werden.

Die Schutzzone 2 ist ein Bereich, in dem die maximale Stehstoßspannungsfestigkeit gemäß Tabelle 8.10 mit 4 kV vereinbart ist. Überspannungsschutzgeräte des Typ 2 erreichen diese Spannung.

Die Schutzzone 3 ist ein Bereich, in dem die maximale Stehstoßspannungsfestigkeit gemäß Tabelle 8.10 mit 2,5 kV für unempfindliche Endgeräte und 1,5 kV für empfindliche elektronische Endgeräte vereinbart ist. Überspannungsschutzgeräte des Typ 3 erreichen diese Werte.

Während DIN VDE 0100-443 [44] ÜSE vom Typ 2 und 3 fordert, müssen nach DIN VDE 0185 auch ÜSE vom Typ 1 im Rahmen des Blitzschutzpotentialausgleichs eingesetzt werden. Dabei steht die Forderung nach einer ÜSE am Eingang der Versorgung, zum Beispiel am Hausanschlusskasten oder in der Zählerverteilung.

Bei der Anordnung im Vorzählerbereich ist bei Anschluss an das öffentliche Versorgungsnetz die VDN-Richtlinie „Überspannungs-Schutzeinrichtungen Typ 1 Richtlinie für den Einsatz von Überspannungs-Schutzeinrichtungen (ÜSE) Typ 1 (bisher Anforderungsklasse B) in Hauptstromversorgungssystemen" zu beachten.

Grundsätzlich gilt für den Einsatz von Überspannungsschutzgeräten das im **Bild 8.22** dargestellte Schema.

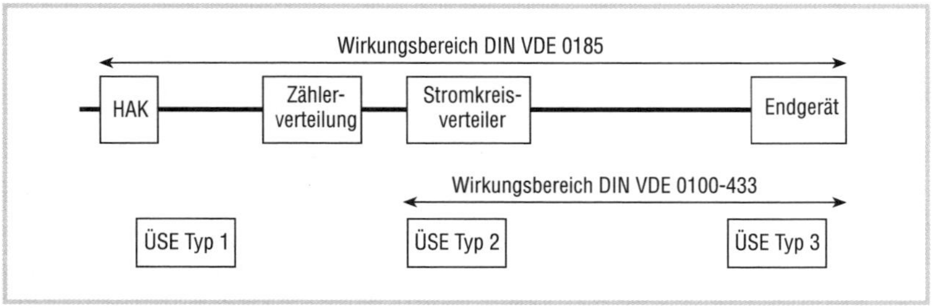

Bild 8.22 *Wirkungsbereiche der beiden Vorschriften aus DIN VDE 0100-443 und DIN VDE 0185*

Werden Leitungen von einer Schutzzone in eine andere eingeführt, so ist in unmittelbarer Nähe der Übergänge eine ÜSE anzuordnen. Dabei wird an dem Übergang von der Schutzzone 0, also von außerhalb des Gebäudes, in die Schutzzone 1 eine ÜSE vom Typ 1 gesetzt, wenn eine Blitzschutzanlage installiert ist. Ohne Blitzschutzanlage kann hier ebenso wie für Leitungen aus der Blitzschutzzone 0B der für den Schutzzonenübergang 1–2 vorgesehene Typ 2 Ableiter verwendet werden. Der Übergang von Schutzzone 1 zu Schutzzone 2 erhält ein ÜSE vom Typ 2 und der Übergang der Schutzzone 2 zu Schutzzone 3 erhält eine ÜSE vom Typ 3.

In das Überspannungsschutzkonzept fließen die Anforderungen der Betriebsmittel entsprechend der Überspannungsschutzkategorie ein. Dabei werden die Betriebsmittel verschiedenen Überspannungsschutzkategorien zugeordnet. Diese sind in Tabelle 8.10 aufgeführt.

Die Auswahl der ÜSE erfolgt unter anderem nach dem geforderten Schutzpegel. So ist in einer Anlage für 230/400 V mindestens eine ÜSE vom Typ 2 erforderlich, um einen Schutz gegen Überspannungen zu gewährleisten. Werden empfindliche Betriebsmittel eingesetzt, ist ein zusätzlicher Schutz dieser Betriebsmittel mit einem ÜSE Typ 3 erforderlich.

Wird ein Überspannungsschutz auf Grund von Anforderungen durch eine Blitzschutzanlage installiert, so ist an der Einspeisung eine zusätzliche ÜSE Typ 1 notwendig.

Können die geforderten Schutzpegel nicht mit einer ÜSE erreicht werden, sind die zusätzlich einzusetzenden ÜSE untereinander zu koordinieren. Das bedeutet, dass die ÜSE mit dem kleinsten Schutzpegel durch die ÜSE mit dem nächsthöheren Schutzpegel vor Überlastung durch den abzuleitenden Strom geschützt wird.

Anforderungen an zeitweilige Überspannungen (TOV), wie sie durch den Ausfall eines Neutralleiters auftreten können, werden durch die normgerecht hergestellten ÜSE nicht abgedeckt.

8.10.1 Die Anordnung der ÜSE

Besonders zu beachten ist, dass der Schutz der Energieversorgung nur eine Teilmaßnahme des Überspannungsschutzes einer PV-Anlage ist. Auch die Betriebsmittel der *Informations- und Gebäudesystemtechnik* sind auf der Seite der informationstechnischen Anschlüsse durch Überspannungen gefährdet. Der Ausfall eines Rechner- oder Telefonsystems ist nicht minder kritisch wie der Ausfall der Spannungsversorgung. Eine Schnittstelle zur

Überwachung der PV-Anlage wird üblicherweise an Geräte angeschlossen, die der Überspannungsschutzkategorie 1 entsprechen. Das bezieht sich auf den Schutz der Energieseite wie auf den der MSR- oder IT-Seite. Die zum Schutz der Betriebsmittel installierten ÜSE sind so nahe wie möglich an dem Betriebsmittel zu montieren. Darüber hinaus sollte auch beachtet werden, dass manche Betriebsmittel mit eigenen ÜSE ausgestattet sind. Diese sind ebenfalls mit den jeweils vorgeschalteten ÜSE der Anlage zu koordinieren.

Werden ÜSE im Endstromkreis einer Anlage installiert, so ist in dem, den Stromkreis versorgenden Verteiler, ein Hinweisschild anzubringen, dass sich in dem betreffenden Stromkreis eine ÜSE, beispielsweise an der Steckdose, befindet.

In feuergefährdeten Anlagen müssen besondere Vorkehrungen getroffen werden, um eine Brandgefahr auszuschalten. Dazu müssen vom Hersteller der ÜSE entsprechende Angaben über die Funkenbildung beim Auslösen gemacht werden.

8.10.2 Anschluss von ÜSE in dem Energieversorgungssystem

Der Schutz gegen Überspannungen ist zwischen den aktiven Leitern untereinander und zu dem PE-Leiter erforderlich. In den Netzsystemen werden die ÜSE unterschiedlich eingesetzt. Dazu werden drei verschiedene, national übliche Anschlussarten benannt, die in **Tabelle 8.11** aufgeführt sind.

Diese Schaltungen sind in den **Bildern 8.23, 8.24** und **8.25** dargestellt.

Tabelle 8.11 *Installationsvarianten von ÜSE in der Energieversorgungsanlage [45]*

Benennung	optional zwischen Außenleitern und gefordert zwischen jedem ...	System nach Art der Erdverbindung
3+0-Schaltung	Außenleiter und PEN- bzw. PE-Leiter	TN-C IT ohne Neutralleiter
4+0-Schaltung	Außenleiter und PE-Leiter sowie zwischen Neutralleiter und PE-Leiter	TN-S IT mit Neutralleiter
3+1-Schaltung	Außenleiter und Neutralleiter sowie zwischen Neutralleiter und PE-Leiter	TT TN-S IT mit Neutralleiter

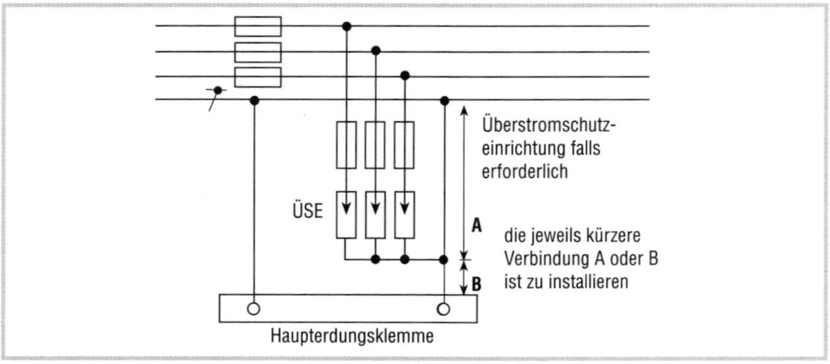

Bild 8.23 *Installationsform von ÜSG-3+0-Schaltung*

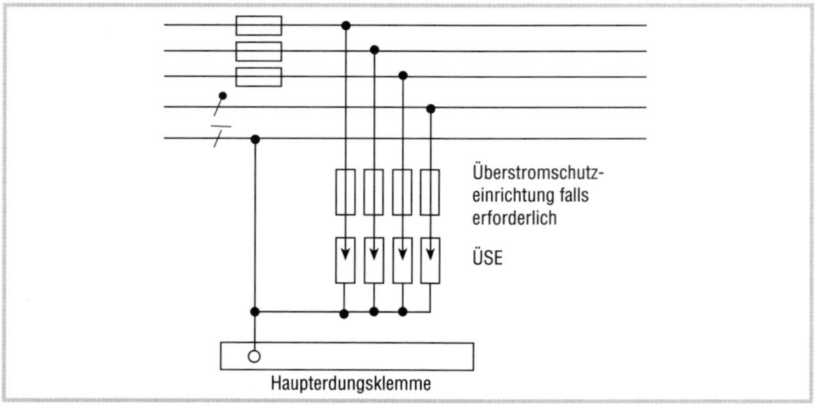

Bild 8.24 *Installationsform von ÜSG-4+0-Schaltung*

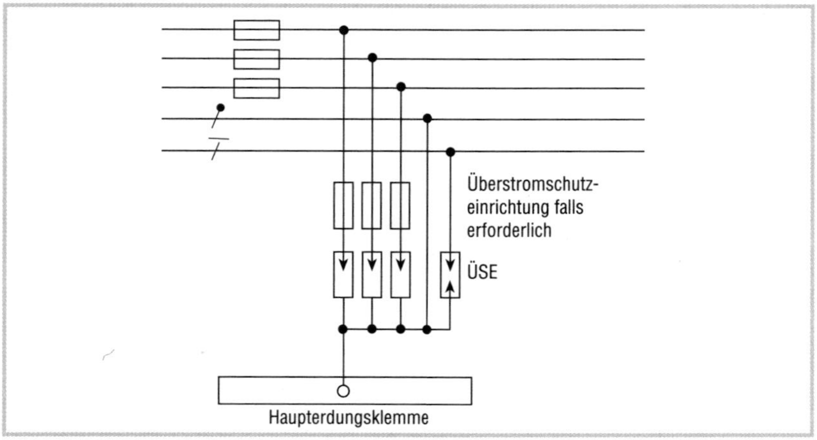

Bild 8.25 *Installationsform von ÜSG-3+1-Schaltung*

8.10.2.1 Anschluss der ÜSG an die aktiven Leiter und den PE-Anschluss

Die nachfolgenden Anmerkungen zum Anschluss der ÜSG gelten sowohl für die Gleichspannungsseite eines PV-Systems wie auch für die Wechselspannungsseite.

Die Leiterlänge, die im Auslösefall der ÜSE den Strom zur Erde ableitet, muss begrenzt werden. Auf diesem Leitungsstück entsteht in Abhängigkeit von der Stromanstiegsgeschwindigkeit und der Länge der Leitung aufgrund der Leitungsimpedanz eine Spannung. Diese führt zu einer Erhöhung der *Restspannung* an der ÜSE. Die Länge dieser Leitung ist so kurz wie möglich zu halten. Sie ist auf 1 m begrenzt. **Bild 8.26** und **8.27** zeigen die Maximallängen in Abhängigkeit von der Anschlussart. In größeren Gebäuden ist es deshalb sinnvoll, einen vermaschten Potentialausgleich zu installieren, der auch in den Etagen über eigene Potentialausgleichsebenen verfügt.

Der Querschnitt der Anschlussleitungen entspricht mindestens dem Außenleiterquerschnitt. Ist der Außenleiterquerschnitt größer als 4 mm^2, darf der Querschnitt der Verbindungsleitungen 4 mm^2 betragen. Die mechanische Festigkeit ist neben der elektrischen Leitfähigkeit zu berücksichtigen.

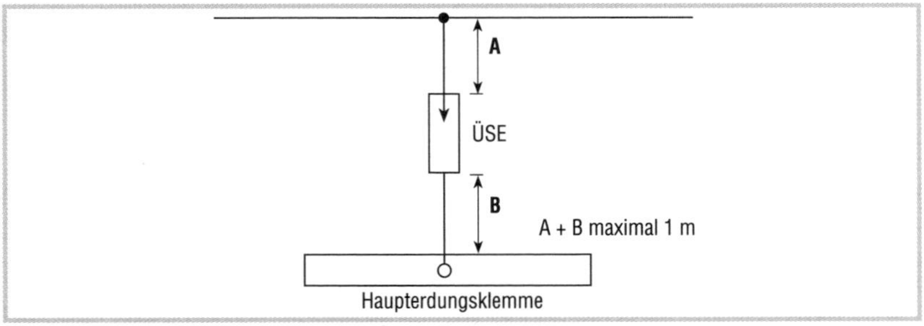

Bild 8.26 *Maximale Leitungslängen bei T-Anschluss [34]*

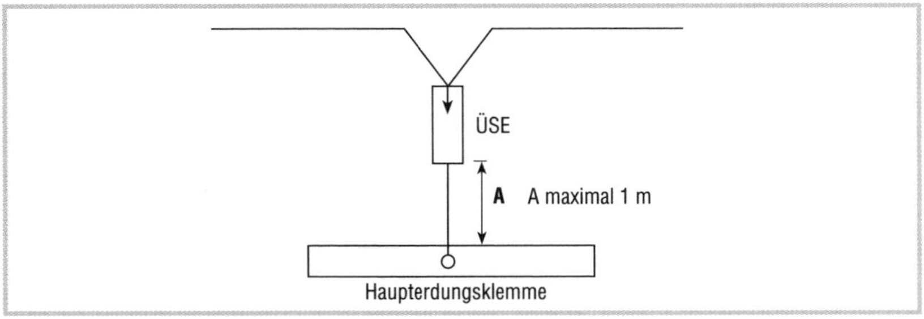

Bild 8.27 *Maximale Leitungslängen bei V-Anschluss [35]*

Ist die ÜSE vom Typ 1 ein Teil eines Blitzschutzpotentialausgleichs, beträgt der Querschnitt mindestens 16 mm^2 Cu. [36]

8.10.2.2 Schutz der Leitungsanlage bei defekten ÜSE

Die Leitungen und Überspannungsschutzgeräte sind bei Kurzschluss der ÜSE zu schützen. Im Fall von **Bild 8.28** schützt die Überstromschutzeinrichtung F1 nicht nur das Betriebsmittel, sondern auch den Zweig zur ÜSE. Im Falle einer Störung in der ÜSE fällt somit auch die Verbraucheranlage aus.

Sicherer ist es, in den Zweig der ÜSE eine weitere Schutzeinrichtung zu installieren. Diese Schutzeinrichtung kann in der ÜSE eingebaut sein. Im Falle eines Fehlers in der ÜSE, die zu einem dauerhaften Strom führt, kann diese Schutzeinrichtung abschalten und den Stromkreis zur ÜSE unterbrechen. **Bild 8.29** zeigt dies beispielhaft.

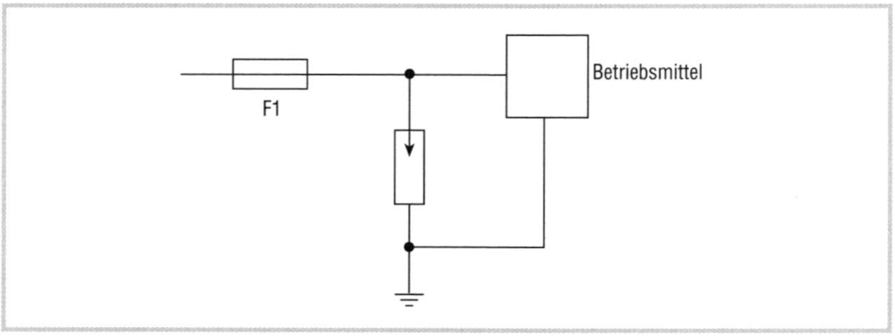

Bild 8.28 *Sicherstellung des Kurzschlussschutzes durch eine der ÜSE vorgeschalteten Überstromschutzeinrichtung F1 in der Anlage [37]*

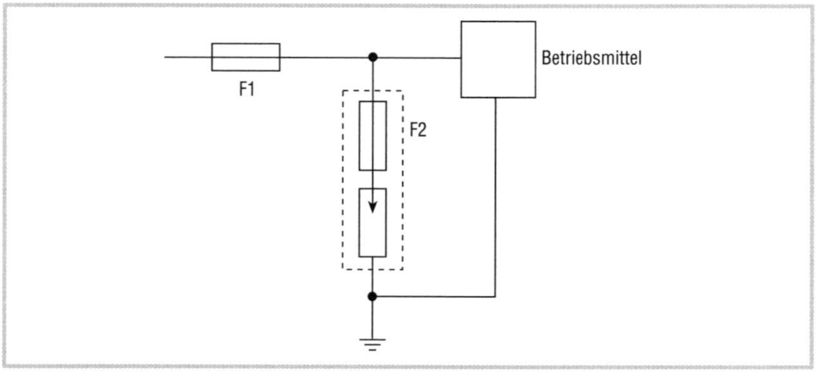

Bild 8.29 *Sicherstellung des Kurzschlussschutzes durch eine in die ÜSE integrierte Überstromschutzeinrichtung F2 [38]*

Sollte die in der Anlage vorgeschaltete Überstromschutzeinrichtung das Schaltvermögen überschreiten, schreiben manche Hersteller eine separate Sicherung vor der ÜSE vor. Diese Situation ist in **Bild 8.30** dargestellt.

In beiden genannten Fällen ist es wichtig, zu erkennen, dass die Selektivität zwischen den beiden Schutzeinrichtungen F1 und F2 gewahrt sein muss. In dem Fall, in dem die Selektivität nicht vorhanden ist, kann bei Auslösung der Schutzeinrichtung F1 die gesamte Anlage ausfallen.

Selektivität ist immer dann gegeben, wenn der $I_{\Delta t}$-Wert der vorgeschalteten Schutzeinrichtung größer ist als der $I_{\Delta t}$-Wert der nachgeschalteten Schutzeinrichtung.

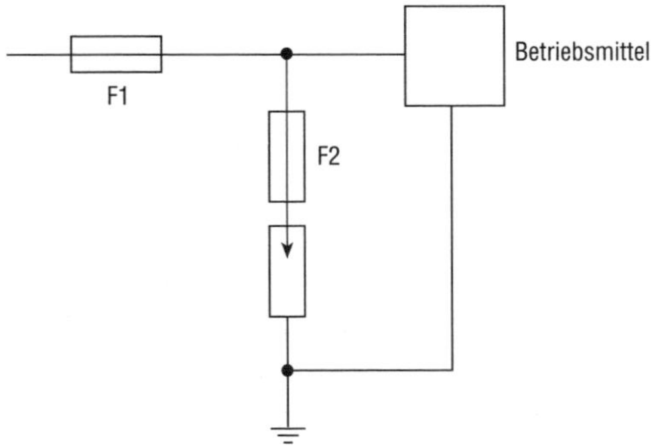

Bild 8.30 *Sicherstellung des Kurzschlussschutzes durch eine der ÜSE vorgeschaltete Überstromschutzeinrichtung F2]*

8.10.2.3 Sicherstellung der Schutzfunktion bei Ausfall einer ÜSE

Um die Anlage auch bei Ausfall einer ÜSE weiterhin zu schützen, können auch zwei ÜSE mit den jeweiligen Überstrom-Schutzeinrichtungen parallel geschaltetet werden (**Bild 8.31**).

8.10.3 Überspannungsschutz auf der Gleichspannungsseite

Auf der Gleichspannungsseite ist ebenfalls ein Überspannungsschutz erforderlich.

Auf der Gleichspannungsseite wird zwischen geerdeten und nicht geerdeten Systemen unterschieden. Der Überspannungsschutz ist dabei für die Module und für den Wechselrichter erforderlich. Werden die Module über Anschlusskästen angeschlossen, so sind die Überspannungsschutzgeräte in diesen und vor dem Wechselrichter notwendig. Das gilt besonders dann,

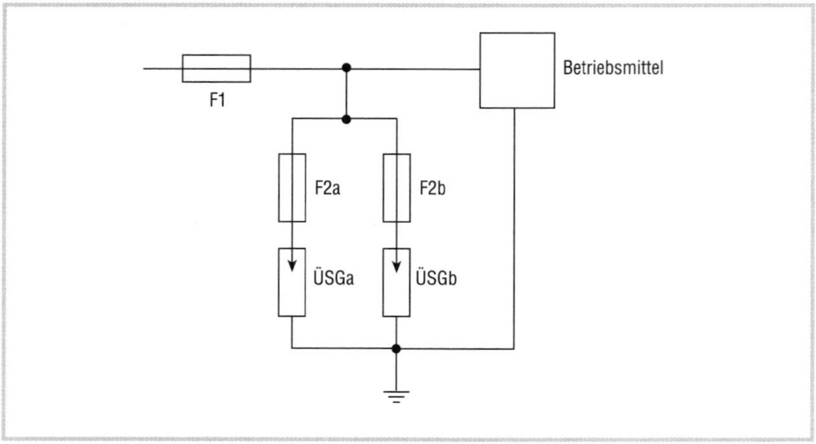

Bild 8.31 *Kurzschlussschutz und Sicherstellung der Funktion des Überspannungsschutzes bei Ausfall einer ÜSE oder ihrer vorgeschalteten Schutzeinrichtung [39]*

wenn zwischen den Modulen und dem Wechselrichter die Leitungsanlage elektromagnetisch ungeschützt verlegt ist. Deshalb ist festzustellen, dass ein vernünftig geplanter Schutz gegen elektromagnetische Einflüsse die wichtigste Voraussetzung für einen erfolgreichen Schutz gegen Schäden aus Blitz- und Überspannungen ist. Die Anordnungen der ÜSG ist im **Bild 8.32** dargestellt. Dabei hat sich die Y-Schaltung durchgesetzt, die aus drei Ableitern besteht und über eine hohe Fehlerresistenz verfügt.

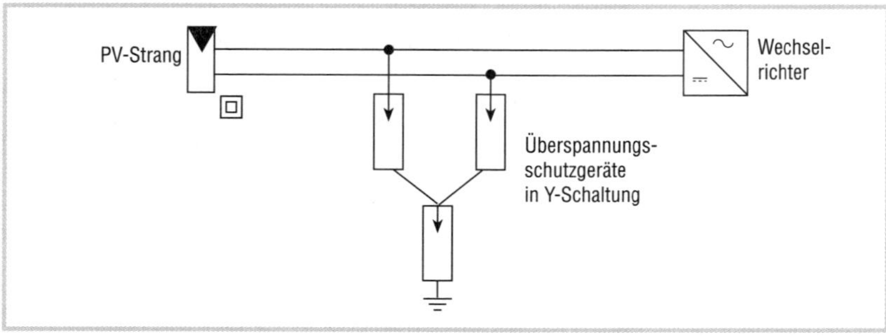

Bild 8.32 *Überspannungsschutzgeräte im ungeerdeten Gleichspannungsteil der PV-Anlage*

8.10.4 Überspannungsschutz auf der Wechselstromseite

In den meist vorkommenden TN-C-S- und TT-Systemen finden unterschiedliche Schaltungen Anwendung. Diese sollen im Zusammenhang der Anlage dargestellt werden. Die Darstellung lehnt sich an die jeweilige Darstellung der Norm an. Die Bildkennzeichnungen der Norm wurden mit eingeführt.

Für die Darstellung der Überstrom-Schutzeinrichtungen in dem Versorgungsnetz wurde aus Gründen der Vereinfachung die Schmelzsicherung gewählt.

Die Anordnung von Überspannungs-Schutzeinrichtungen im **Bild 8.33** kann in einem Gebäude mit einer Blitzschutzanlage aufgebaut werden [40]. Befinden sich die Einspeisung durch den HAK, die Zählerverteilung und die Wechselrichter in unmittelbarer Nähe, ist auf eine vom Hersteller verlangte Entkopplung zu achten. Der Anschluss des Typ-2-Ableiters kann in einem solchen Fall auch an der Haupterdungsklemme erfolgen. Die maximalen Leiterlängen sind dabei aber auch zu berücksichtigen. Wichtig ist, dass die Potentialausgleichsleitung in unmittelbarer Nähe zu den Versorgungsleitungen der Gleich- und Wechselstromseite verlegt werden, um eine möglichst geringe Induktionsschleife zu bilden.

Bei der Dimensionierung der ÜSG sind die Angaben des Wechselrichterherstellers und der Modulhersteller im Hinblick auf die Bemessungs-Stehstoßspannung zu berücksichtigen.

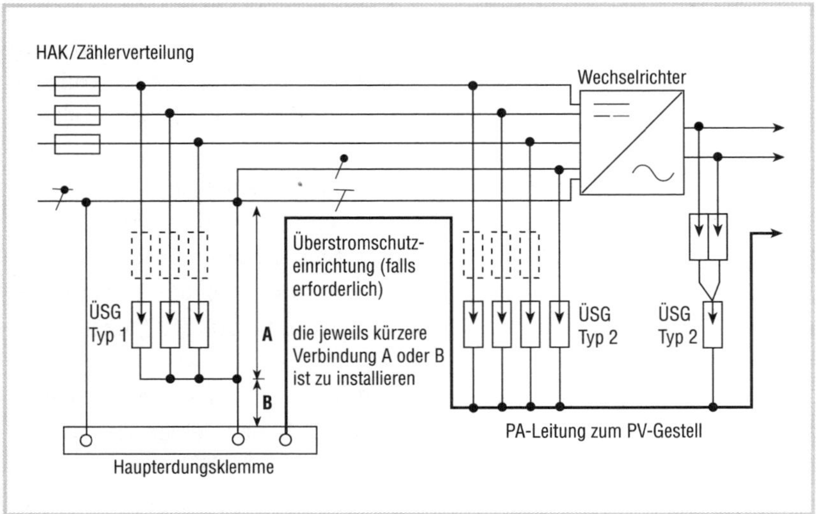

Bild 8.33 *Beispiel einer Anordnung von ÜSG im TN-C-S-System*

Werden Kombiableitern zum Beispiel ÜSG Typ 1 und Typ 2 oder die Kombination einer ÜSG mit einem Fehlerstrom-Schutzschalter eingesetzt, vereinfachen sich die dargestellten Bilder im Hinblick auf den Installationsaufwand der in **Bild 8.34** dargestellt ist.

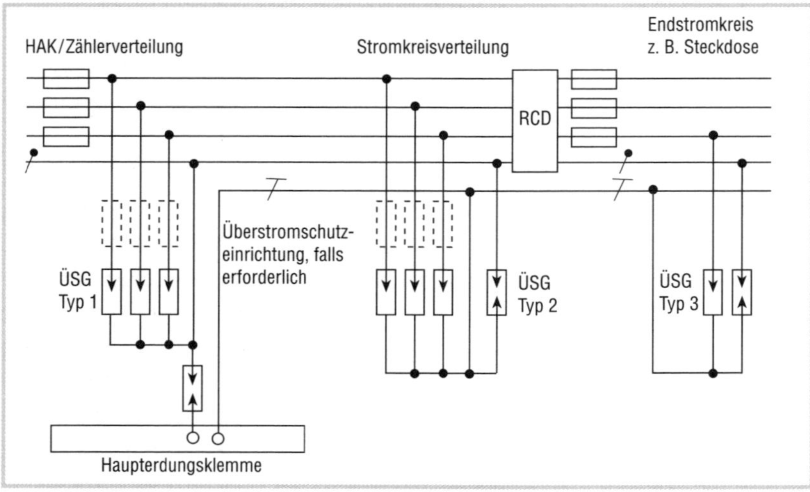

Bild 8.34 *Beispiel einer Anordnung von ÜSG in Verbindung mit einem RCD am Beispiel des TT-Sytems*

8.10.5 Auslegung der ÜSG

Die ÜSG sind in Abhängigkeit vom Vorhandensein einer Blitzschutzanlage und der *Gefährdungsbeurteilung* nach DIN VDE 0100-443 [44] auszulegen. Dabei spielen auch die Leitungslängen, in die Transienten naher Blitzeinschläge einkoppeln können, eine wichtige Rolle. Als Grenze für eine Betrachtung kann die Länge von 10 m angenommen werden [77].

Bei Anlagen ohne Blitzschutzanlage, in die auf Grund der Risikoanalyse mit einem direkten Blitzeinschlag nicht gerechnet werden muss, wird zum Schutz der Geräte die Gleichspannungsseite wie auch die Wechselspannungsseite mit ÜSG vom Typ 2 geschützt. Damit wird die Stehstoßspannung auf 4 kV begrenzt.

Sind die Strangleitungen länger als 10 m, sind auch vor den Modulen ÜSG vom Typ 2 einzusetzen. Ist die Leitung zwischen Zähler/Hauptverteilung und Wechselrichter länger als 10 m, sind auch ÜSG vom Typ 2 vor dem Wechselrichter zu montieren. Unabhängig von den Anforderungen nach DIN VDE 0100-443 muss in jedem Fall ein ÜSG Typ 2 an der Einspeisestelle/Zählerverteilung/Hauptverteilung installiert werden. Die übrigen, in der Anlage befindlichen Betriebsmittel werden nach der Gefährdungsbeurteilung gemäß DIN VDE 0100-443 geschützt. Dazu dienen dann unabhängig von der PV-Anlage die in der Einspeisung der Energieversorgung installierten ÜSG vom Typ 2 und die ÜSG Typ 3 vor den Betriebsmitteln mit dem jeweiligen Schutzpegel von 2,5 kV oder 1,5 kV. **Bild 8.35** zeigt die möglichen Anordnungen.

Werden Anlagen mit Blitzschutzanlagen geschützt, so gilt grundsätzlich die Montage eines ÜSG Typ 1 an der Einspeisestelle der Energieversorgung. Bei Leitungen zwischen Wechselrichter und ÜSG Typ 1 von mehr als 10 m, ist auch vor dem Wechselrichter ein ÜSG Typ 2 auf der Wechselspannungsseite wie auch auf der Gleichspannungsseite zu montieren. Ist die Leitung vom Wechselrichter zu den Modulen länger als 10 m, wird auch vor den Modulen ein ÜSG Typ 2 installiert.

Der Fall, dass der Trennungsabstand nicht eingehalten werden kann, ist planerisch eigentlich nicht möglich. Sollte dieser Fall als Ausnahme jedoch tatsächlich einmal eintreten, so sind die ÜSG vor und hinter den Wechselrichtern und vor den Modulen als Typ 1 auszulegen. In diesem Fall müssen sie Teile des Blitzstromes tragen können. Zu beachten ist jedoch in diesem Fall der Schutzpegel, der auf die zu schützenden Geräte abgestimmt (koordinierter Überspannungsschutz) sein muss.

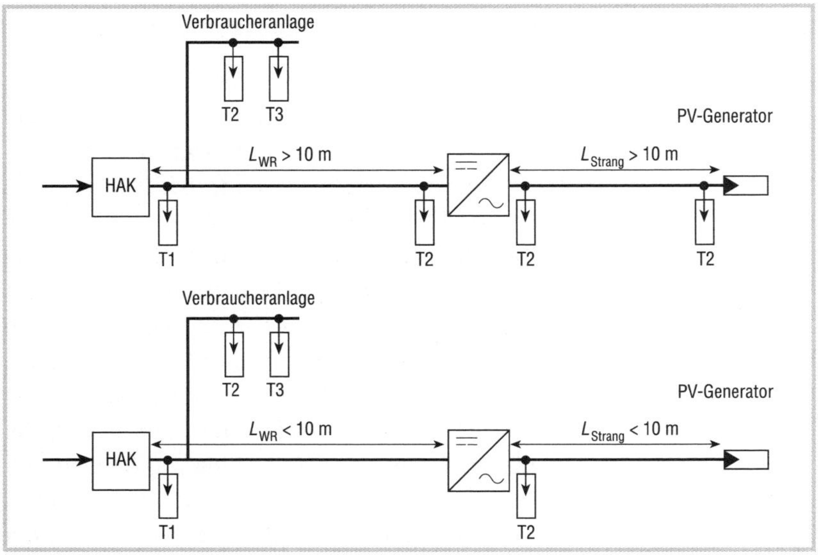

Bild 8.35 *Überspannungsschutzgeräte in Gebäuden mit PV-Anlagen und mit Blitzschutzanlage*

Ist keine Blitzschutzanlage installiert gelten die Anforderungen nach DIN VDE 0100-443 wie in **Bild 8.36** dargestellt.

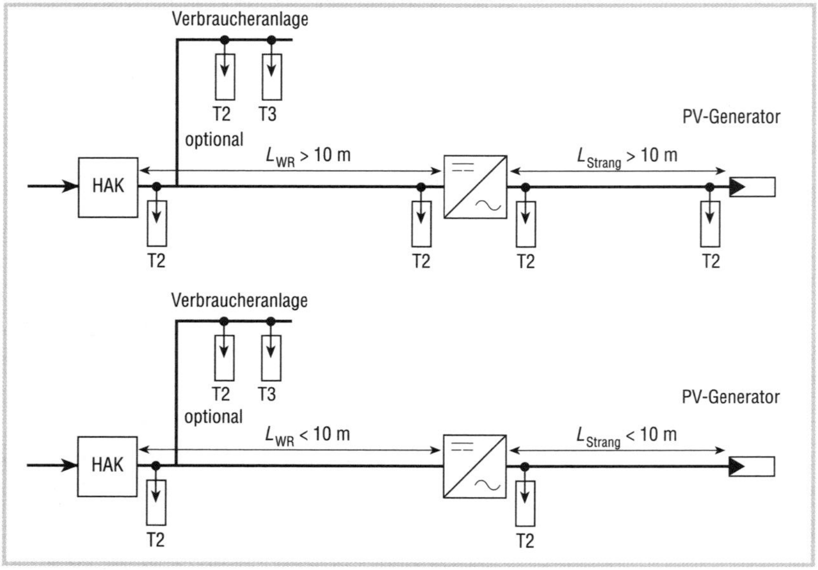

Bild 8.36 *Überspannungsschutzgeräte in Gebäuden mit PV-Anlagen und ohne Blitzschutzanlage*

8.10.6 Überspannungsschutz für angeschlossene IT-Systeme

Auch die Geräteschnittstellen für die Informationsverarbeitung sind entsprechend des Schutzzonenkonzeptes mit Überspannungs-Schutzeinrichtungen zu beschalten. Dabei sind auch die Wege der Leitungen zu berücksichtigen. Führen Leitungen von einer Schutzzone in eine andere Schutzzone und wird dabei eventuell sogar die Schutzzone 0 gekreuzt, so sind unbedingt Maßnahmen einzuleiten. Werden die Leitungen durch die Schutzzone 0 in andere Gebäude geführt, sind vorzugsweise LWL-Verbindungen herzustellen. Diese führen zu keinem Eintrag von Transienten und führen auch nicht dazu, dass Erdungssysteme miteinander verbunden werden. Ist die Verlegung von LWL nicht möglich, so sollten an den Schnittstellen optische Koppler verwendet werden um die empfindlichen Geräte zu schützen. Im Fall der Verwendung von Kupferleitungen zur Verbindung von Kommunikationsschnittstellen der Wechselrichter untereinander und mit zentralen Überwachungsgeräten wie PC sind die Schnittstellen vor den Geräten mit Überspannungsschutzgeräten zu beschalten. An dem PC, der die zentrale

Überwachung steuert, finden sich zusätzlich Schnittstellenanschlüsse, zum Beispiel aus einem hausinternen Netzwerk oder von einer Telekommunikationsleitung. Diese Schnittstellen sind ebenfalls zu schützen, um Störeinträge in das hauseigene Datennetz oder aus den ankommenden Telekommunikationsleitungen zu vermeiden. **Bild 8.37** stellt die möglichen Verbindungen und die dazu erforderlichen Beschaltungen dar. Entfallen Teile der Anlage, entfallen auch die Schutzgeräte. Es gilt jedoch auch zu beachten, dass der Schutz der Telekommunikationsinfrastruktur auch ohne Verbindung zur PV-Anlage erforderlich ist.

ÜSG für informationstechnische Systeme und Geräte der Mess-Steuer-Regeltechnik (MSR-Technik) werden aus den Geräten mit der Kategorie aus Tabelle 3 der DIN EN 61643-21 [78] ausgewählt. Es sind folgende Geräte für den Schutz der Schnittstellen zu verwenden:

- für den Übergang der Blitzschutzzone 0 auf 1 ein Gerät Typ D1,
- für den Übergang der Blitzschutzzone 1 auf 2 ein Gerät Typ C2,
- für den Übergang der Blitzschutzzone 2 auf 3 ein Gerät Typ C1. [79]

Bei der Auswahl der Geräte des Schutzzonenübergangs 2 auf 3 ist zu beachten, dass diese Schutzgeräte bereits im Betriebsmittel vorhanden sein können. Eine Koordination der vorgeschalteten Schutzgeräte ist in diesem Fall dringend anzuraten.

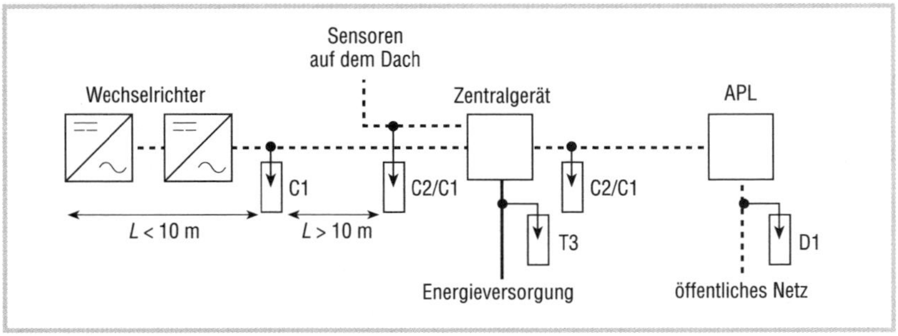

Bild 8.37 *Überspannungsschutz an den Kommunikationsschnittstellen einer PV-Anlage*

8.11 Blitzschutzmaßnahmen

Das Risiko eines Blitzeinschlags in die PV-Anlage ist abhängig von verschiedenen geografischen und baulichen Faktoren. Wie mit dem vorhandenen Risiko umzugehen ist, entscheidet der Betreiber. Die technischen Regeln geben dazu nur eine Hilfestellung. Das Gebäude ist jedoch auch unter dem

Gesichtspunkt des Baurechts zu sehen. Die Landesbauordnungen basieren, wie schon aufgezeigt, auf den Musterrichtlinien der Argebau. In der Musterbauordnung heißt es dazu, dass ein Gebäude, in das nach Lage, Bauart oder Nutzung ein Blitzeinschlag leicht eintreten kann und zu schweren Folgen führt, mit einer Blitzschutzanlage versehen werden muss [80]. Da der Begriff Blitzschutzanlage in der Normenreihe DIN EN 62305 [81] beschrieben ist, sind die Anforderungen der Risikoanalyse aus dieser Normenreihe zu entnehmen. Eine nach dieser Norm errichtete Blitzschutzanlage entspricht den Anforderungen der Bauordnung. Ein weiters Kriterium zur Beurteilung der Notwendigkeit einer Blitzschutzanlage stellen die privatrechtlichen Verträge mit den Versicherern dar.

8.11.1 Forderungen der Sachversicherer

Zunächst ist anhand der Richtlinien der Versicherer recht einfach zu entscheiden, welche Maßnahmen des Blitzschutzes anzuwenden sind. Die VdS 29010 Risikoorientierter Blitzschutz [82] gibt dazu entsprechende Hinweise. In der Richtlinie wird für PV-Anlagen mit einer Leistung größer 10 kW ein Blitz- und Überspannungsschutz gefordert. Dieser ist entsprechend den anerkannten Regeln der Technik zu errichten. Das bedeutet die Einhaltung der Anforderungen aus der Normenreihe DIN EN 62305 [81].

8.11.2 Maßnahmen aus den Blitzschutznormen

In der zutreffenden Norm EN 62305-2:2006 [83] finden sich Berechnungsverfahren, die den notwendigen Umfang einer Blitzschutzanlage anhand der Blitzschutzklasse definieren und damit ein begrenztes Restrisiko zulassen.
Bei den Berechnungen werden die baulichen Abmessungen sowie die Lage des Gebäudes berücksichtigt, ebenso die Schadensquellen wie

- Blitzeinschläge in eine bauliche Anlage,
- Blitzeinschläge neben der baulichen Anlage,
- Blitzeinschläge in eine Versorgungsleitung und
- Blitzeinschläge neben einer Versorgungsleitung.

Tritt ein solches Ereignis ein, kann es zur Verletzungen von Lebewesen, zu physikalischen Schäden und zu Ausfällen von elektrischen und elektronischen Systemen kommen.

Es ist nach Eintritt eines Ereignisses damit zu rechnen, dass Verluste auftreten. Das können sein:

- der Verlust von Menschenleben,
- der Verlust von Dienstleistungen für die Öffentlichkeit,
- der Verlust von unersetzlichem Kulturgut,
- wirtschaftliche Verluste an der bauliche Anlage und deren Inhalt, an Versorgungsleitungen und deren Ausfall.

Um das Risiko bewerten zu können, müssen eine Reihe von Informationen zu der baulichen Anlage, der örtlichen Lage und der Nutzung vorliegen. Eine vereinfachte Berechnung erfordert folgende Informationen:

Abmessungen der baulichen Anlage:

- Länge der baulichen Anlage,
- Breite,
- Dachhöhe.

Eigenschaften der baulichen Anlage:

- Risiko für physikalische Schäden,
- Schirmwirkung,
- Art der internen Leitungen.

Einflüsse der Umgebung:

- Standortfaktor,
- Umgebungsfaktor,
- Zahl der Gewittertage.

Arten der elektrischen Versorgungsleitungen:

- Stromversorgung,
- Art der eingeführten Leitungen,
- Schirmung des Kabels,
- Anderen Freileitungen:
  - Zahl der Freileitungen,
  - Schirmung des Kabels,
- Andere erdverlegte Kabel:
  - Anzahl der Kabel,
  - Schirmung.

Angewendete Schutzmaßnahmen:

- Schutzklasse des Blitzschutzsystems,
- Brandschutz wie Sprinkleranlagen, Brandmeldeanlagen usw.,
- Maßnahmen des Überspannungsschutzes.

Schadensarten:

- Schadensarten 1, Verletzung und Tod von Personen:
  - Spezielle Lebensgefährdung zum Beispiel durch Panik,
  - Verlust durch Feuer,

  - Verlust durch Überspannungen.
- Schadensart 2, Verlust öffentlicher Dienstleistungen:
  - Verlust durch Feuer,
  - Verlust durch Überspannung.
- Schadensart 3, Verlust von Kulturgut:
  - Verlust durch Feuer.
- Schadensart 4, Wirtschaftliche Verluste:
  - spezielle wirtschaftliche Risiken,
  - Verlust durch Feuer,
  - Verlust durch Überspannung,
  - Schritt/Berührungsspannungen,
  - akzeptierbares Risiko.

Wenn diese Eckdaten bekannt sind, können sie in dafür vorgesehene Berechnungsprogramme eingegeben werden, die das Risiko danach berechnen.

Die Programme werten dabei die akzeptierten Risiken aus und vergleichen sie mit den Risiken aus den direkten und indirekten Einschlägen.

Sind die akzeptierten Risiken größer als die Risiken aus den direkten und indirekten Einschlägen, reichen die geplanten Schutzmaßnahmen aus. Reichen sie nicht aus, sind die Schutzmaßnahmen zum Beispiel durch Ändern der folgenden Parameter anzupassen:

- Schutzklasse des Blitzschutzsystems,
- Brandschutz wie Sprinkleranlagen, Brandmeldeanlagen usw.,
- Maßnahmen des Überspannungsschutzes.

Die Wahl eines höheren LPZ-Systems oder eines koordinierten Überspannungsschutzes stellen für den Schutz eines Gebäudes mit einer PV-Anlage die möglichen Anpassungen dar.

8.11.3 Berechnung des Trennungsabstands

Zwischen dem PV-System und dem Blitzschutzsystem ist ein Abstand erforderlich, der so groß sein muss, dass Überschläge von den Leitungen des Blitzschutzsystems auf das PV-System vermieden werden. Die Abstände sind von einer Reihe von Faktoren abhängig. Die Berechnung führt bei höheren Gebäuden zu erheblichem Aufwand. Die Berechnung des Trennungsabstands soll an einem kleineren Gebäude beispielhaft dargestellt werden.

Der Trennungsabstand zwischen den Ableitungen und sonstigen Installationen darf nicht kleiner als der Sicherheitsabstand s sein.

Gleichung 8.21: Sicherheitsabstand *s* [84]

$$s = k_{\mathrm{i}} \cdot \frac{k_{\mathrm{c}}}{k_{\mathrm{m}}} \cdot l$$

s Sicherheitsabstand zwischen leitfähigen Teilen der Gebäudeinstallation und den Teilen des Blitzschutzsystems
k_{i} abhängig von der gewählten Schutzklasse des LPS, aus **Tabelle 8.12**
k_{c} abhängig vom Blitzstrom, der in den Ableitungen fließt, aus **Tabelle 8.13**
k_{m} abhängig vom elektrischen Isolierstoff, aus **Tabelle 8.14**
l Länge entlang der Fangeinrichtung oder der Ableitung in Meter, von dem Punkt, an dem der Trennungsabstand ermittelt werden soll bis zum nächstliegenden Punkt des Potentialausgleichs

Tabelle 8.12
Faktor k_{i} zur Berechnung des Trennungsabstands [85]

Blitzschutzklasse	k_{i}
I	0,08
II	0,06
III und IV	0,04

Tabelle 8.13
Faktor k_{c} zur Berechnung des Trennungsabstands [86]

Anzahl der Ableitungen	k_{c}
1	1
2	1 … 0,5
4 und mehr	1 … 1/n

Tabelle 8.14
Faktor k_{m} zur Berechnung des Trennungsabstands [87]

Material	k_{m}
Luft	1
festes Material	0,5

Für k_{c} ist in der Tabelle nur der genaue Wert für eine Ableitung verfügbar. Die genaue Berechnung von k_{c} erfolgt im Falle eines vermaschten Fangleitungsnetzes und einer Erdungsanlage Typ B mit Gleichung 8.22. Verfahren für noch genauere Berechnungen für höhere Gebäude mit horizontalen Ringleitungen und mehreren Potentialausgleichsebenen sind der Norm zu entnehmen.

Gleichung 8.22: Genauere Berechnung des Koeffizienten k_{c} [88]

$$k_{\mathrm{c}} = \frac{1}{2 \cdot n} + 0{,}1 + 0{,}2 \cdot \sqrt[3]{\frac{c}{h}}$$

n Gesamtzahl der Ableitungen
c Abstand einer Ableitung zur nächsten Ableitung
h Abstand (oder Höhe) zwischen Ringleitern

Ein Beispiel soll die Situation verdeutlichen. Dazu wird ein Gebäude mit einem Flachdach angenommen, auf dem im *Schutzbereich* von Fangstangen eine PV-Anlage installiert ist. Es soll der erforderliche Mindestabstand an der Dachkante, an der Oberfläche des Daches, zwischen Fangleitung und PV-Rahmen und an der Oberkante der PV-Module zur Fangstange ermittelt werden. Das Dach ist mit einer maschenförmigen Fanganlage ausgestattet.

Eine Fangleitung liegt entlang der Dachkante. Die Berechnung erfolgt in mehreren Schritten:

1. Zusammenstellung der notwendigen Daten,
2. Berechnung des Koeffizienten k_c für die jeweilige Situation und
3. Berechnung des Trennungsabstands s für die jeweilige Situation.

Zusammenstellung der allgemeinen Daten:

- Blitzschutzklasse,
- Anzahl der Ableitungen,
- Höhe des Gebäudes,
- Länge der Fangleitung und Ableitung von der Erdungsebene zur Nährungsstelle,
- Breite des Gebäudes,
- Material das der Strecke s zugrunde liegt und
- Länge der jeweiligen Stecken der Ableitung.

Zunächst wird der Faktor k_c mit der Gleichung 8.22 ermittelt. Dann kann mit dem Faktor k_c der Abstand s mit Hilfe der Gleichung 8.21 ermittelt werden.

Der Trennungsabstand mit den Werten nach **Bild 8.38** wird wie nachfolgend beschrieben berechnet:

An der Fangstange und an der Anbindung der Fangstange an die Masche ist $k_c = 1$, da die Fangstange und die Anschlussleitung den gesamten Blitzstrom führen.

Die übrigen Werte sind:

k_i 0,04 für Blitzschutzklasse 3
k_m 1 für Luft
l_1 12 m Länge der Leitung bis zur 1. Näherungsstelle an der Dachkante
l_2 2 m Länge der Leitung von der 1. Näherungsstelle bis zur 2. Näherungsstelle am Fuß der Fangstange
l_3 2 m Länge der Fangstange von der 2. Näherungsstelle dem Fußpunkt der Fangstange bis zur 3. Näherungsstelle an der höchsten Stelle der Nährung zwischen Fangstange und PV-Anlage
h 12 m
c 15 m

Berechnung für k_c an der Dachkante:

$$k_c = \frac{1}{2 \cdot n} + 0{,}1 + 0{,}2 \cdot \sqrt[3]{\frac{c}{h}} = \frac{1}{2 \cdot 8} + 0{,}1 + 0{,}2 \cdot \sqrt[3]{\frac{15}{12}}$$

$$= 0{,}0625 + 0{,}1 + 0{,}2 \cdot \sqrt[3]{1{,}25} = 0{,}1625 + 0{,}2 \cdot 1{,}077$$

$$= 0{,}163 + 0{,}215 = 0{,}378$$

Damit beträgt der Wert für k_c an der Dachkante 0,378.

An dieser Stelle müssen der Modulrahmen oder die Tragekonstruktion den Abstand s_1 haben. Bild 8.38 zeigt die Situation.

Der Abstand zwischen Teilen der PV-Anlage an der Dachkante muss mindestens 0,37 m betragen, um einen Überschlag an dieser Stelle zu verhindern. Dieser Abstand gilt auch für Leitungen, die nach unten in das Gebäude führen.

Für den Abstand zwischen der Unterkante der Fangstange und dem Modulrahmen muss die Länge der Leitung zum Fuß der Fangstange hinzu addiert werden. Dabei gilt, dass für die Leitung zur Fangstange und für die Fangstange selbst der Wert $k_c = 1$ ist, da der Blitzstrom sich dort nicht aufteilt. Für k_m ist festes Material der Dachhaut anzunehmen. Es entsteht die Gleichung für den Fuß der Fangstange. **Bild 8.39** zeigt die Situation.

Der Abstand am Fußpunkt der Fangstange beträgt mindestens 0,52 m, um einen Überschlag zwischen der Blitzschutzanlage und der PV-Anlage zu verhindern.

Für den Abstand der Fangstange zum oberen Rahmen der PV-Anlage gilt die Länge l_3 mit 2 m in der Senkrechten bis zur ersten Stelle der Näherung und 2 m vom Fuß der Fangstange bis zur Ableitung. Die Gesamtstrecke des Stromweges ist in die drei Abschnitte – Hauswand, waagerechte Leitung bis

$$s_1 = k_c \cdot l \cdot \frac{k_i}{k_m} = 0{,}387 \cdot 12\,\text{m} \cdot \frac{0{,}04}{0{,}5} = 0{,}37\,\text{m}$$

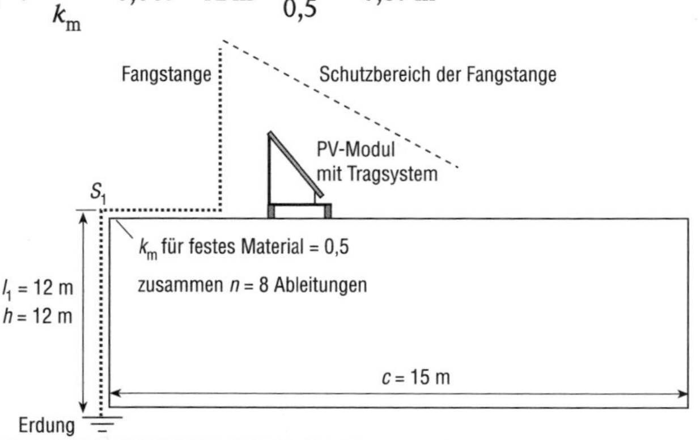

Bild 8.38 *Abbildung zur Ermittlung des Trennungsabstands s_1 an der Dachkante*

zur Fangstange und senkrechte Leitung (Fangstange bis zur Näherung) – aufzuteilen. **Bild 8.40** zeigt die Situation der Nährung.

$$s_2 = (k_{c1} \cdot l_1 + k_{c2} \cdot l_2) \cdot \frac{k_i}{k_m} = (0{,}378 \cdot 12\,\text{m} + 1 \cdot 2\,\text{m}) \cdot \frac{0{,}04}{0{,}5}$$

$$s_2 = (4{,}536\,\text{m} + 2\,\text{m}) \cdot 0{,}08 = 0{,}52\,\text{m}$$

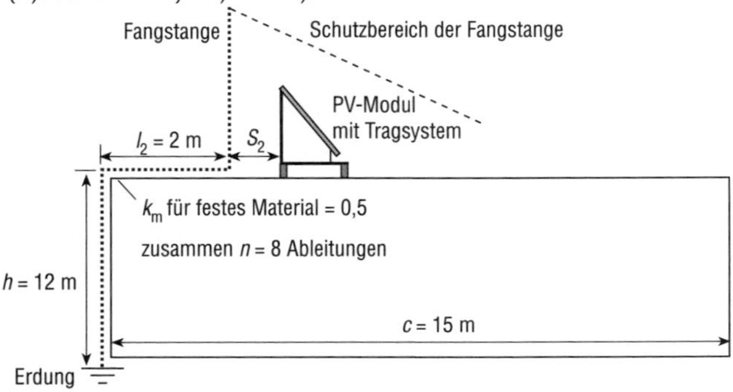

Bild 8.39 *Abbildung zur Ermittlung des Trennungsabstands s_2 zwischen Moduloberkante und dem Fuß der Fangstange*

$$s_3 = k_{c1} \cdot l_1 \cdot \frac{k_i}{k_{\text{m Fest}}} + k_{c2} \cdot l_2 \cdot \frac{k_i}{k_{\text{m Fest}}} + k_{c3} \cdot l_3 \cdot \frac{k_i}{k_{\text{m Luft}}}$$

$$s_3 = 0{,}378 \cdot 12\,\text{m} \cdot \frac{0{,}04}{0{,}5} + 1 \cdot 2\,\text{m} \cdot \frac{0{,}04}{0{,}5} + 1 \cdot 2\,\text{m} \cdot \frac{0{,}04}{1}$$

$$= 0{,}363\,\text{m} + 0{,}16\,\text{m} + 0{,}08\,\text{m} = 0{,}60\,\text{m}$$

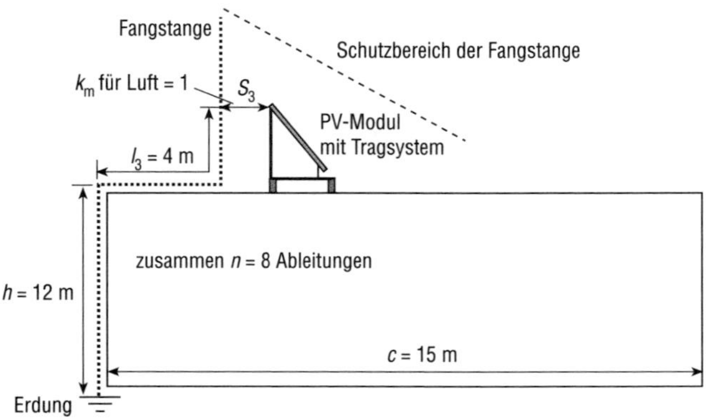

Bild 8.40 *Abbildung zur Ermittlung des Trennungsabstands s_3 zwischen Moduloberkante und Fangstange*

Das Gebäude sieht in der Dachaufsicht wie im **Bild 8.41** dargestellt aus. Die kritischen Stellen des Abstands zur Fanganlage sind mit s gekennzeichnet.

Ein Beispiel eines Einfamilienhauses nach **Bild 8.42** mit Blitzschutzanlage und PV-Anlage soll die Situation in einem solchen Fall verdeutlichen.

Nach Vorgaben der VdS 2010 [47] soll das Gebäude eine Blitzschutzanlage der Schutzklasse 3 erhalten. Die Ableitungen werden an allen vier Ecken des Gebäudes zum Fundamenterder geführt. Die Dachrinne ist in das System eingebunden.

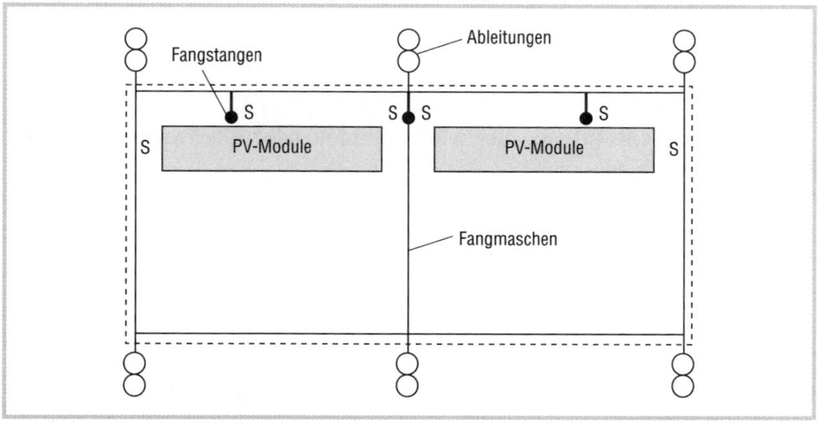

Bild 8.41 *Dachaufsicht für das Beispiel*

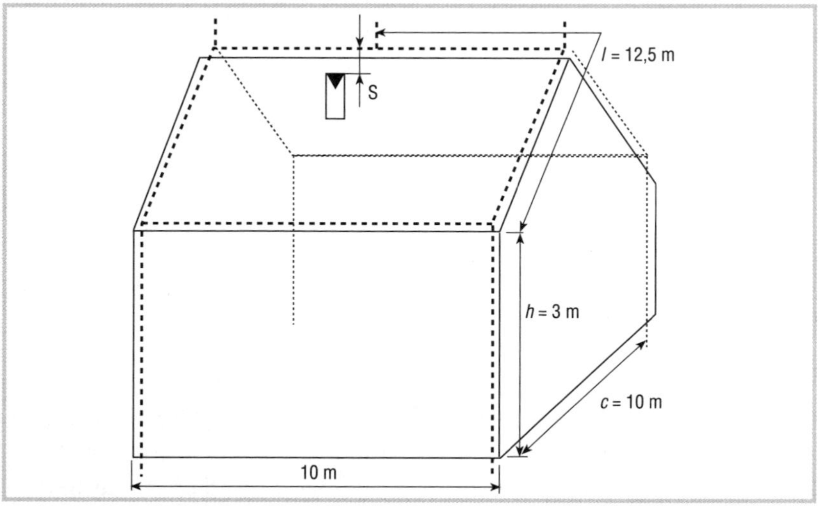

Bild 8.42 *Trennungsabstand am Einfamilienhaus*

Es werden die Abmessungen aus Bild 8.42 zugrunde gelegt.

h 3 m

c 10 m

l 12,5 m + 3 m

k_i 0,04 für Blitzschutzklasse 3

k_m 0,5 für Dachziegel

Berechnung für k_c an der Gebäudekante:

$$k_c = \frac{1}{2 \cdot n} + 0{,}1 + 0{,}2 \cdot \sqrt[3]{\frac{c}{h}} = \frac{1}{2 \cdot 4} + 0{,}1 + 0{,}2 \cdot \sqrt[3]{\frac{10}{3}}$$

$$= 0{,}125 + 0{,}1 + 0{,}2 \cdot \sqrt[3]{3{,}33} = 0{,}125 + 0{,}1 \cdot 0{,}3 = 0{,}525$$

Damit beträgt der Wert für k_c an der Dachkante 0,525.

An dieser Stelle müssen der Modulrahmen oder die Tragekonstruktion den Abstand s_1 haben.

$$s_1 = k_c \cdot l \cdot \frac{k_i}{k_m}$$

$$s_1 = 0{,}525 \cdot 15{,}5\,\text{m} \cdot \frac{0{,}04}{0{,}5} = 0{,}65\,\text{m}$$

Der Abstand zwischen der Fang- und Ableitung und der PV-Anlage muss danach 0,65 m betragen. Wenn die Fang- und Ableitung an der Gebäudekante und am First verläuft, ist es damit recht einfach, den statisch notwendigen Abstand der Verwirbelungszone einzuhalten. Tiefer nach unten zur Dachrinne wird der notwendige Abstand geringer.

$$s_1 = k_c \cdot l \cdot \frac{k_i}{k_m}$$

$$s_1 = 0{,}525 \cdot 3\,\text{m} \cdot \frac{0{,}04}{0{,}5} = 0{,}13\,\text{m}$$

An der Dachrinne beträgt der notwendige Abstand nur 0,13 m.

8.11.4 Schutzbereich durch Fangstangen

Wird eine PV-Anlage durch Fangstangen geschützt, so ist diese im Schutzbereich der Fangstangen aufzustellen. Der Schutzbereich wird rund um die Fangstange durch den Schutzwinkel bestimmt. Alternativ kann auch das Blitzkugelverfahren verwendet werden, um den Schutzbereich zu bestimmen.

Der Schutzwinkel ist abhängig von der Höhe der Fangstangenspitze bezogen auf die horizontale Potentialebene und von der Schutzlasse der Blitzschutzanlage. **Bild 8.43** zeigt die entstehenden Schutzwinkel.

Der Durchmesser der Blitzkugel ist abhängig von der Blitzschutzklasse. **Tabelle 8.15** zeigt die anzuwendenden Radien der Bitzkugel.

In **Bild 8.44** ist der Schutzbereich der Fangstange dargestellt. Dieser Schutzbereich gilt gleichermaßen für die auf dem First verlegte Fangleitung. Bei der Installation der Module ist der berechnete Schutzabstand von der

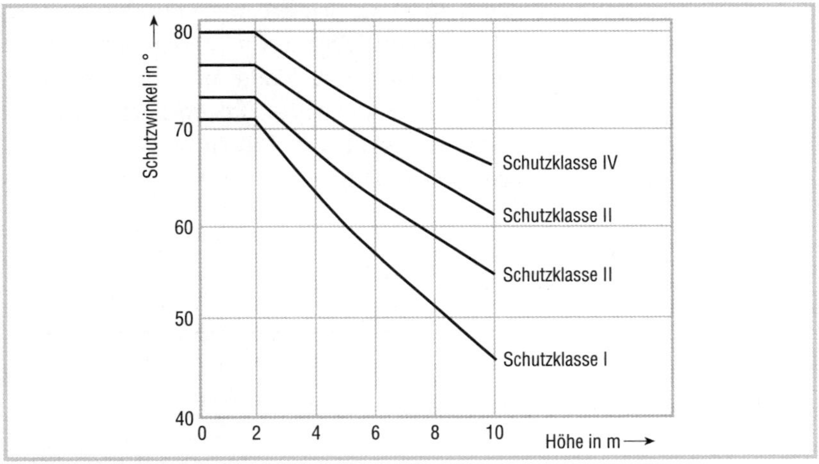

Bild 8.43 *Schutzwinkel von Fangstangen [50]*

Tabelle 8.15 *Radius der Blitzkugel [51]*

Blitzschutzklasse	Radius *r* der Blitzkugel in m
I	20
II	30
III	45

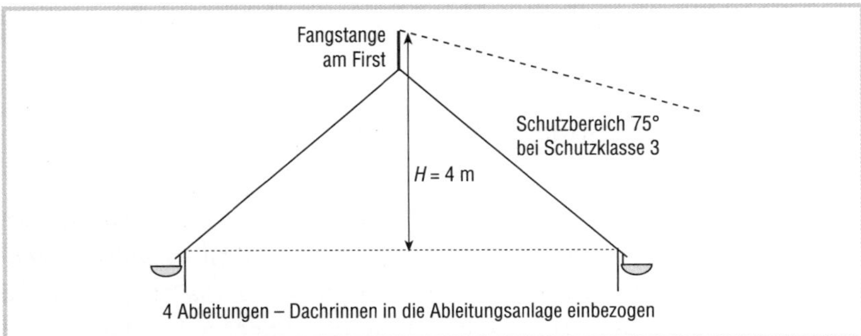

Bild 8.44 *Schutz durch Fangstangen an einem Schrägdach*

Fangleitung, dem Fuß der Fangstange und der Grenze des Schutzbereichs zu berücksichtigen.

Auf einem Flachdach stellt sich die Situation wie in **Bild 8.45** gezeigt dar. Der Winkel des Schutzbereichs wird auf die Ebene der Masche bezogen, auf der die Fangstange steht. Am Ende ist zu beachten, dass auch hier der Abstand *s* zwischen der Schutzzonengrenze und den Modulen zu berücksichtigen ist.

Wird der Schutzbereich mithilfe der Blitzkugel bestimmt, ergeben sich ähnliche Schutzräume. Im **Bild 8.46** ist der Schutzbereich durch zwei Fangstangen hergestellt. Der Durchhang der Kugel darf in diesen Fällen nur so groß sein, dass der Sicherheitsabstand *s* zum Modul nicht unterschritten wird. Ein Schutzbereich aus vier Fangstangen ist im *Blitzkugelverfahren* ebenfalls möglich. Dabei ist der Abstand für den Durchhang auf die Diagonale zwischen den Fangstangen zu beziehen.

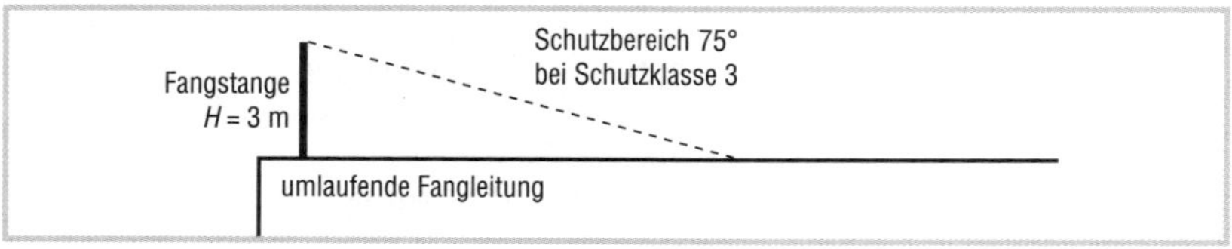

Bild 8.45 *Schutz durch Fangstangen auf einem Flachdach*

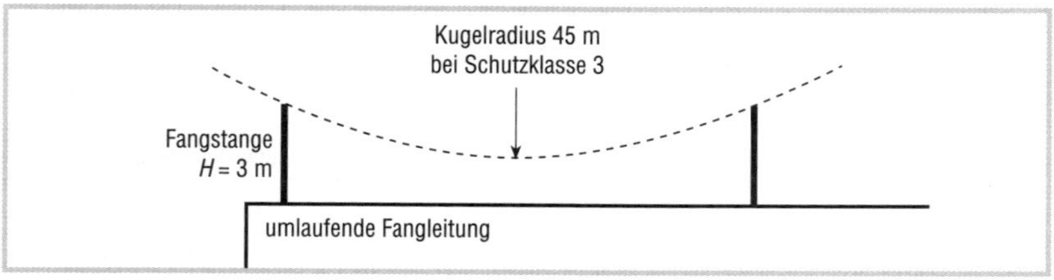

Bild 8.46 *Schutzbereich durch eine Blitzkugel über zwei Fangstangen*

8.12 Niederspannungsschaltgeräte

Der Herstellung, der Montage und dem Anschluss von *Niederspannungs-Schaltgerätekombinationen* ist besondere Aufmerksamkeit zu widmen. Fehler die hier gemacht werden, führen zu kostspieligen Ausfällen bis hin zum Brand der Anlage. Thermische Probleme im Inneren der Anlage führen zum unkontrollierten Auslösen der Überstrom-Schutzeinrichtungen. Der Montageort im Hinblick auf die Sonneneinstrahlung und die Beeinflussung durch Feuchtigkeit sowie die Zugänglichkeit und die Verdrahtung sind ebenfalls zu berücksichtigen, um eine Anlage regelkonform zu installieren.

Schaltgerätekombinationen (**Bild 8.47**) sind so anzuordnen, dass sie jederzeit zugänglich sind. Dazu weisen sie einen freien Arbeitsraum auf. Dieser beträgt bei Schaltgeräten der Energieverteilung mindestens 70 cm.

Bild 8.47 *Schaltgerätekombination für 9 Wechselrichter*

8.12.1 Klemmen

Klemmen sind, wenn sie als Anschlussklemmen von Leitungen benutzt werden, ausschließlich mit einem Leiter je Klemmstelle zu verwenden.

8.12.2 Schutzarten

Die Schutzart der Schaltgerätekombination richtet sich nach dem Installationsort. Dabei sind auch die möglichen Einflüsse von aggressiven Flüssigkeiten und Gasen zu berücksichtigen, wie sie insbesondere in der Landwirtschaft vorkommen. Durch diese Einwirkungen sind die Geräte oftmals starker Korrosion ausgesetzt. Vorbildlich sind im landwirtschaftlichen Bereich Gehäuse aus Edelstahl. Besondere Beachtung findet auch die Kondenswasserbildung. Es ist für genügend Ablauf zu sorgen. Im Extremfall ist das Gehäuse mit einer Heizung auszustatten, die den Anfall von Kondensat reduziert.

8.12.3 Luftfeuchtigkeit

Im engen Zusammenhang mit der Schutzart steht auch die Luftfeuchtigkeit, für die diese Schaltgerätekombination errichtet wurde. Dabei sind auch die, von den Herstellern der Einbaugeräte sowie zum Beispiel der Wechselrichter, festgelegten Grenzwerte zu beachten. Es hat sich gezeigt, dass allein die Schutzart IP54 nicht automatisch gewährleistet, dass sich innerhalb des Gerätes keine schädlichen Ansammlungen von Kondenswasser bilden können. Deshalb sind die Datenblätter der Hersteller genau einzuhalten. Ein Gerät, das bis zu einer relativen Luftfeuchtigkeit von 95 % eingesetzt werden kann, darf bei der mitteleuropäischen Witterung in keinem Fall ohne weitere Schutzmaßnahmen gegen die umgebende Luftfeuchtigkeit eingesetzt werden.

8.12.4 Schutzklassen

Im Hinblick auf die Einstreuung von Transienten in die Schaltgerätekombination ist diese mit einem Stahlblechgehäuse zu versehen, das an den Potentialausgleich angeschlossen wird. Insoweit handelt es sich bei dem Gehäuse um eines der Schutzklasse 1. Oftmals sind die Geräte im Außenbereich installiert. Damit besteht auch erhöhte Korrosionsgefahr. Auf den Abschnitt Schutzarten wird auch in diesem Fall nochmals verwiesen.

8.12.5 Kurzschlussfestigkeit

Die Kurzschlussfestigkeit ist für Schaltgeräte, die in einem öffentlichen Netz betrieben werden, in den jeweiligen TAB festgelegt. Betriebsmittel zwischen der letzten Überstrom-Schutzeinrichtung vor der Messeinrichtung bis zum Stromkreisverteiler benötigen eine Kurzschlussfestigkeit von 10 kA.

Die Betriebsmittel in dem Stromkreisverteiler benötigen ein Bemessungsschaltvermögen von 6 kA und eine Strombegrenzungsklasse 3 nach DIN EN 60898-1(VDE 0641-11) [89]. Die Stromkreisverteiler sind auch im geöffneten Zustand berührungssicher nach IPxxB auszuführen.

8.12.6 Leitungsdimensionierung

Über die Dimensionierung von Leitungen in Niederspannungs-Schaltgerätekombinationen besteht sei jeher Unsicherheit. Das liegt hauptsächlich daran, dass die zur Dimensionierung zu verwendenden Normen nicht, wie bei der Dimensionierung von Leitungsanlagen in der Installation, in den meisten Fachbüchern abgedruckt sind. Die **Tabelle 8.16** gibt für häufig angewendeten Leitungen die notwendigen Daten wieder. Die gesamte Tabelle ist in [52] nachzulesen. Diese Tabelle gibt gleichzeitig die Verlustleistung an, die bei Belastung der Leitung auftritt und die bei der thermischen Belastung der Schaltgerätekombination zugrunde zu legen ist.

Wie bereits angesprochen, sind die Leitungen in einer Schaltgerätekombination nicht zu reduzieren, da immer mit dem maximalen Strom gleichzeitig zu rechnen ist. Dabei ist auch kritisch, dass zu dieser Zeit üblicherweise auch die höchste Umgebungstemperatur herrscht.

Tabelle 8.16 *Maximale Belastbarkeit, Absicherung und Verlustleistung von Leitungen in einer Niederspannungsschaltgerätekombination*

Leitungen gebündelt oder gemeinsam im Kabelkanal bei max. zulässiger Leitertemperatur 70 °C				
	Lufttemperatur im Gehäuse 35 °C		Lufttemperatur im Gehäuse 55 °C	
Querschnitt in mm²	Betriebsstrom in A (maximale Sicherung)	Verlustleistung in W/m	Betriebsstrom in A (maximale Sicherung)	Verlustleistung in W/m
2,5	17 (16)	2,53	11 (16)	1,06
4	22 (20)	2,64	14 (13)	1,07
6	28 (25)	2,84	18 (16)	1,17
10	38 (35)	3,02	25 (25)	1,36
16	52 (50)	3,69	34 (32)	1,57

8.12.7 Gleichzeitigkeitsfaktor

Da bei normaler Sonneneinstrahlung bezogen auf den Auslegungspunkt der Anlage alle beteiligten Betriebsmittel gleichzeitig vom maximalen Strom durchflossen werden, ist für die Betriebsmittel immer ein Gleichzeitigkeitsfaktor 1 anzusetzen. Das gilt insbesondere für die *Erwärmungsberechnung*.

8.12.8 Thermische Umgebungsbedingungen

Die Temperatur im Inneren von Schaltgeräten darf nicht größer werden, als die maximale Umgebungstemperatur, für die die eingebauten Betriebsmittel zugelassen sind. Die Folge bei Übertemperatur kann das Versagen der Schutzfunktion sein. Leitungsschutzschalter und Sicherungen haben bei 30 °C ihre Nennwerte. Werden die Geräte höheren Temperaturen ausgesetzt, lösen sie vor dem Erreichen des Nennwertes aus. Der Temperaturanstieg resultiert zum einen aus den vom Strom durchflossenen Betriebsmitteln, an deren Widerstand bei Stromfluss Wärme entsteht, und zum anderen aus der Umgebungstemperatur. Die Verhältnisse zeigt das Schema in **Bild 8.48** auf. Thermische Leistungen, die von Leitungen ausgehen, können aus der Tabelle 8.16 entnommen werden. Die Leistungen der eingebauten Schaltgeräte sind den Tabellen der Hersteller zu entnehmen.

Der Hersteller der Schaltgerätekombination muss die Rahmenbedingungen, unter denen die Schaltgerätekombination verwendet werden darf, angeben. Das geschieht in der Dokumentation, wie in Abschnitt 1 beschrieben.

Die Temperaturen im Inneren der Schaltanlage haben Einfluss auf die Funktion der Betriebsmittel. Sicherungen und Leitungsschutzschalter lösen früher aus. **Tabelle 8.17** zeigt diese Abhängigkeit für Leitungsschutzschalter.

Auch andere Betriebsmittel versagen bei zu hohen Temperaturen. So gilt für Fehlerstromschutzschalter eine maximale Umgebungstemperatur von 40 °C. Diese darf nicht überschritten werden, um ein Versagen auszuschließen. Auch elektronische Betriebsmittel sind für diese Temperatur gebaut.

Ein weiterer Faktor bei der Bemessung ist die gegenseitige Beeinflussung von Schutzeinrichtungen. Ein Leitungsschutzschalter erzeugt nach Her-

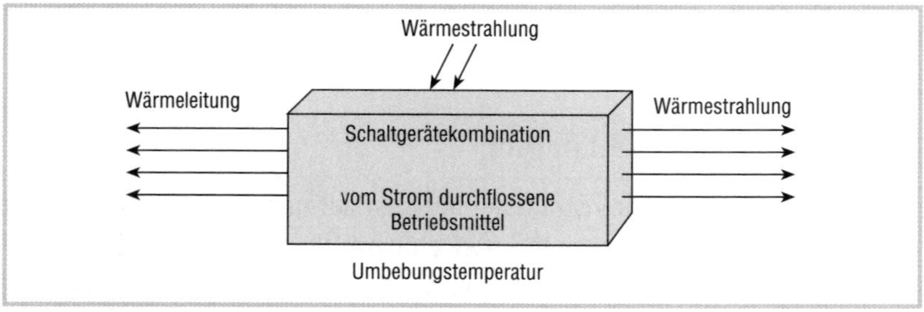

Bild 8.48 *Thermische Verhältnisse in einem Schaltgerät*

Tabelle 8.17 *Nennstrom von Leitungsschutzschaltern bei Temperaturen über 30 °C*

Temperatur in °C	Nennstrom in A
30	16
35	15
40	14
45	13
50	12
55	11
60	10

stellerangaben bei einem Bemessungsstrom von 16 A Wärme mit einer Leistung von 2,6 W. **Tabelle 8.18** zeigt weitere thermische Werte von Betriebsmitteln. Darin nicht eingerechnet ist die Anschlussleitung. Die Wärmeabgabe der Anschlussleitung ist aus Tabelle 8.16 zu entnehmen. Die von den Leitungsschutzschaltern abgegebene Wärme staut sich bei nebeneinander gebauten Leitungsschutzschaltern. Daraus folgen Reduktionsfaktoren, die in **Tabelle 8.19** dargestellt sind.

Ähnliche Faktoren gelten auch für Schmelzsicherungen, die sich thermisch gegenseitig beeinflussen. Beim Aufbau von Schaltgeräten ist also neben der Gesamtwärmebilanz auch darauf zu achten, dass um die Schutzgeräte herum für eine ausreichende Luftzirkulation gesorgt ist.

Tabelle 8.18 *Wärmeabgabe von Betriebsmitteln*

Betriebsmittel	Wärmeabgabe in W bei Bemessungsstrom ohne Anschlussleitung
Fehlerstromschutzschalter 16 A, 2-pol.	2,4
Fehlerstromschutzschalter 25 A, 2-pol./4-pol.	2,25/4,6
Fehlerstromschutzschalter 40 A, 2-pol./4-pol.	6,3/11,8
Fehlerstromschutzschalter 63 A, 2-pol./4-pol.	6,4/12,5
Leitungsschutzschalter 6 A	2,7
Leitungsschutzschalter 10 A	1,8
Leitungsschutzschalter 13 A	2,2
Leitungsschutzschalter 16 A	2,6
Leitungsschutzschalter 20 A	2,8
Leitungsschutzschalter 25 A	3,3
Linocorschalter 63 A, 1-pol./3-pol.	3,69/7,53
D01 Unterteil 1-teilig/3-teilig	0,5/1,5
D02 Unterteil 1-teilig/3-teilig	4,3/13
NH Sicherungslasttrennschalter 160 A 3-teilig	5
NH Sicherungslasttrennschalter 250 A 3-teilig	10,05
NH Sicherungsunterteil 1-teilig/3-teilig	2,06/4,95
Fehlerstromschutzschalter 40 A	25,19
Leitungsschutzschalter 16 A	2,6

Tabelle 8.19 *Korrekturfaktoren bei nebeneinander montierten Leitungsschutzschaltern*

Anzahl der nebeneinander montierten LS-Schalter	Korrekturfaktor
2	1
3	0.95
4 und 5	0.9
6 und mehr	0.85

Die Berechnung der inneren Wärmelast erfolgt durch Addition der einzelnen Wärmelasten. Dabei ist von einem Gleichzeitigkeitsfaktor von 1 auszugehen. Das bedeutet, dass alle Bauteile mit der Bemessungsleistung/dem Bemessungsstrom der Anlage dimensioniert werden.

Werden die Betriebsmittel nicht mit dem Bemessungsstrom belastet, so reduziert sich auch die anzurechnende Wärmeabgabe.

Die **Tabellen 8.20** und **8.21** zeigen die thermischen Daten einer Auswahl häufig vorkommender Betriebsmittel.

Da die Wärmeabgabe proportional mit der Wirkleistung und somit quadratisch zum Strom wächst, besteht folgendes Verhältnis zwischen der Nominalleistung bei fließendem Bemessungsstrom und der tatsächlichen Leistung bei einem geringeren als dem Bemessungsstrom.

Tabelle 8.20 *Verlustleistungen von NH-Sicherungseinsätzen Betriebsklasse gL/gG*

NH-Sicherung gL, gG in A	Verlustleistung in W
6	1,4
10	1,2
16	1,6
20	1,8
25	2,3
32	3,1
35	3,8
40	4,0
50	4,0
63	4,5
80	5,4
100	6,5

Tabelle 8.21 *Verlustleistung von NEOZED-Sicherungseinsätzen Betriebsklasse gL/gG*

Sicherungsnennstrom in A	Verlustleistung nach IEC 269-3-1, DIN VDE 0636 Teil 301/ DIN VDE 0636 Teil 41	typische Verlustleistung nach Messung eines Herstellers
2	2,5/2,5	1,5
4	1,8	1,5
6	1,8	1,3
10	2,0	1,8
16	2,5/2,2	2,1
20	3,0/2,5	2,3
25	3,5/3,0	2,6
35	4,0	2,9
50	5,0	3,5
63	5,5	4,2
80	6,5	4,9
100	7,0	5,8

Aus den Grundgleichungen für die Wirkleistung und dem Ohmschen Gesetz

$$P = U \cdot I \cdot \cos\varphi$$

und

$$U = I \cdot R$$

folgt

Gleichung 8.23: Wärmeleistung an einem Betriebsmittel

$$P_v = I_B^2 \cdot R \cdot \cos\varphi$$

P_v Verlustleistung bei einem Gleichzeitigkeitsfaktor (Belastungsverlustleistung)
I_B Betriebsstrom durch das Betriebsmittel
R Ohmscher Widerstand des Betriebsmittels
$\cos\varphi$ Leistungsfaktor des Stromes

Da dieser Wert für ein mit Bemessungsstrom belastetes Betriebsmittel gilt, ist die Verlustleistung auf den tatsächlichen Belastungswert umzurechnen. Für das Verhältnis der Bemessungsleistung zur tatsächlichen Leistung gelten zunächst der gleiche Widerstand und der gleiche Leistungsfaktor. Daraus folgt durch Gleichsetzung:

$$\frac{P_V}{I_B^2} = R \cdot \cos\varphi = \frac{P_N}{I_N^2}$$

$$\frac{P_V}{I_B^2} = \frac{P_N}{I_N^2}$$

Nach Umstellung zu P_v folgt:

Gleichung 8.24: Anteilige Verlustleistung bei geringeren Betriebsströmen

$$P_v = \frac{I_B^2}{I_N^2} \cdot P_N$$

P_v Verlustleistung bei einem Gleichzeitigkeitsfaktor (Belastungsverlustleistung)
P_N Verlustleistung des Betriebsmittels bei Bemessungsstrom
I_B Betriebsstrom unter Berücksichtigung der Gleichzeitigkeit
I_N Bemessungsstrom des Betriebsmittels

Für ein Beispiel sollen folgende Werte gelten:
Die Verlustleistung eines 16-A-S-Schalters beträgt 2,6 W bei Fließen des Bemessungsstromes. Es fließt jedoch nur ein maximaler Strom von 13,5 A.

Daraus ergibt sich eine tatsächliche Verlustleitung in Höhe von:

$$P_V = \frac{13{,}5^2}{16^2} \cdot 2{,}6\,W = \frac{182{,}25}{256} \cdot 2{,}6\,W = 1{,}85\,W$$

Damit beträgt die Verlustleistung bei der mit 13,5 A vorausgesetzten Belastung 1,85 W. Mit dieser Leistung ist das Gerät in der Wärmebilanz zu berücksichtigen.

Eine überschlägige Berechnung der im Schaltgerät auftretenden Temperatur lässt sich wie folgt ausführen:

1. Zusammenstellen aller Betriebsmittel, die eingebaut werden sollen, einschließlich der Leitungen und Klemmen.
2. Festlegen der tatsächlichen Strombelastung für die einzelnen Betriebsmittel. Einspeisungen werden dabei immer zu 100 % gerechnet.
   Die Gleichzeitigkeitsfaktoren sind immer 1.
3. Festlegen der Gehäusegröße nach dem Platzbedarf und einem systematischen Aufbau unter Berücksichtigung gegenseitiger Beeinflussungen.
4. Festlegen der maximalen Leistungsabgabe des Gehäuses bei der zugelassenen Innentemperaturen und der maximalen Außentemperatur nach den Herstellerdaten.
5. Addieren der einzelnen Verlustleistungen der eingebauten Betriebsmittel.
6. Vergleich der eingebrachten Verlustleistung mit der maximalen Leistungsabgabe des Gehäuses entsprechend der festgelegten Temperaturen.

Ist die eingebrachte Verlustleistung der Geräte kleiner als die zulässige Leistung, die in das Gehäuse eingebracht werden kann, kann das Gehäuse die Betriebsmittel aufnehmen.

Gleichung 8.25: Maximal zulässige Verlustleistung in einem Schaltgerät

$$\Sigma P_V \leq P_{zul}$$

ΣP_V Summe der Verlustleistung der eingebauten Geräte

P_{zul} maximale Verlustleistung in dem Schaltgerät zur Einhaltung der festgelegten Temperatur im Schaltgerät

Überschreitet die eingebrachte Verlustleistung der Betriebsmittel die maximal zulässige Leistung, die in das Gehäuse eingebracht werden kann, ist ein nächst größeres Gehäuse zu wählen, bis das Ergebnis zufriedenstellend ist.

Für derartige Berechnungen stellen Hersteller von Schaltgeräten Berechnungsprogramme zur Verfügung, mit denen auch gleichzeitig eine Planung des Schaltgeräts erfolgen kann.

Für die manuelle Bearbeitung kann **Tabelle 8.22** verwendet werden. Beispielhaft sollen im Folgenden einige Wärmelasten genannt werden, die aus den Herstellerunterlagen der Gehäusehersteller entnommen wurden.

Mit folgenden Bedingungen:

ϑ_{ext} Temperatur außerhalb des Schaltgeräts

$\vartheta_{int\ 50\%}$ Temperatur innerhalb des Schaltgeräts in einer Höhe von 50 %

$\vartheta_{int\ 75\%}$ Temperatur innerhalb des Schaltgeräts in einer Höhe von 75 %

$\Delta\vartheta_{50\%}$ Temperaturdifferenz zwischen der Außentemperatur und der Innentemperatur des Schaltgeräts in einer Höhe von 50 %

$\Delta\vartheta_{75\%}$ Temperaturdifferenz zwischen der Außentemperatur und der Innentemperatur des Schaltgeräts in einer Höhe von 75 %

ϑ_B maximale vom Hersteller des Betriebsmittels festgelegte Umgebungstemperatur, in der das Schaltgeräts betrieben wird

P_{zul} zulässige Verlustleistung der Geräte im Schaltgerät zur Einhaltung der Temperaturdifferenz zwischen dem Innern und der Umgebungstemperatur

Abhängig von der Montage des Schaltgeräts wird mit unterschiedlichen Temperaturen zu rechnen sein. Ist das Schaltgerät im Keller montiert, kann von einer mittleren Temperatur von $\vartheta_{ext} = 25\,°C$ ausgegangen werden. Bei einer Montage im Außenbereich ist eine Temperatur von 30 °C im Schatten eine durchaus obligatorische Temperatur, die über längere Zeit erreicht wird. Werden zum Beispiel Fehlerstromschutzschalter eingebaut, darf die innere Temperatur an der Einbaustelle die vom Hersteller festgelegte maximale Betriebstemperatur von $\vartheta_B = 40\,°C$ nicht übersteigen. Dann gelten folgende Bedingungen:

Tabelle 8.22 *Planungshilfe zur thermischen Belastung*

Anzahl	Typ	P_V bei I_N in W	I_N in A	I_b in A	P_V in W
				ΣP_V	
Schaltgerät Typ / Abmessung:				P_{zul}	
ϑ_{ext}	°C	ϑ_B	°C		
$\Delta\vartheta_{50\%}$	°C	$\vartheta_{int\ 50\%}$	°C		
$\Delta\vartheta_{75\%}$	°C	$\vartheta_{int\ 75\%}$	°C		

$\vartheta_B \leq \vartheta_{int\ 50\%}$ wenn das Betriebsmittel auf der halben Höhe des Schaltgerätes eingebaut wird,

$\vartheta_B \leq \vartheta_{int\ 75\%}$ wenn das Betriebsmittel auf der 3/4 der Höhe des Schaltgerätes eingebaut wird.

$\vartheta_B \leq \vartheta_{int\ 50\%} - \vartheta_{ext} = \Delta\vartheta_{50\%}$

Das Verfahren soll an einem Beispiel für einen Wandschrank IP54, Aufbauversion, 800 x 550 x 275 mm^3 ohne innere Unterteilung, nach den Werten der **Tabelle 8.23** dargestellt werden.

Montageort: im Keller eines Hauses
Umgebungstemperatur: $\vartheta_{ext} = 25\,°C$
Betriebsmitteltemperatur: $\vartheta_B = 40\,°C$
Einbauort: Schaltgerätemitte (50 %)

Daraus folgt:

$\vartheta_{int\ 50\%} \leq \vartheta_B$

$\Delta\vartheta_{50\%} \leq \vartheta_{int\ 50\%} - \vartheta_{ext} = \vartheta_B \leq \vartheta_{ext}$

$\Delta\vartheta_{50\%} \leq 40\,°C - 25\,°C$

$\Delta\vartheta_{50\%} \leq 15\,K$

Aus Spalte 2, Zeile 2 der Tabelle 8.23 folgt:
Der angesprochene FI-Schutzschalter kann bei Montage der Verteilung im Keller in der Mitte des Schaltgerätes eingebaut werden, wenn $P_v \leq 48\,W$ ist.

Bei einem Aufbau im Außenbereich würde der $\Delta\vartheta_{50\%} \leq 10\,°C$ werden. Damit könnte nur eine Leistung von $P_v \leq 29\,W$ in dem Schaltgerät installiert werden. **Bild 8.49** zeigt die Situation in dem Schaltgerät in der Höhe 50 % und 75 %.

Für das betrachtete Schaltgerät kann die Temperatur auf dem Bezugswert $J_{ext} = 25\,°C$ abgelesen werden. **Bild 8.50** ist jedoch nur für das beispielhaft gewählte Schaltgerät zu verwenden. Andere Schaltgeräte weisen andere Abhängigkeiten auf. Bei der Höhe der Leistung ΣP_v, die aufgenommen werden kann, kommt es dabei wesentlich auf die Schaltgerätetiefe an.

Tabelle 8.23 *Zulässige Verlustleistung bei unterschiedlichen Temperaturen für das Beispiel*

Temperatur $\Delta\vartheta_{int\ 50\%}$ in K	Verlustleistung in W	Temperatur $\Delta\vartheta_{int\ 75\%}$ in K	Verlustleistung in W
10	29	10	22
15	48	15	36
20	68	20	51

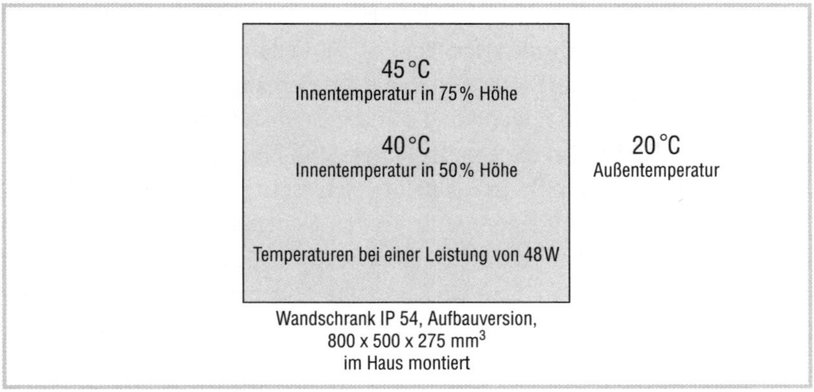

Bild 8.49 *Temperaturverhältnisse in einem Schaltgerät*

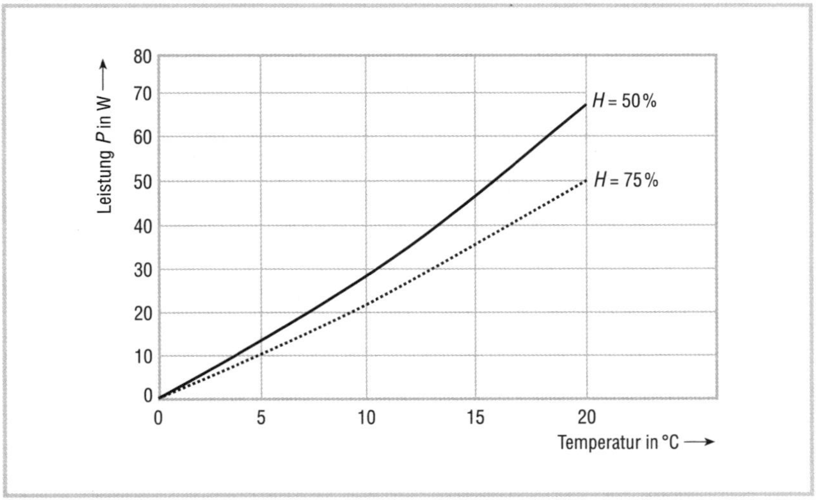

Bild 8.50 *Temperatur in Abhängigkeit von der Einbauhöhe und der Leistung* ΣP_V

8.12.9 Aufbau von Niederspannungsschaltgeräten

Schaltgerätekombinationen sind grundsätzlich mit einem metallischen Gehäuse auszuführen, das bestmöglichen Schutz gegen elektromagnetische Felder aufweist. Das Gehäuse ist in drei Bereiche zu unterteilen:

- Bereich 1 ist der Bereich, in den die Leitungen eingeführt werden.
- Bereich 2 ist der Bereich, in dem die aus dem Bereich 1 stammenden Leitungen geführt werden. In diesem Bereich befinden sich Niederspan-

nungsschaltgeräte verschiedener Bauart. Dieser Bereich kann in zwei Bereiche unterteilt werden. Ein Bereich 2a, in dem die Leitungen der Energietechnik geführt werden und ein Bereich 2b, in dem die IT- und MSR-Leitungen geführt werden, die keine *Lichtwellenleiter* (LWL) sind.
- Der Bereich 3, in dem die empfindlichen MSR-Einrichtungen installiert sind, schließt sich an. Dabei handelt es sich meistens um die Betriebsmittelgehäuse, die mit einem schirmenden Gehäuse versehen sind.

Stehen die Betriebsmittel nicht in einem schirmenden Gehäuse zur Verfügung, muss eines in den Bereich 2 installiert werden, das dann das Betriebsmittel aufnimmt. Die in die Bereiche eingeführten Leitungen sind mit Überspannungsschutzgeräten der zugeordneten Überspannungsschutzkategorie (ÜSK) zu beschalten. Auf eine Koordination ist zu achten. Eine beispielhafte Anordnung ist in **Bild 8.51** gezeigt.

Die Leitungen des Potentialausgleichs sind kurz und induktivitätsarm auszuführen. Dabei ist auch eine exakte Trennung der ungeschützten und geschützten Leitungen zu gewährleisten.

Betriebsbezugspotentiale von IT- oder MSR-Leitungen sind gesondert zu behandeln. Eine isolierte sternförmige Führung mit einem zentralen Anschluss an das Potentialausgleichssystem hat sich bewährt.

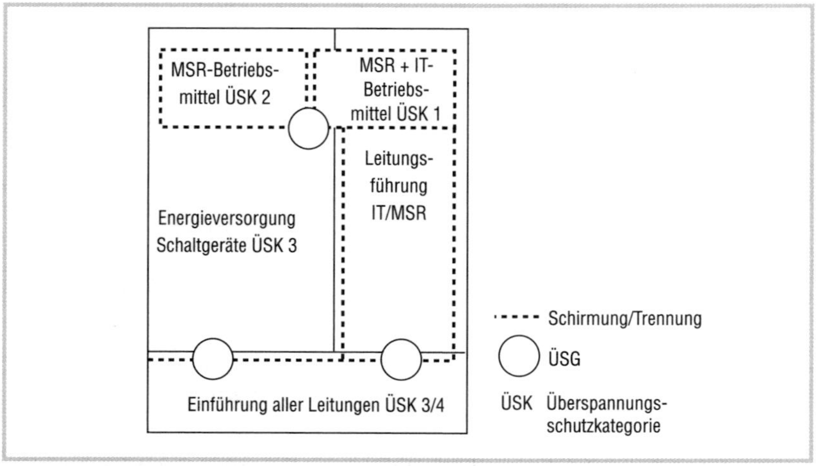

Bild 8.51 *Ausführung einer Schaltgerätekombination im Hinblick auf die Vermeidung von Störungen durch elektromagnetische Felder*

8.12.10 Selektivität von Schutzeinrichtungen

Um zu gewährleisten, dass in einem Fehlerfall ausschließlich der vom Fehler betroffene Anlageteil ausfällt, sind Schutzeinrichtungen selektiv auszulegen. Dazu sind die Schutzeinrichtungen richtig zu dimensionieren. **Bild 8.52** zeigt die Zusammenhänge. Danach darf der Fehler 1 nur die Schutzeinrichtung F3 auslösen. Ein Fehler 2 darf nur die Schutzeinrichtung F 6 auslösen, damit der Zweig mit F5 noch betriebsbereit bleibt. Gleiches gilt für den Fehler 3, der nur F4 abschalten darf, damit der Zweig mit F2 betriebsbereit bleibt. Ausschließlich bei einem Fehler 4 ist das gesamte System abgeschaltet. Bei der Dimensionierung der Vorsicherung einer Überspannungsschutzeinrichtung muss ebenfalls die Selektivität beachtet werden. Im Fall der Auslösung der Vorsicherung darf die vorgeschaltete Sicherung in keinem Fall mit ausgelöst werden. Wäre dies der Fall, fiele die gesamte Versorgung nach dem Defekt des ÜSG aus. **Bild 8.53** zeigt die Situation.

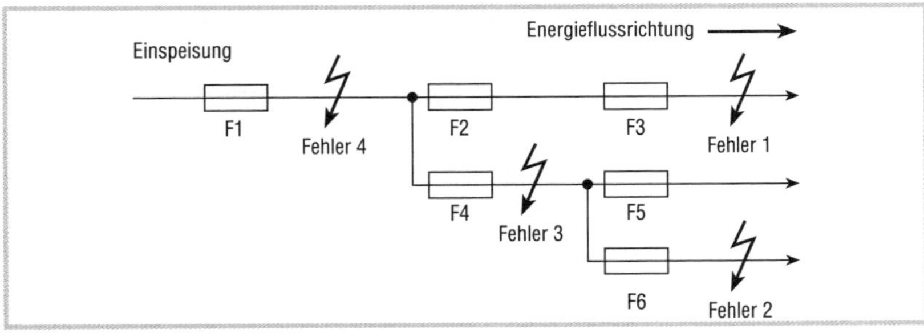

Bild 8.52 *Selektivität von Schutzeinrichtungen*

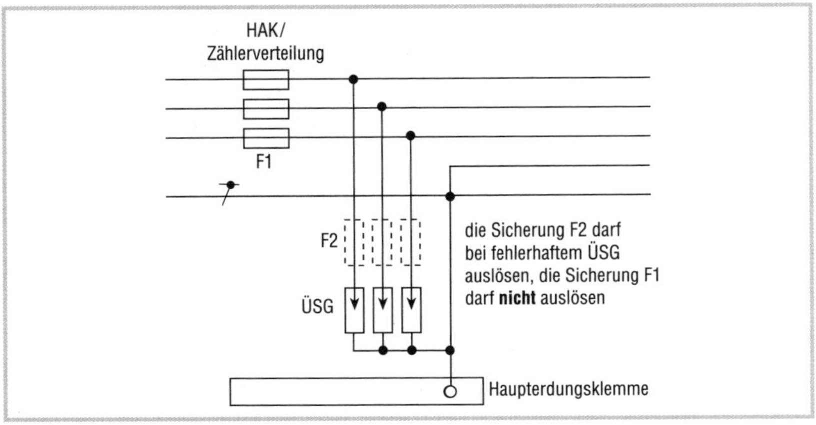

Bild 8.53 *Selektivität von ÜSG-Vorsicherungen*

Die einfache Dimensionierung bei gleichartigen Sicherungen erfolgt mit dem Faktor 1,6. Das bedeutet, dass eine Sicherung von 10 A bei 1,6 · 10 A = 16 A selektiv ist. Damit zeigt sich auch ein Problem, das bei vielen hintereinander geschalteten Sicherungen vorkommt. Je mehr Sicherungen hintereinander geschaltet werden, umso höher muss die Absicherung am Anfang gewählt werden und umso größer wird der zu verlegende Querschnitt der Leitungen, der ja auf die Sicherungsgröße bezogen werden muss. Daher ist es besser, im Eingang eines Schaltgerätes auf eine Sicherung zum Freischalten zu verzichten und stattdessen einen Hauptschalter vorzusehen.

Die Selektivität von Leitungsschutzschaltern ist nur dann gewährleistet, wenn *selektive Leitungsschutzschalter* verwendet werden, wie sie zum Beispiel in den Hauptstromversorgungssystemen im Vorzählerbereich verwendet werden. Die Selektivität zwischen Leitungsschutzschaltern und Sicherungen stellt sich als problematisch dar. Hier kommt es auf die Höhe des Kurzschlussstromes an, der die Schutzgeräte auslösen soll. Die Tabellen der Hersteller geben über die Selektivität Auskunft. **Tabelle 8.24** nennt typische Herstellerdaten. Natürlich sind diese Daten für den speziellen Planungsfall aus den Datenblättern der verwendeten Betriebsmittel zu übernehmen.

In den Hauptstromversorgungssystemen muss Selektivität bestehen. Diese ist zwischen den Schutzeinrichtungen der Kundenanlage zu den Sicherungen im Hauptstromversorgungssystem und den Hausanschlusssicherungen einzuhalten. [90]

Tabelle 8.24 *Typische Selektivität von Leitungsschutzschaltern 16 A zu Schmelzsicherungen der Betriebsklasse gL/gG (NH00)*

Vorsicherungen Typ gl/gG	LS-Schalter 16 A
I_n 100 A	selektiv bis max. 6,0 kA
I_n 80 A	selektiv bis max. 4,2 kA
I_n 63 A	selektiv bis max. 2,9 kA
I_n 50 A	selektiv bis max. 2,0 kA
I_n 35 A	selektiv bis max. 1,3 kA

8.12.11 Backup-Schutz

Schaltgeräte haben nur eine begrenzte Möglichkeit Kurzschlussströme abzuschalten ohne dabei Schaden zu nehmen. In manchen Netzen entsteht im Kurzschlussfall ein sehr hoher, prospektiver Kurzschlussstrom. Ein prospektiver Kurzschlussstrom ist ein unbeeinflusster Kurzschlussstrom.

Ein Backup-Schutz von hintereinander geschalteten Schutzeinrichtungen sorgt bei Überschreiten des Schaltvermögens des der Fehlerstelle direkt vorgeschalteten Schaltgerätes dafür, dass das übergeordnete Schutzgerät abschaltet und sowohl den Schutz des überforderten Schaltgerätes als auch den des fehlerbehafteten Stromkreises übernimmt. Beide sind nach der Abschaltung jedoch weiterhin funktionstüchtig.

Das Schaltvermögen von Schutzeinrichtungen in der Niederspannungsverteilung im öffentlichen Netz ist in den TAB festgelegt.

- Kurzschlussfestigkeit 25 kA für Betriebsmittel im Bereich des Hauptstromversorgungssystems von der Übergabestelle des Netzbetreibers bis zum Zähler.
- Kurzschlussfestigkeit 10 kA für Betriebsmittel zwischen Zähler und Stromkreisverteiler.

Für Geräte in den Stromkreisverteilern oder den nach dem Zähler angeordneten Schaltgeräten gilt ein *Bemessungsschaltvermögen* 6 kA [91].

Für die Anschlusssituation der PV-Anlage bedeutet dies, dass die Schaltgeräte bis zur Schaltanlage in der die Wechselrichter untergebracht werden, einen Kurzschlussstrom von 6 kA beherrschen müssen. Ist das nicht gewährleistet, ist ein entsprechendes Schaltgerät vorzuschalten, das bei höheren Strömen als das maximale Ausschaltvermögen des Schaltgerätes die Begrenzung des auftretenden Kurzschlussstromes vornimmt und die entstehenden Ströme schalten kann.

In den Herstellerunterlagen von Schaltgeräten findet sich oftmals die maximale Vorsicherungsgröße, die einen Schutz für das Gerät sicherstellen kann.

Sicherungen haben ein sehr hohes Ausschaltvermögen. Es ist abhängig von der Bauart. **Tabelle 8.25** gibt einige Anhaltswerte an.

Um die Zerstörung bei einem Kurzschluss zu verhindern, werden zum Beispiel vor einen Fehlerstromschutzschalter Vorsicherungen installiert, die gemeinsam mit dem Fehlerstromschutzschalter die Kurzschlussfestigkeit

Tabelle 8.25 *Maximale Vorsicherung für Fehlerstromschutzschalter*

Bemessungsstrom	mit Vorsicherung kurzschlussfest bis			
	63 A gL /gG	80 A gL/gG	100 A gL/gG	125 a gL/gG
2/4-pol 25 A	6 kA	5 kA	4,5 kA	–
2/4-pol 40 A	6 kA	5 kA	4,5 kA	–
2/4-pol 63 A	6 kA	5 kA	4,5 kA	–
2/4-pol 80 A	6 kA	5 kA	4,5 kA	–
4-pol 100 A	6 kA	5 kA	4,5 kA	-
4-pol 125 A	–	–	–	10 kA

darstellen und so dafür sorgen, dass eine Abschaltung im Kurzschlussfall ohne Zerstörung erfolgen kann. Nach Herstellerangaben kann das in Abhängigkeit von dem zu erwartenden Kurzschlussstrom erfolgen. **Tabelle 8.26** gibt Auskunft über typische Werte.

Auch die Hersteller von Überspannungsschutzgeräten geben zum Schutz der Geräte die maximale Größe der Vorsicherung an, damit die ÜSG im Fehlerfall sicher vom Netz getrennt werden können.

Die genannten Daten sind typische Daten, die von denen der verwendeten Betriebsmittel abweichen können. Bei der Berechnung sind ausschließlich die vom Hersteller des Betriebsmittels vorgegebenen Daten relevant.

Tabelle 8.26 *Ausschaltvermögen von Schutzeinrichtungen*

Schutzeinrichtungen	Ausschaltvermögen
NH-Sicherungen	Min. 50 kA, typisch 100 bis 120 kA bei 400 bis 690 V 25 kA bei 250 V
D-Sicherungen	8 kA bei 500 V AC 8 kA bei 500 V DC
D0-Sicherungen	50 kA bei 400 V AC 8 kA bei 250 V DC
Leitungsschutzschalter, abhängig vom Typ	6 kA, 10 kA
Fehlerstromschutzschalter	1,5 kA

8.13 Einspeisung in das öffentliche Netz

Unter der Überschrift „Deutsche PV-Anlagen werden europäisch“ lief am 27. April 2019 die Übergangsfrist zur Anwendung der beiden bisherigen nationalen Richtlinien „TAB Mittelspannung 2008“ [93] sowie „Erzeugungsanlagen am Mittelspannungsnetz“ des BDEW, einschließlich der 4. Ergänzung hierzu, aus.

Alle Anlagen, die ab diesem Datum erstmalig ein Netzanschlussbegehren stellen, eine Baugenehmigung beantragen oder einen vergleichbaren Antrag zum Betrieb stellen, und einen positiven Bescheid für ein Projekt erteilt bekommen, müssen sich nun an den neuen Netzanschlussregeln orientieren. Grundlage hierfür ist die Europäische Verordnung 2016/631, in der der Netzkodex festgelegt ist.

Die Normenreihe VDE-AR-N 41xx (für den Anlagenbetrieb an Nieder- bis Höchstspannungsnetzen) greift die Anforderungen der europäischen Verordnung 2016/631, Nachweis von elektrotechnischen Eigenschaften von Energieanlagen – Verordnung (NELEV) auf und setzt sie, ergänzt durch das Regelwerk „Network Code Requirements for Generators (NC RfG)“, die sogenannte Rfg-Verordnung, in eine technische Regel für die Errichter um.

Die Verordnung nimmt eine größenabhängige Klassifizierung der Stromerzeugungsanlagen nach Netzanschlusspunkt (Spannungsebene) und Maximalkapazität vor. Die folgenden vier verschiedenen Typen A bis D gelten als signifikant und unterliegen somit der Verordnung:

- Typ A: Maximalkapazität > 0,8 kW,
- Typ B: Maximalkapazität > 1 MW,
- Typ C: Maximalkapazität > 50 MW und
- Typ D: Maximalkapazität > 70 MW.

Die deutschen Normensetzer können sich mit diesen neuen Definitionen noch nicht anfreunden und haben einen Änderungsvorschlag unterbreitet.

Wichtigste technische Änderung ist die fernwirktechnische Schnittstelle, die auch für Klein- und Kleinstanlagen erforderlich ist. Nach dem Netzkodex müssen alle Stromerzeugungsanlagen des Typs A über eine fernwirktechnische Schnittstelle verfügen, die es ermöglicht, die Wirkleistungsabgabe innerhalb von 5 s zu beenden. Kleinstanlagen mit einer Maximalkapazität < 0,8 kW unterliegen nicht der Verordnung und den entsprechenden Anforderungen.

Die neuen Regeln haben neben dem geänderten Antragsverfahren auch Auswirkungen auf die Regelungstechnik.

Für alle Anlagen mit einer installierten Leistung P_a > 135 kW gelten auch bei einem Netzverknüpfungspunkt am Niederspannungsnetz die Bestimmungen der VDE-AR-N 4110.

Eine Hilfsenergieversorgung ist für die gesamte Sekundärtechnik inkl. Datenübertragung und Fernsteuerung vorzusehen. Hierbei ist eine USV für 8 h auszulegen, die innerhalb dieses Zeitraums zusätzlich in der Lage ist, drei vollständige Schaltspiele des Koppelschalters auszuführen.

Der Errichter erstellt für die Anlagen ein Zertifikat, ähnlich einer Konformitätserklärung. Dieses unterscheidet zwei Varianten. Ein Standard-Anlagenzertifikat Typ A ist neu für alle Anlagen mit installierter Leistung > 950 kW zu erstellen. Für Anlagen mit installierter Leistung > 135 kW, aber < 950 kW ist ein vereinfachtes Zertifikat Typ B zu erstellen. Zu den Anlagenzertifikaten ist auch weiterhin eine nachfolgende Konformitätserklärung notwendig.

Um das Anlagenzertifikat erstellen zu können, wird neu zusätzlich ein Komponentenzertifikat des EZA-Reglers gefordert, da dieser die geforderten elektrischen Eigenschaften der Erzeugungsanlage maßgeblich beeinflusst. Hierbei geprüft wird das Regelverhalten für die Umsetzung der Wirk- und Blindleistungsvorgaben, sowie das Verhalten im Fehlerfall.

Seit dem Jahr 2021 müssen PV-Anlagen mit mehr als 7 Kilowatt-Peak (kWp) künftig in der Lage sein, über ein Smart Meter Gateway elektronisch mitzuteilen, wie viel Strom sie aktuell in das Stromnetz einspeisen. PV-Anlagen mit mehr als 25 Kilowatt-Peak (kWp) müssen künftig zusätzlich fernsteuerbar sein. Der Netzbetreiber muss die Einspeisung der Photovoltaik-Anlage bei zu viel Strom im Netz vorübergehend senken können. Dies gilt unabhängig von der Spannungsebene, in der die Netzankopplung der Anlage erfolgt. Die Anforderungen an die Scheinleistungsregelung sind für die Niederspannungsebene in der VDE-AR 4105 [92] und für die Mittelspannungsebene in der technischen Richtlinie für Erzeugungsanlagen am Mittelspannungsnetz des BDEW (Bundesverband der Energie- und Wasserwirtschaft) [95] aufgeführt.

Für Niederspannungsanlagen besteht zukünftig die Möglichkeit in Absprache mit dem Netzbetreiber höhere Leistungen zu installieren, als dies der Netzanschluss grundsätzlich zulässt. Hierfür ist eine Einspeisebegrenzung mit Leistungsüberwachung vorzusehen.

8.13.1 Maximale Anschlussleistungen

Erzeugungsanlagen können auch einphasig an das Netz angeschlossen werden, wenn je Netzanschluss die Summe aller einphasig angeschlossenen Erzeugungseinheiten

$$\Sigma S_{\mathrm{E\,max}} \leq 4{,}6\,\mathrm{kVA} \text{ je Außenleiter}$$

nicht übersteigt. Somit können maximal

$$\Sigma S_{\mathrm{E\,max}} \leq 3 \cdot 4{,}6\,\mathrm{kVA} \leq 13{,}8\,\mathrm{kVA}$$

einphasig, verteilt auf die drei Außenleiter, angeschlossen werden. Überschreiten die Leistungen diesen Wert, ist dreiphasig im Drehstromsystem anzuschließen.

8.13.2 Netz- und Anlagenschutz (NA-Schutz)

In PV-Anlagen ist ein NA-Schutz erforderlich. Dieser kann bei Erzeugungsanlagen ≤ 30 kVA in den Wechselrichtern integriert sein. Sonst ist er als zentraler NA-Schutz am Zählerplatz zu realisieren. In Abhängigkeit der maximalen Scheinleistung der Erzeugungsanlage $S_{\mathrm{A\,max}}$ ergeben sich für den NA-Schutz damit folgende Bedingungen:

$\Sigma S_A > 30\,\text{kVA}$ – zentraler NA-Schutz am Zählerplatz,

$\Sigma S_A \leq 30\,\text{kVA}$ – zentraler NA-Schutz am Zählerplatz oder dezentral in einer Unterverteilung oder integrierter NA-Schutz im Wechselrichter.

Der NA-Schutz hat die Aufgabe, die Erzeugungsanlage bei unzulässigen Spannungs- und Frequenzwerten vom Netz abzuschalten. Dazu müssen folgende Funktionen des Entkupplungsschutzes zu realisieren sein:

- Spannungsrückgangsschutz $U <$,
- Spannungssteigerungsschutz $U >$,
- Spannungssteigerungsschutz $U >>$,
- Frequenzrückgangsschutz $f <$,
- Frequenzsteigerungsschutz $f >$,
- Inselnetzerkennung.

Ein NA-Schutzgerät zeigt **Bild 8.54**. Daneben ist der LS-Schalter für den Steuerstromkreis montiert. Beispielhaft sind die Einstellwerte in **Tabelle 8.27** aufgeführt.

Bild 8.54 *NA-Schutzgerät in einer Schaltanlage unter einem verplombten Deckel*

Tabelle 8.27 *Einstellwerte des NA-Schutzes [94]*

Schutzfunktion	Schutzrelais-Einstellwerte	
Spannungsrückgangsschutz $U <$	$0{,}8\ U_n / 0{,}45\ U_n$	< 3 s/300 ms
Spannungssteigerungsschutz $U >$	$1{,}25\ U_n$	< 100 ms
Spannungssteigerungsschutz $U >>$	$1{,}15\ U_n$	< 100 ms
Frequenzrückgangsschutz $f <$	47,5 Hz	< 100 ms
Frequenzsteigerungsschutz $f >$	51,5 Hz	< 100 ms

8.13.3 Kuppelschalter

Für den Anschluss der Erzeugungsanlage an das Niederspannungsnetz des Netzbetreibers oder an die übrige Kundenanlage ist ein Kuppelschalter zu verwenden. Der Kuppelschalter wird von dem NA-Schutz angesteuert und löst automatisch aus, wenn mindestens eine Schutzfunktion anspricht.

Der Anlagenbetreiber ist verpflichtet, die Erzeugungsanlage nach Aufforderung des Netzbetreibers abzuschalten und vom Netz zu trennen, wenn dies für die Durchführung betriebsnotwendiger Arbeiten im Netz des Netzbetreibers erforderlich ist. Geplante Abschaltungen werden dem Anlagenbetreiber rechtzeitig und in geeigneter Weise angekündigt.

Der Netzbetreiber ist bei Gefahr, im Störungsfall und bei drohendem Verlust der Netzsicherheit zur sofortigen Trennung der Erzeugungsanlage vom Netz berechtigt. Auch zur Reduzierung der Einspeiseleistung der Erzeugungsanlage ist er berechtigt.

Bei Erzeugungsanlagen mit Wechselrichtern ist der Kuppelschalter auf der Netzseite des Wechselrichters vorzusehen. Entsteht im Wechselrichter ein Kurzschluss, darf dieser den Kuppelschalter in seiner Schaltfunktion nicht beeinträchtigen.

8.13.4 Ausführung der Netzeinspeisung < 30 kWp

Das **Bild 8.55** zeigt eine Anordnung, wie sie nach der Ergänzung zu TAB 2019 [93] von den VNB gefordert wird.

Für die Anordnung der Anlage gelten die Bedingungen aus der TAB. Dazu ist vor der Zählerverteilung ein Freiraum für die Bedienung einzuhalten (**Bild 8.56**).

Auch bei der Anordnung von Zählerplätzen sind Freiräume zu berücksichtigen. Die Anordnung erfolgt nach **Bild 8.57**. Die Mitte der Zähler ist zwischen 0,8 und 1,80 m über dem Fußboden zu installieren. Vor der Zählerverteilung ist ein 1,8 m hoher und 1,2 m tiefer Arbeitsraum zu erhalten.

8.13.5 Aufbau von Niederspannungseinspeisungen > 30 kWp

Bei diesen Anlagen ist der NA-Schutz nicht mehr in den Wechselrichter integriert, sondern als einzelnes Betriebsmittel vorhanden. Anlagen dieser Größenordnung werden abhängig von der Leistung entweder mit Direktmessung oder mit Wandlermessung aufgebaut. Die Grenze ist die Größe der Direktmessung, die bei den eHZ bei 60 A endet. Bei größeren Einspeiseleistungen ist eine Wandlermessung vorzusehen.

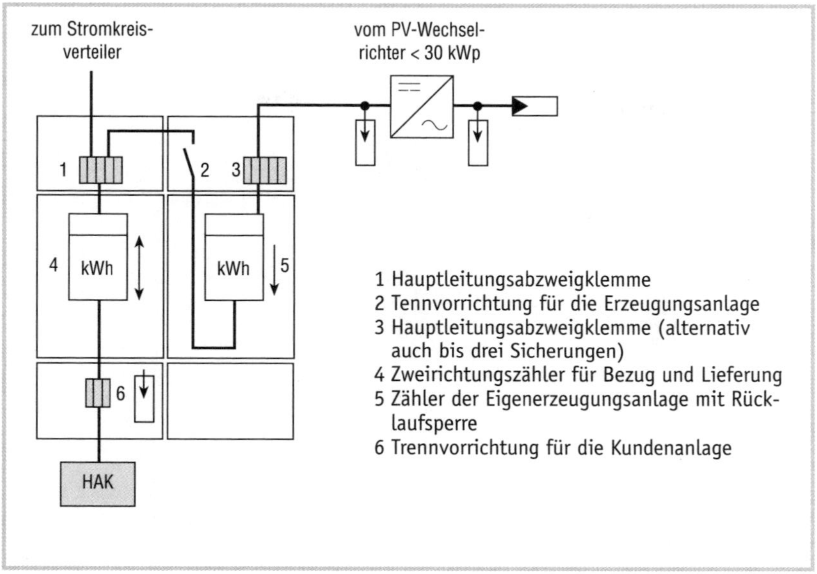

Bild 8.55 *Netzeinspeisung von PV-Anlagen mit eHZ*

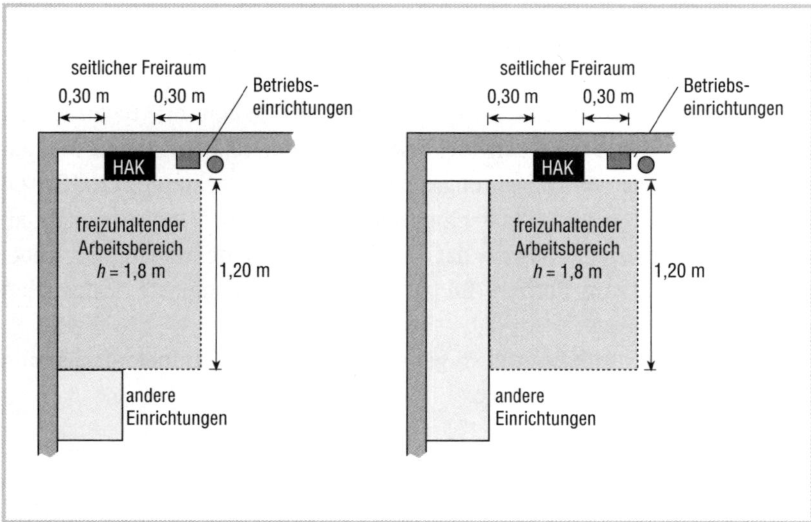

Bild 8.56 *Arbeitsräume vor Hausanschlusskästen*

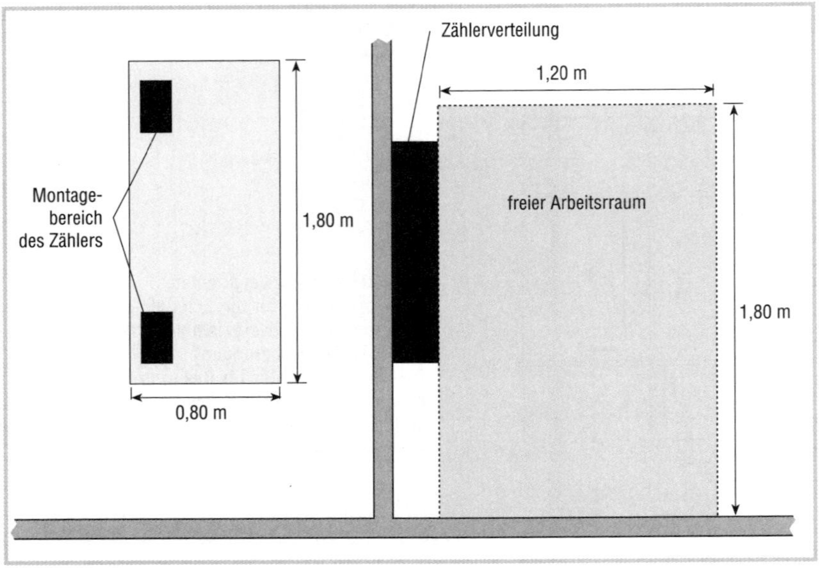

Bild 8.57 *Arbeitsräume vor Zählerverteilungen*

8.13.6 Aufbau von Mittelspannungseinspeisungen

Für den Anschluss an das Mittelspannungsnetz gelten die Bedingungen der Netzbetreiber, die in den technischen Anschlussbedingungen für den Anschluss an das Mittelspannungsnetz – TAB Mittelspannung 2008 [95] festgelegt sind. Darin ist der technische Aufbau eines Mittelspannungsanschlusses beschrieben. Ebenso das Verfahren zur Genehmigung zur Inbetriebnahme und zum Betrieb. **Bild 8.58** zeigt eine kompakte Trafostation mit MSP-Schaltanlage.

Die folgende, strukturierte Vorgehensweise ist vom Anmelden bis zum Betrieb der Anlagen vorgesehen:

- Anmeldung,
- Grobplanung, Prüfung, Projektierung, Anschlussangebot, Angebotsannahme/Beauftragung,
- Errichtung und Abnahme der Übergabestation,
- Herstellung des Netzanschlusses,
- Inbetriebsetzung und
- Betrieb.

Die einzelnen Schritte sind mit dem Netzbetreiber eng abzustimmen.

Bild 8.58 *Trafostation mit MSP- und NSP-Schaltanlage*

Bei der Grundlagenermittlung sowie der Vorplanung und Planung sind folgende Punkte wichtig, die der Klärung und Abstimmung bedürfen. Je früher die Punkte abgeklärt sind, umso zielgerichteter kann die Planung ablaufen, was erfahrungsgemäß auch die Kosten reduziert.

- Netzanschlussvertrag und Anschlussnutzungsvertrag,
- Spannungsebene und Netzanschlusspunkt,
- Anschlussart (z. B. Kabel, Freileitung, Einschleifung, Stichanschluss),
- Einbeziehung in das Netzschutzkonzept des vorgelagerten Mittelspannungsnetzes,
- Einbeziehung in das Fernsteuer-/Fernwirkkonzept des vorgelagerten Mittelspannungsnetzes,
- Betriebsmittel mit zu erwartenden Netzrückwirkungen,
- Störlichtbogensicherheit der Schaltanlage in Verbindung mit dem Stationsraum,
- Messeinrichtungen,
- Eigentumsverhältnisse, ggf. aktueller Grundbuchauszug,
- Trasse des Netzbetreibers auf Privatgrund.

Insbesondere die Leitungsführung und die Position der Schaltanlage müssen in Verbindung mit der Niederspannungsleitungsführung optimiert werden, da hier kostenrelevante Entscheidungen getroffen werden. Auch die Frage, ob die Anlage eine Kundenanlage wird oder im Besitz des Netzbetreibers entsteht, ist eine wichtige Frage der Investitions- und Betriebskosten, die mit dem Netzbetreiber diskutiert und gerechnet werden muss.

Die Netzbetreiber erhalten den Antrag der folgende Informationen erfordert:

- Anlagenanschrift, Bezeichnung des Bauvorhabens,
- Anschlussnehmer,
- Grundstückseigentümer,
- Anlagenerrichter,
- Anlagenart (Neuerrichtung, Erweiterung, Rückbau),
- die örtliche Lage des zu versorgenden Grundstücks (Plan im Maßstab mindestens 1:1 000) mit Vorschlägen zu möglichen Stationsstandorten,
- den voraussichtlichen Leistungsbedarf, dessen Charakteristik und ggf. Ausbaustufen,
- besondere Anforderungen an die Versorgungszuverlässigkeit,
- Baustrombedarf,
- die Netzrückwirkungen (siehe Anhang D.2 Datenblatt zur Beurteilung von Netzrückwirkungen) sowie
- den zeitlichen Bauablaufplan und Inbetriebsetzungstermin.

Nach Vorliegen des Antrags wird der Netzbetreiber die erforderlichen Entscheidungen unter Wahrung der Interessen des Kunden treffen. Erst nachdem diese Informationen vorliegen, kann die Planung der Anlage in die Ausführungsphase gehen. Dem Kunden werden folgende Informationen gegeben:

- der festgelegte Standort der Übergabestation und die Leitungstrasse des Netzbetreibers,
- der Aufbau der Mittelspannungs-Schaltanlage,
- die Art der Sternpunktbehandlung,
- die notwendigen Netzschutzeinrichtungen für die Einspeise-, Übergabe- und Abgangsschaltfelder,
- eine erforderliche Fernsteuerung/Fernüberwachung und Umschaltautomatiken,
- die Art und die Anordnung der Messeinrichtung,
- Eigentums- und Verfügungsbereichsgrenze,
- den Liefer- und Leistungsumfang des Kunden und des Netzbetreibers.

Der Kunde ist im Allgemeinen für sämtliche behördlichen Genehmigungen und Anzeigen zuständig.

In Abhängigkeit vom Netzaufbau des Netzbetreibers können zwei verschiedene Anschlussvarianten in Frage kommen. Bei einer Anlage, die im Außenbereich des Versorgungsnetzes liegt, ist ein stichförmiger Anschluss an das Mittelspannungsnetz bis zur nächsten Schaltanlage des Netzbetreibers möglich. Den grundsätzlichen Aufbau einer Schaltanlage für diesen Fall zeigt **Bild 8.59**. Darin wird eine Mittelspannungsleitung zur Schaltanlage geführt.

Im enger bebauten Raum besteht die Möglichkeit, dass die Station in eine Netzschleife eingebunden wird. Dann werden zwei MSP-Einspeisungen für jeweils eine Leitung erforderlich. Eine schematische Anordnung zeigt **Bild 8.60**.

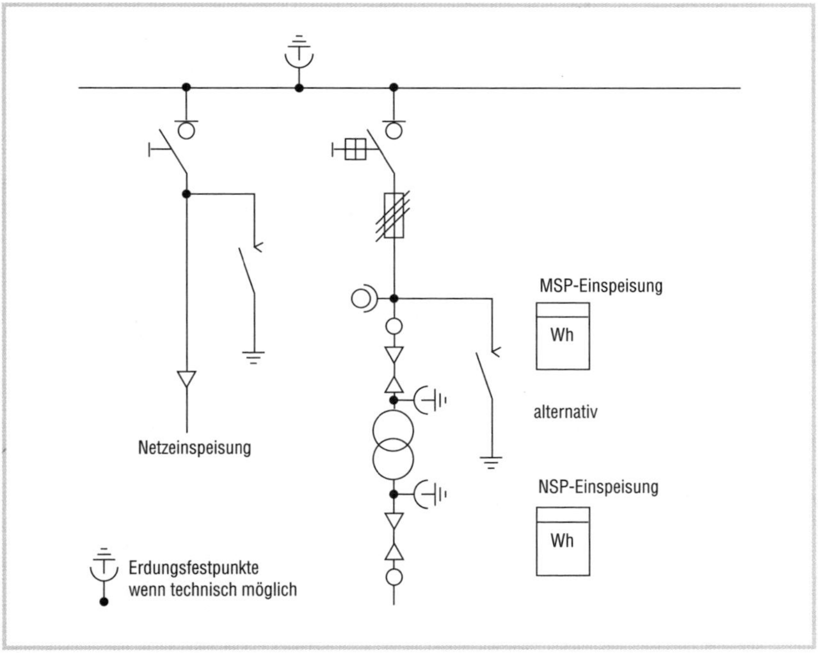

Bild 8.59 *Mittelspannungseinspeisung mit einer Netzeinspeisung*

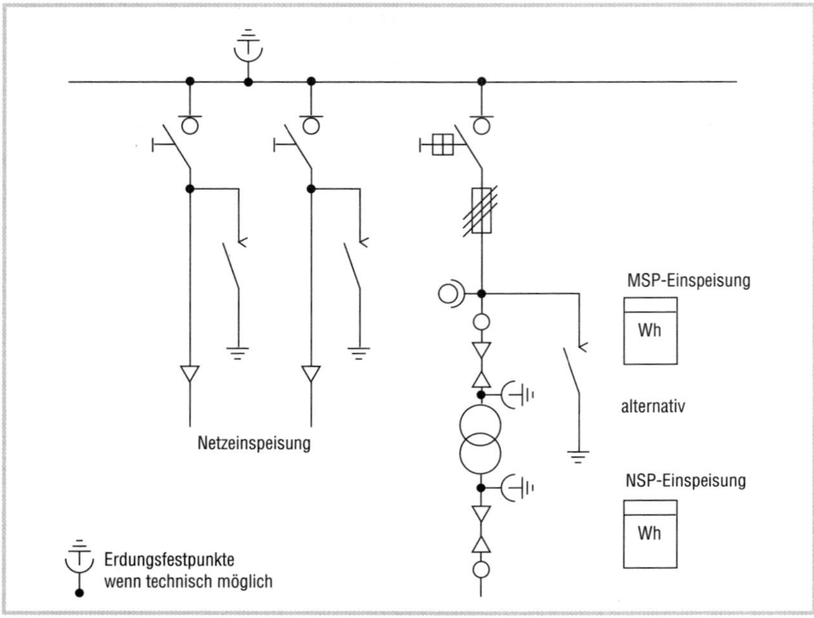

Bild 8.60 *Mittelspannungseinspeisung mit einer Netzschleife*

9 Elektrotechnische Prüfungen und Dokumentationen von PV-Systemen

9.1 Bereich 1 – PV-Generator und Wechselrichter

Die elektrotechnischen Installationen des *PV-Generators* sind auf die elektrische Sicherheit zu prüfen. Prüfgrundlage ist neben der DIN VDE 0100-600 [51] insbesondere die DIN EN 62446 (VDE 0126-23), Netzgekoppelte Photovoltaik-Systeme – Mindestanforderungen an Systemdokumentation, Inbetriebnahmeprüfung und wiederkehrende Prüfungen, (IEC 62446); Deutsche Fassung EN 62446 [53].

Diese Norm schreibt neben den Prüfungen auch eine umfangreiche Dokumentation vor, auf die in einem späteren Abschnitt eingegangen wird. In dieser Norm wird, soweit es angebracht ist und die Verfahren in der wiederkehrenden IEC 60364-6 [67] enthalten und anwendbar sind, darauf Bezug genommen. Eine Reihe von Prüfungen sind jedoch PV-anlagenspezifisch. Auf diese soll zunächst eingegangen werden. Die Prüfungen der Netzseite nach IEC 60364-6 [67] wird in einem eigenen Abschnitt behandelt. Dabei soll vorzugsweise die elektrische Sicherheit der Wechselstromseite geprüft werden, bevor die Gleichstromseite geprüft wird.

Prüfen bedeutet in diesem Zusammenhang die Feststellung eines Ist-Zustandes durch Besichtigen, Messen und Erproben und die Bewertung der Abweichung zwischen Ist-Zustand und Soll-Zustand. Der Soll-Zustand ergibt sich zum einen aus den Festlegungen des Kunden in seinem Auftrag und zum anderen aus den anzuwendenden Gesetzen und Normen. Im folgenden Abschnitt werden die Soll-Zustände aus den Normen beschrieben.

Die Prüfung setzt sich aus einer Sichtprüfung und einer Prüfung durch Messung zusammen. Prüfungen sind für die Gleichstromseite wie auch für die Wechselstromseite erforderlich. Dabei sind bei den Messungen bevorzugt die Verfahren aus DIN VDE 0100-600 [51] anzuwenden.

9.1.1 Sichtprüfung

Die Sichtprüfung umfasst die Erfassung der Eigenschaften der Betriebsmittel und den Vergleich, dass diese den anzuwendenden Normen entsprechen und den Herstellervorgaben entsprechend montiert und verwendet sind.

Bei der Prüfung der Gleichstromseite müssen folgende Fragen beantwortet werden, sofern diese für die Anlage zutreffend sind:

1. Ist das Gleichstromsystem nach den Anforderungen in IEC 60364 und im Besonderen nach den Anforderungen in IEC 60364-7-712 ausgelegt, ausgewählt und errichtet worden?
2. Sind alle Gleichstromkomponenten für den Betrieb bei Gleichstrom und der höchstmöglichen Spannung des Gleichstromsystems sowie für den höchstmöglichen Bemessungsstrom ausgelegt? Dabei ist $U_{\mathrm{oc\ stc}}$ berichtigt für den örtlichen Temperaturbereich und bezogen auf den Modultyp; und einem Strom bei 1,25 $\Delta I_{\mathrm{sc\ stc}}$ nach IEC 60364-7-712.433 zugrunde zu legen.
3. Ist der Schutz durch Anwendung der Schutzklasse II realisiert worden oder ist eine gleichwertige Isolation auf der Gleichstromseite realisiert worden? Bevorzugt ist die Schutzklasse II – IEC 60364-7-712.413.2 anzuwenden.
4. Sind die PV-Strangkabel, PV-Generatorkabel und PV-Gleichstromhauptkabel so ausgewählt und errichtet worden, dass das Risiko von Erdschlüssen und Kurzschlüssen auf ein Minimum verringert ist?
   Die Anforderungen folgen aus: IEC 60364-7-712.522.8.1.
5. Sind die Kabel mit Schutzisolierung und verstärkter Isolierung (häufig bezeichnet als „doppelte Isolierung") hergestellt?
6. Ist das Verkabelungssystem so ausgewählt und errichtet worden, dass es den erwarteten äußeren Einflüssen, wie Wind, Eisbildung, Temperatur und Sonnenstrahlung, standhält? Die Anforderungen folgen aus:
   IEC 60364-7-712.522.8.3.
7. Ist für Systeme ohne Strang-Überstrom-Schutzeinrichtungen die Bemessung des Modulrückstroms I_{r} größer als der mögliche Rückstrom?
8. Sind die Strangkabel so ausgelegt, dass sie den höchsten zusammengefassten Fehlerstrom von Parallelsträngen aufnehmen können? Die Anforderungen folgen aus: IEC 60364-7-712.433.
9. Ist das System mit Strang-Überstrom-Schutzeinrichtungen ausgerüstet und sind die Strang-Überstrom-Schutzeinrichtungen so eingebaut und nach den örtlichen technischen Anschlussbedingungen oder nach den Herstelleranweisungen zum Schutz von PV-Modulen nach der Anmerkung von IEC 60364-7-712.433.2 festgelegt worden?
10. Ist ein Gleichstrom-Lasttrennschalter auf der Gleichstromseite des Wechselrichters eingebaut? Die Anforderungen folgen aus: IEC 60364-7-712.536.2.2.5.

11. Sind Sperrdioden eingebaut, deren Rückspannung mindest 2 ΔU_{stc} des PV-Strangs beträgt, in den sie eingebaut sind? Die Anforderungen folgen aus: IEC 60364-7-712.512.1.1.
12. Ist ein Gleichstromleiter geerdet und dann mindestens eine einfache Trennung zwischen Wechselstrom- und Gleichstromseite vorhanden und sind die Erdanschlüsse korrosionsgeschützt? Die Anforderungen folgen aus: IEC 60364-7-712.312.2.
13. Handelt es sich um einen PV-Wechselrichter ohne einfache Trennung zwischen der Wechselstromseite und der Gleichstromseite nach IEC 60755 (IEC 60364-7-712.413.1.1.1.2), ist eine Fehlerstrom-Schutzeinrichtung (RCD) im Wechselstromkreis installiert und ist dies eine vom Typ B?
14. Ist die Fläche aller Verdrahtungsschleifen so klein wie möglich gehalten, um durch Blitzschlag induzierte Spannungen zu verringern (IEC 60364-7-712.444.4)?
15. Sind entsprechend örtlichen technischen Anschlussbedingungen Schutzleiter N2) des PV-Generators und/oder Modulrahmens richtig installiert und geerdet?
16. Verlaufen die Schutz- und/oder Potentialausgleichsleiter parallel und in möglichst engem Kontakt zu Gleichstromkabeln (IEC 60364-7-712.54)?
17. Ist auf der Wechselstromseite eine Vorrichtung zur Trennung des Wechselrichters vorgesehen?
18. Sind alle Trenn- und Schalteinrichtungen so angeschlossen, dass die PV-Installation an der „Last"-Seite und die öffentliche Versorgung an der „Einspeise"-Seite angeschlossen sind (IEC 60364-7-712.536.2.2.1)?
19. Sind die Betriebsparameter des Wechselrichters entsprechend den örtlichen technischen Anschlussbedingungen oder nach den Herstelleranweisungen programmiert?
20. Sind alle Stromkreise, Schutzeinrichtungen, Schalter und Anschlussklemmen beschriftet?
21. Sind alle Gleichstrom-Anschlusskästen (PV-Teilgeneratoranschlusskasten und PV-Generatoranschlusskasten) mit einem Warnhinweis ausgestattet, dass die im Anschlusskasten befindlichen aktiven Teile von einem PV-Generator gespeist werden und nach der Abschaltung vom PV-Wechselrichter und von der öffentlichen Versorgung noch spannungsführend sein können?

22. Ist der Wechselstrom-Haupttrennschalter eindeutig beschriftet?
23. Ist am Punkt der Zusammenschaltung ein Warnhinweis für die Doppelversorgung vorhanden?
24. Ist vor Ort ein Prinzipstromlaufplan angebracht?
25. Sind die Schutzeinstellungen des Wechselrichters und Einzelheiten der Installation vor Ort angegeben?
26. Ist vor Ort das Verfahren für die Notabschaltung angegeben?
27. Ist sichergestellt, dass alle Aufschriften und Kennzeichnungen dauerhaft und geeignet befestigt und die Schrift dauerhaft lesbar ist?

9.1.2 Messungen

Zur regelkonformen Fertigstellung der PV-Anlage gehört eine Prüfung der elektrischen Parameter der Einrichtungen. Diese sind:

- die Durchgängigkeit der Schutz- und Potentialausgleichsleiter, sofern angebracht (s. Abschnitt 9.1.2.1),
- die Polaritätsprüfung der Gleichspannung (s. Abschnitt 9.1.2.2),
- die Prüfung der Leerlaufspannung eines Stranges (s. Abschnitt 9.1.2.3),
- die Prüfung des Kurzschlussstroms eines Stranges (s. Abschnitt 9.1.2.4),
- die Funktionsprüfungen (s. Abschnitt 9.1.2.5) und
- der Isolationswiderstand der Gleichstromkreise (s. Abschnitt 9.1.2.6).

Bei der Auswahl der Prüfer ist zu beachten, dass bei einigen Prüfungen lebensbedrohliche Spannungen auftreten, die von dem Prüfer sicher beherrscht werden müssen. Die Sicherheitshinweise der Hersteller und der Normen sind zu beachten. Wie in **Bild 9.1** dargestellt, geben auch die Hersteller entsprechende Hinweise. Es sind aus Sicht des Autors ausschließlich Personen mit der Prüfung zu beauftragen, die nachweislich über eine breite Prüfpraxis verfügen und im besten Fall für das Arbeiten unter Spannung (AuS) gemäß DGUV-Regel 103-011 ausgebildet sind.

Bild 9.1 *Nicht unter Last trennen – Sicherheitshinweise bei der Prüfung beachten*

9.1.2.1 Prüfung der Durchgängigkeit des Schutz- und PA-Systems

Diese Prüfung erfolgt in der Regel bereits während der Prüfung der Wechselspannungsseite. Wichtig ist dabei nochmals zu erkennen, ob eine Verbindung zwischen dem Gestellrahmen und dem Erdungssystem des Gebäudes bestehen muss und ob dieser wirklich vorhanden und bereits geprüft ist.

9.1.2.2 Die Polaritätsprüfung der Gleichspannung

Zur Prüfung der Polarität der Strangleitungen eignet sich ein Spannungsmessgerät, zum Beispiel eines Multimeters im Gleichspannungsbereich bis 1.000 V. Grundsätzlich ist die *Spannungsprüfung* vor dem Anschluss an die Wechselrichter durchzuführen, um diese nicht einer möglichen Zerstörung durch Falschpolung auszusetzen. Ein geeigneter Messpunkt ist auch der Anschlusskasten der Strangleitungen vor den eventuell vorhandenen Strangsicherungen. Diese sind allerdings noch nicht eingesetzt.

Bei der Auswahl des Messgerätes ist darauf zu achten, dass es mindestens der Sicherheitsklasse CAT III bis 1.000 V entspricht. Um die Messung gefahrlos ausführen zu können, sind die Messleitungen mit Adaptern für die verwendeten PV-Stecker zu versehen. Beispielhaft zeigt **Bild 9.2** einen Prüfadapter, mit dem die Gefährdung bei der Messung reduziert werden kann.

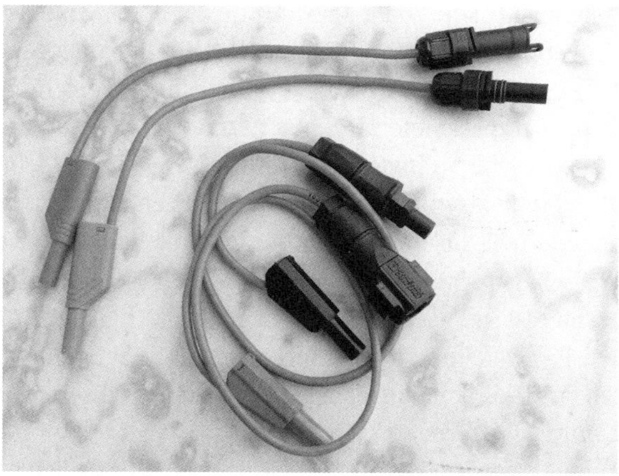

Bild 9.2 *Prüfadapter zur Verwendung bei der Spannungsprüfung*

9.1.2.3 Die Prüfung der Leerlaufspannung eines Stranges

Die Messung soll feststellen, ob Fehler in der Verdrahtung der Module und Stränge vorhanden sind.

Die Messung der Leerlaufspannung sollte im gleichen Zuge erfolgen wie die Messung der Polarität. Dazu ist das Messgerät bereits mit den Adaptern und dem Strang verbunden.

Der Messwert ist mit dem zu erwartenden Messwert der Anlagendokumentation zu vergleichen.

Sind mehrere gleiche Stränge in der Anlage, so ist das Ergebnis der Messung auch mit den anderen Strängen zu vergleichen. Änderungen der Werte untereinander sowie im Bezug auf den Soll-Wert können in der Größenordnung von 5 % liegen.

Diese Messung ist keine Messung der Leistungsfähigkeit. Eine solche erfolgt erst nach Fertigstellung der sicherheitstechnischen Prüfungen mit dazu geeigneten Messgeräten und speziellen Messverfahren, auf die später eingegangen wird.

9.1.2.4 Die Prüfung des Kurzschlussstroms eines Stranges

Die Messung soll feststellen, ob Fehler in der Verdrahtung der Module und Stränge vorhanden sind. Um den Kurzschlussstrom messen zu können, ist ein kurzzeitiger Kurzschluss am Ende der Strangleitungen herzustellen. Das geschieht zum Beispiel an dem Strangverteiler, in dem auch die Strangsicherungen eingebaut sind oder bei Anlagen ohne Strangverteiler und Strangsicherungen am Wechselrichtereingang. Um die Sicherheit der Prüfer bestmöglich zu gewährleisten, ist die Prüfung mit einem für Gleichstrom geeigneten Zangenamperemeter durchzuführen.

Sind mehrere gleiche Stränge in der Anlage, so ist das Ergebnis der Messung auch mit den anderen Strängen zu vergleichen. Änderungen der Werte untereinander sowie im Bezug auf den Soll-Wert können in der Größenordnung von 5 % liegen.

Diese Messung ist keine Messung der Leistungsfähigkeit. Eine solche erfolgt erst nach Fertigstellung der sicherheitstechnischen Prüfungen mit dazu geeigneten Messgeräten und speziellen Messverfahren, auf die später eingegangen wird.

Zur Messung eignen sich zwei Messverfahren. In der Schalteinrichtung für die Lastabschaltung auf der Gleichstromseite wird abgangseitig zum Wechselrichter eine Kurzschlussbrücke eingelegt. Nach dem Einschalten der Lastabschalteinrichtung wird der in der Kurschlussbrücke fließende Strom mit einem Zangenamperemeter gemessen.

Alternativ dazu kann ein Schaltgerät verwendet werden, das mit einem Schalter ausgestattet ist, der mindestens die Leitungsmerkmale eines Lasttrennschalters auf der Gleichstromseite im Hinblick auf den zu erwartenden Kurzschlussstrom und die zu erwartende Strangspannung aufweist (**Bild 9.3**). Dieses Schaltgerät ist im ausgeschalteten Zustand an die Strangleitungen anzuschließen. Das Schaltgerät verfügt über eine Einschleifmöglichkeit für eine *Gleichstromzange*. Nach Beendigung der Messung ist der Stromkreis mit dem Schalter des Schaltgerätes zu trennen und die Leitungen sind wieder anzuklemmen. Das geschieht unter Berücksichtigung der Sicherheitsregeln, da das System lebensbedrohliche Spannungen führt.

Sind mehrere gleiche Stränge in der Anlage, so ist das Ergebnis der Messung auch mit den anderen Strängen zu vergleichen. Änderungen der Werte untereinander sowie im Bezug auf den Soll-Wert können in der Größenordnung von 5 % liegen.

Diese Messung ist keine Messung der Leistungsfähigkeit. Eine solche erfolgt erst nach Fertigstellung der sicherheitstechnischen Prüfungen mit dazu geeigneten Messgeräten und speziellen Messverfahren, auf die später eingegangen wird.

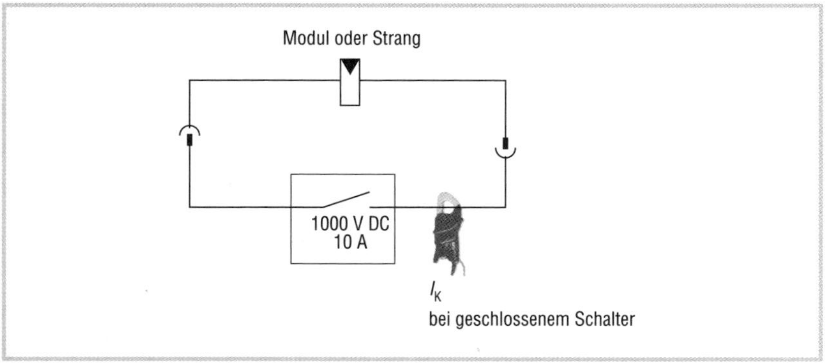

Bild 9.3 *Prüfverfahren zur Kurzschlussstromprüfung mit einem Hilfsschaltgerät*

9.1.2.5 Die Funktionsprüfungen

Durch die Funktionsprüfung soll die grundsätzliche Funktion des Strangs festgestellt werden. Dazu ist der Strang an den Wechselrichter anzuklemmen und in Betrieb zu nehmen. Der dabei in den Strangleitungen auftretende Strom wird gemessen. Dieser Strom ist identisch mit dem in der Anlagendokumentation angegebenen Strom des Strangs oder des Moduls.

Auch hier ist ein Vergleich mit den anderen gleichwertigen Strängen bei identischer Bestrahlungsstärke durchzuführen. Abweichungen in der Größenordnung um 5 % sind tolerierbar.

Die Messung erfolgt auch in diesem Fall am sichersten mit einem Zangenamperemeter, das für die Messung von Gleichströmen geeignet ist.

9.1.2.6 Der Isolationswiderstand der Gleichstromkreise

Bei den Modulen und Geräten der Gleichspannungsseite handelt es sich um Betriebsmittel der Schutzklasse 2. Diese sind auf die Isolationsfähigkeit zu prüfen. Dabei besteht die Gefahr, dass die Spannung, die von den Modulen erzeugt wird, nicht abgeschaltet werden kann. Das führt zu einer Gefährdung des Prüfers. Auch hier ist der Hinweis erforderlich, dass für derartige Prüfarbeiten ausschließlich besonders geschultes Personal eingesetzt werden darf.

Der Isolationswiderstand muss dabei mit der Spannung gemessen werden, die abhängig von der Höhe der Systemspannung ist (**Tabelle 9.1**).

Es gibt zwei mögliche Prüfverfahren. Dabei werden die Leitungen des Generators kurzgeschlossen und die Messung erfolgt gegen einen PA-Anschluss sowie die beiden verbundenen Leitungen des Generators. Oder die beiden Leitungen werden einzeln gegen den PA-Anschluss gemessen. **Bild 9.4** zeigt beispielhaft die Messverfahren und **Bild 9.5** zeigt ein Gerät mit dem diese Messungen möglich sind. Beachtet werden muss bei der Einstellung die zur Messung notwendige Messspannung in Abhängigkeit von der Strangspannung.

Tabelle 9.1 *Prüfspannung und Isolationswiderstand in Abhängigkeit von der Systemspannung [94]*

Systemspannung ($U_{oc\,STC} \cdot 1{,}25$) in V	Prüfspannung in V	kleinster Isolationswiderstand in MΩ
120	250	0,5
120 bis 500	500	1
> 500	1.000	1

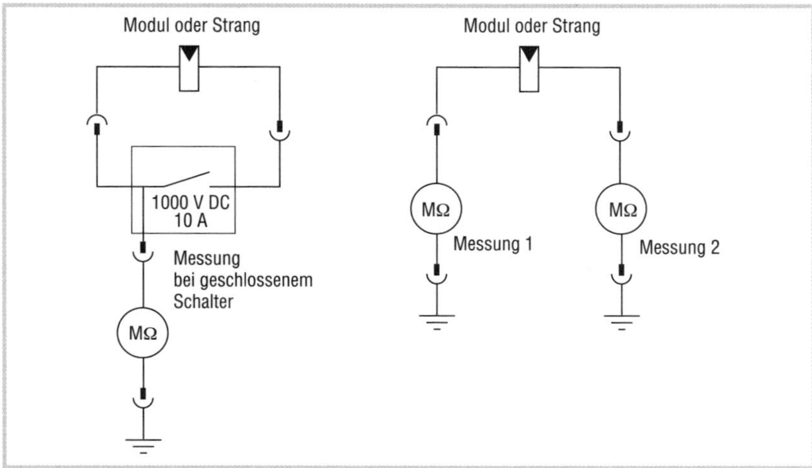

Bild 9.4 *Verfahren zur Isolationswiderstandsmessung am PV-Strang*

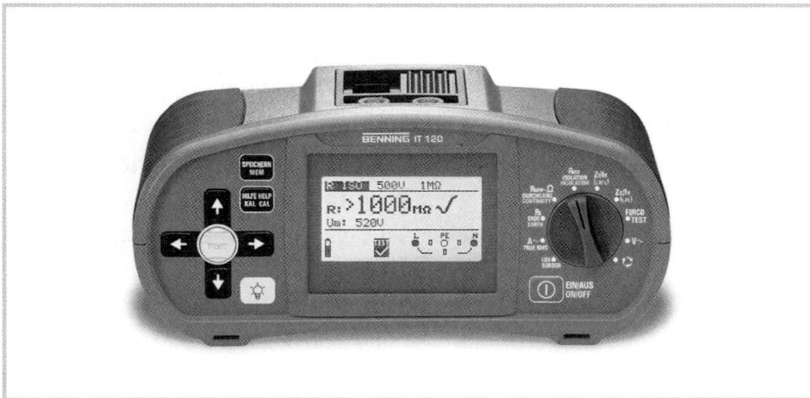

Bild 9.5 *Installationstester zur Verwendung bei der Prüfung elektrischer Anlagen*

9.2 Übergreifende Prüfungen

Auch das Wechselstromsystem ist zu überprüfen. Dabei ergeben sich Schnittstellen zwischen den Gleichstromsystem mit der DIN EN 62446 (VDE 0126-23) EN 62446 [53] und dem Wechselstromsystem mit der DIN VDE 0100-600 (VDE 0100-600), HD 60364-6 [51].

Aus Sicht der Gleichstromseite des PV-Systems muss mindestens der Nachweis durch Beantwortung folgender Fragen erbracht werden:

a) Sind auf der Wechselstromseite Vorrichtungen zur Trennung des Wechselrichters vorhanden?
b) Sind alle Trenn- und Schalteinrichtungen so angeschlossen, dass die PV-Installation an der „Last“-Seite und die öffentliche Versorgung an der „Einspeise“-Seite angeschlossen sind? Die Anforderungen folgen aus: IEC 60364-7-712.536.2.2.1).
c) Sind die Betriebsparameter des Wechselrichters entsprechend den örtlichen technischen Anschlussbedingungen oder nach den Herstelleranweisungen programmiert?

9.2.1 Prüfen der installierten ÜSE

Die fertiggestellte Arbeit ist grundsätzlich nach den Regeln der Technik zu prüfen. Das gilt auch für die Installation von ÜSE in einer Anlage. Dabei sind die Änderungen in der Niederspannungs-Schaltgerätekombination in gleicher Weise zu beachten wie die Installationen in der Niederspannungsanlage.

Die Prüfung in der Anlage bezieht sich zunächst auf die in dieser Norm gemachten Festlegungen. Darüber hinaus beschreibt die Norm zur Prüfung elektrischer Anlagen DIN VDE 0100-600 – Abschnitt 61.3.3 die Anforderungen an den Isolationswiderstand der elektrischen Anlage. Dieser ist zwischen den aktiven Leitern und den mit der Erde verbundenen Schutzleitern zu messen. Die dazu verwendete Messgleichspannung beträgt im 400/230 V Netz 500 V. Der dabei mindestens gemessene Isolationswiderstand beträgt 1 MΩ. Sind Überspannungsschutzgeräte im Messkreis eingebaut, verfälschen sie das Messergebnis. Sie sind vor Beginn der Messungen auszubauen oder abzuklemmen und danach wieder einzuschleifen. Sollte ein Abklemmen aus praktischen Gründen nicht sinnvoll sein, so darf die Messgleichspannung auf 250 V reduziert werden. Der Grenzwert des Isolationswiderstands ist jedoch auch mit angeschlossenen ÜSG einzuhalten.

9.2.2 Niederspannungs-Schaltgerätekombinationen

Die Niederspannungs-Schaltgerätekombination ist grundsätzlich als eigenständiges Betriebsmittel zu betrachten, das unter den Grundsätzen des Geräte- und Produkten-Sicherheitsgesetzes (GPSG) [13] steht. Die darauf bezogenen Normen sind die der Reihe DIN EN 61439. Sie zeigen im Teil 1 die notwendigen Prüfungen für Niederspannungs-Schaltgerätekombinationen auf.

Darüber hinaus sind die eingebauten Betriebsmittel bei der *Erwärmung* der Schaltanlage zu berücksichtigen. Sie gilt in zwei Richtungen. Zum einen im Hinblick auf die im Betrieb abgegebene Wärme der eingebauten Betriebsmittel und zum anderen im Hinblick auf die maximale Umgebungstemperatur, der die Schaltgerätekombination ausgesetzt werden darf. Hier sind die Angaben der Hersteller zu berücksichtigen. Es ist vor Ort zu überprüfen, ob die Rahmenbedingungen eingehalten sind.

Folgende Angaben müssen auf der Niederspannungs-Schaltgerätekombination, zum Beispiel auf einem Typenschild, mindestens enthalten sein:

- Name des Herstellers der Schaltgerätekombination oder Warenzeichen,
- Typenbezeichnung oder Kennnummer oder ein anderes Kennzeichen, aufgrund derer die notwendigen Informationen vom Hersteller der Schaltgerätekombination angefordert werden können,
- Kennzeichnung zur Feststellung des Herstellungsdatums,
- IEC 61439-X (der zutreffende Teil „X“ ist anzugeben) [96] .

Für Schaltgerätekombinationen, die nach einer besonderen Norm gefertigt werden, wie zum Beispiel nach DIN VDE 0660-600-2 [26] für die Energieverteilung, können zusätzliche Anforderung an die Kennzeichnung gestellt werden, die auf dem Bezeichnungsschild oder in einer zusätzlichen Dokumentation angegeben werden müssen.

Der Schaltanlage ist eine Dokumentation beizufügen, die, sofern zutreffend, die folgenden zusätzlichen Informationen zu denen auf dem Bezeichnungsschild enthalten muss:

- Bemessungsspannung,
- Bemessungsbetriebsspannung,
- Bemessungsstoßspannungsfestigkeit,
- Bemessungsisolationsspannung,
- Bemessungsstrom der Schaltgerätekombination,
- Bemessungsstrom eines jeden Stromkreises,
- Bemessungsstoßstromfestigkeit,
- Bemessungskurzzeitstromfestigkeit,
- bedingter Bemessungskurzschlussstrom,
- Bemessungsfrequenz und
- Bemessungsbelastungsfaktoren (RDF).

Darüber hinaus sind folgende Angaben erforderlich, sofern diese für die Schaltanlage zutreffen, diese Angaben können ebenfalls in der Dokumentation enthalten sein:

- zusätzliche Anforderungen abhängig von den besonderen Betriebsbedingungen einer Funktionseinheit,
- der Verschmutzungsgrad,
- das System nach Art der Erdverbindung, für das die Schaltgerätekombination vorgesehen ist,
- die Innenraum- und/oder Freiluftaufstellung,
- ortsfest oder ortsveränderbar,
- die Schutzart,
- vorgesehen für die Verwendung durch Elektrofachkräfte oder Laien,
- die Einteilung nach elektromagnetischer Verträglichkeit (EMV),
- besondere Betriebsbedingungen,
- die äußere Bauform,
- Schutz gegen mechanische Einwirkung, sofern anwendbar,
- die Art des Aufbaus – Einsätze und herausnehmbare Teile,
- die Kurzschlussfestigkeit und Art der Kurzschluss-Schutzeinrichtung(en),
- Maßnahmen zum Schutz gegen elektrischen Schlag,
- Gesamtmaße (einschließlich vorstehender Teile z. B. Griffe, Verkleidungen, Türen),
- die Masse, sofern sie 30 kg überschreitet.

Zu einer Niederspannungs-Schaltgerätekombination gehören Handhabungs-, Aufstellungs-, Betriebs- und Wartungsanweisungen. Diese müssen, sofern für die Schaltanlage zutreffend, folgenden Inhalt haben:

- Bedingungen für Handhabung, Aufstellung, Betrieb und Wartung der Schaltgerätekombination,
- in Schaltgerätekombination enthaltene Betriebsmittel,
- Bedingungen für Transport, Handhabung, Aufstellung und Betrieb der Schaltgerätekombination.

Wenn eine Schaltgerätekombination, die speziell für die Umgebung A vorgesehen ist, in Umgebung B verwendet wird, ist in der Dokumentation darauf hinzuweisen.

Soweit sich die Schaltung aus der konstruktiven Anordnung der eingebauten Geräte nicht klar erkennen lässt, müssen Schaltpläne oder Klemmenpläne mitgegeben werden. Die Betriebsmittel innerhalb der Schaltgerätekombination müssen gekennzeichnet sein. Die Kennzeichnung muss mit den Plänen übereinstimmen.

Für Energie-Schaltgerätekombinationen gelten dabei einige Änderungen. Die Bezugsnorm ist IEC 6234-2. [96] Dazu sind die Angaben über die

- Form der inneren Unterteilung und die
- Arten elektrischer Verbindung von Funktionseinheiten

anzugeben.

9.2.3 Prüfungen der Parameter

Der Nachweis dient zum Feststellen von Werkstoff- und Fertigungsfehlern und um das richtige Funktionieren der fertiggestellten Schaltgerätekombination sicherzustellen.

Folgende Prüfungen sind durchzuführen:

1. Schutzart von Umhüllungen (nach 11.2 der Norm),
2. Luft- und Kriechstrecken (nach 11.3 der Norm),
3. Schutz gegen elektrischen Schlag und Durchgängigkeit der Schutzleiterkreise (nach 11.4 der Norm),
4. Einbau von Betriebsmitteln (nach 11.5 der Norm),
5. innere elektrische Stromkreise und Verbindungen (nach 11.6 der Norm),
6. Anschlüsse für von außen eingeführte Leiter (nach 11.7 der Norm),
7. mechanische Funktion (nach 11.8 der Norm),
8. Isolationseigenschaften (nach 11.9 der Norm) sowie
9. Verdrahtung, Betriebsverhalten und Funktion (nach 11.10 der Norm).

9.3 Bereich 2 – Netzanschluss und Teile der Elektroinstallation

Wird zum Anschluss der Betriebsmittel eine Versorgungsleitung oder ein Anschlusspunkt aus dem öffentlichen Netz zur Verfügung gestellt, so hat die installierende, in das Installateurverzeichnis eines VNB eingetragene Elektrofachkraft diesen Anschluss auf die Einhaltung der Sicherheitsregeln gemäß DIN VDE 0100-600 [31] zu prüfen. Darüber ist ein Prüfprotokoll vorzulegen.

Da wir wissen, dass derartige Prüfungen oft nur unzureichend durchgeführt werden, die Elektrofachkraft aber die Gefahr kennt, die bei einer nicht einwandfrei arbeitenden Schutzmaßnahme gegen elektrischen Schlag besteht, muss sie über Kenntnisse verfügen, die ein Prüfen der Schutzmaßnahmen ermöglicht. Diese Kenntnisse sind durch qualifizierte Weiterbildung kontinuierlich auf dem Stand der Normung zu halten.

Besondere Bedingungen gelten bei gewerblichen Anlagen, die unter die Betriebssicherheitsverordnung fallen. Diese müssen von befähigten Personen geprüft werden.

9.3.1 Allgemeines, Prinzip der Prüfung

Jede Arbeit an einer elektrotechnischen Anlage muss mit einer Prüfung abschließen, die die sichere und regelkonforme Installation feststellt. Der Umfang Prüfung ist abhängig von den ausgeführten Arbeiten.

Die Prüfung teilt sich in zwei Abschnitte auf:

- Besichtigung sowie
- Erproben und Messen.

Dabei ist jedoch zu berücksichtigen, dass eine derartige Prüfung nicht als Prüfung an einem Stück erfolgen kann. Das gilt besonders für die Besichtigung. Diese muss, weil ja viele Betriebsmittel nach der Montage durch nachfolgende Gewerkeleistungen verdeckt werden, schon während der Montage erfolgen. Prüfen ist also ein kontinuierlicher Prozess. DIN VDE 0100-510 Errichten von Starkstromanlagen mit Nennspannungen bis 1000 V – Teil 5: Auswahl und Errichtung elektrischer Betriebsmittel; Kapitel 51: Allgemeine Bestimmungen (IEC 60364-5-51, modifiziert); Deutsche Fassung HD 384.5.51 S2 [96] geben für die Auswahl elektrischer Betriebsmittel entsprechende Hinweise. Die Hauptstichpunkte dazu sind:

- Betriebsbedingungen,
- Zugänglichkeit,
- Kennzeichnung,
- Schaltpläne und
- Vermeidung gegenseitiger nachteiliger Beeinflussung.

Hier ist auch eine Verbindung zu DIN VDE 0100-100, Errichten von Starkstromanlagen mit Nennspannungen bis 1000 V – Teil 1: Bestimmungen allgemeiner Merkmale (IEC 60364-1, modifiziert); Deutsche Fassung 60364-1 [97] zu sehen. Diese Vorschrift enthält insbesondere Angaben, die zur Planung elektrischer Anlagen erforderlich sind, wie z. B. Leistungsbedarf und Gleichzeitigkeitsfaktor, Art der Erdverbindungen, Aufteilung in Stromkreise, Möglichkeiten zur Instandhaltung, Klassifizierung äußerer Einflüsse, Art und Anzahl aktiver Leiter, Stromversorgungen, Verträglichkeit sowie Stromquellen für Sicherheitszwecke.

9.3.1.1 Notwendige Unterlagen

Um eine Prüfung durchführen zu können sind eine Reihe von Unterlagen erforderlich.

Dies sind Schaltpläne, Diagramme oder Tabellen nach DIN EN 81364-1 [98], aus denen insbesondere

- Art und der Aufbau der Stromkreise (Verbrauchsstellen, Anzahl und Querschnitt der Leiter, Art der Kabel- und Leitungsverlegung),
- die zur Identifizierung der Schutz-, Trenn- und Schalteinrichtungen erforderlichen Kennbuchstaben bzw. Zählnummern sowie
- die Anordnung dieser Einrichtungen

ersichtlich sind.

Das bedeutet also, dass Installationspläne, Übersichtspläne und Stromlaufpläne für die Anlage vorhanden sein müssen. Mindestens sind jedoch bei einfachen Anlagen Listen oder Tabellen mit den entsprechenden Angaben vorhanden. Bei der Erstellung ist DIN EN 61082-1 [99] zu berücksichtigen.

9.3.1.2 Besichtigung

Durch Besichtigung soll festgestellt werden

- ob die Anlagenteile sowie deren Eigenschaften, die zur elektrischen Sicherheit beitragen, den generellen Sicherheitsanforderungen entsprechen und
- ob die Anlage den Grundsätzen von DIN VDE 010-510 [96] entspricht.

Dies kann durch Prüfen des CE-Kennzeichens und der sonstigen Aufschriften geschehen. Der Vergleich mit den technischen Dokumentationen zeigt, ob das Betriebsmittel zweckentsprechend eingesetzt ist.

Die Besichtigung umfasst dabei folgende Bereiche:

- allgemeine Besichtigung,
- Schutzmaßnahme gegen direktes Berühren,
- Schutzmaßnahmen mit Schutzleiter und
- Schutzmaßnahmen ohne Schutzleiter.

Allgemeine Besichtigung

Zur allgemeinen Besichtigung sind folgende Fragen zu beantworten:

- Sind die Schaltungsunterlagen vollständig vorhanden?
- Sind alle notwendigen Dokumentationen der Betriebsmittel vorhanden?
- Sind die Betriebsmittel nach den Umgebungsbedingungen ausgewählt?

- Sind die Schutzeinrichtungen den Betriebsmitteln richtig zugeordnet?
- Entspricht der Leiterquerschnitt den zugeordneten Überstrom-Schutzeinrichtungen?
- Sind die Betriebsmittel gekennzeichnet?
- Sind die Stromkreise gekennzeichnet?
- Entspricht die Kennzeichnung der Betriebsmittel und Stromkreise denen der Dokumentationen?
- Ist die Befestigungen der Leitungen und aller anderen Teile fachgerecht?
- Sind die Sicherheitskennzeichnungen vorhanden?

Auch solche erkennbaren Mängel, die zu einer mechanischen Gefährdung oder Brandgefahr führen können, müssen beurteilt werden.

9.3.1.3 Schutzmaßnahme gegen direktes Berühren

Zur Besichtigung des Schutzes gegen direktes Berühren sind folgende Fragen zu beantworten:

- Ist der Schutz durch Isolierung an allen aktiven Teilen vollständig vorhanden?
- Sind alle Abdeckungen und Umhüllungen vollständig vorhanden und nur mit Werkzeug entfernbar?
- Sind bei Schutz durch Abstand alle Teile mit unterschiedlichem Potential außerhalb des Handbereichs?

9.3.1.4 Schutzmaßnahmen mit Schutzleiter

Zur Besichtigung der Schutzmaßnahmen mit Schutzleiter sind folgende Fragen zu beantworten:

- Sind alle Erdungsleiter einwandfrei verlegt und zuverlässig angeschlossen?
- Sind alle Potentialausgleichsleiter einwandfrei verlegt und zuverlässig angeschlossen?
- Sind alle Schutzleiter einwandfrei verlegt und zuverlässig angeschlossen?
- Ist der Schutzleiter mit aktiven Teilen verbunden?
- Sind die Schutzleiter und Neutralleiter untereinander vertauscht?
- Sind die PEN-Leiter richtig gekennzeichnet?
- Sind die Schutzeinrichtungen, wie RCD, entsprechend den Errichternormen ausgewählt?
- Sind die Schutzkontakte von Steckdosen in Ordnung?

- Sind Schalter oder Sicherungen in PE- oder PEN-Leitern vorhanden?
- Sind Schutzleiter und PE-Leiter in den Stromkreisverteilern eindeutig den Stromkreisen zugeordnet und gekennzeichnet?

9.3.1.5 Schutzmaßnahmen ohne Schutzleiter

Zur Besichtigung der Schutzmaßnahmen ohne Schutzleiter sind folgende Fragen zu beantworten:

- Ist die doppelte oder verstärkte Isolierung unbeschädigt?
- Ist die Spannungsquelle der SELV-Versorgung richtig ausgewählt?
- Ist die Spannungsquelle der PELV-Versorgung richtig ausgewählt?
- Sind die Steckvorrichtungen der SELV- und PELV-Stromkreise verwechselungssicher?

Diese Fragen müssen, sofern sie für die Anlage zutreffen, beantwortet werden. Eine Dokumentation der Antworten ist, wie später noch beschrieben wird, notwendig.

9.3.2 Erproben und Messen

Durch Erproben und Messen müssen, sofern zutreffend, die folgenden Prüfungen durchgeführt werden. Um eine Gefährdung bei der Erprobung und Messung auszuschließen, sollte folgende Reihenfolge eingehalten werden.

1. Versorgungsspannung des Netzes am Einspeisepunkt,
2. Durchgängigkeit der Schutzleiter, der Verbindungen des Schutzpotentialausgleichs und des zusätzlichen Schutzpotentialausgleichs (DIN VDE 0100-600 – Abschnitt 6.4.3.2),
3. Isolationswiderstand der elektrischen Anlage (DIN VDE 0100-600 – Abschnitt 6.4.3.3),
4. Schutz durch SELV und PELV oder Schutztrennung (DIN VDE 0100-600 – Abschnitt 6.4.3.4),
5. Schutz durch automatische Abschaltung der Stromversorgung (siehe Abschnitt 6.4.3.7),
6. Spannungspolarität (siehe Abschnitt 6.4.3.9),
7. Funktionsprüfung (siehe Abschnitt 6.4.3.10),
8. Spannungsfall entsprechend den vertraglichen Festlegungen,
9. Drehfeldrichtung.

In den zu prüfenden Anlagen finden sich nicht immer alle Systeme, für die eine Prüfung vorgeschrieben ist. So ist die vorgenannte Liste ein Anhaltspunkt, welche Prüfungen insgesamt in Frage kommen. Werden nur Teilarbeiten ausgeführt, so sind auch nur diese mit den Abhängigkeiten der jeweiligen Anlage zu prüfen.

9.3.3 Eigenschaften der Messgeräte

Um diese Messungen durchführen zu können, sind Messgeräte zu verwenden, die für den Einsatzfall geeignet sind. Die Geräte für diese Messungen sind den VDE-Bestimmungen entsprechend hergestellt und verfügen über die notwendigen Eigenschaften. Das sind zum Beispiel der Mindeststrom von 200 mA bei der Widerstandsmessung der Schutzleiter und die Mindestspannung von 500 V bei der Isolationswiderstandsmessung. Nur speziell für diesen Zweck gebaute Geräte erfüllen diese Bedingungen.

Dazu sind zunächst die Messkategorien nach **Tabelle 9.2** einzuhalten, um sicher arbeiten zu können.

Daneben sind ausschließlich Messgeräte zu verwenden, die dem Messzweck entsprechen (siehe Bild 9.5). Obwohl auch Universalmultimeter Widerstandsmessungen erlauben, können die Messungen der Schutzleiterdurchgängigkeit und des Isolationswiderstandes mit diesen Geräten nicht durchgeführt werden. Um die niederohmige Verbindung eines Schutzleiters zu messen, ist ein Messstrom von mindestens 0,2 A erforderlich. Das kann mit einem Universalgerät nicht erreicht werden. Auch eine Widerstandsmessung mit einer Gleichspannung von 500 V für die Isolationswiderstandsmessung ist mit einem Universalmultimeter nicht möglich.

Die Messungen sollten in der Reihenfolge der nachfolgend aufgeführten Gliederung durchgeführt werden. Um Gefährdungen auszuschließen, ist nach nicht Bestehen einer Teilprüfung die Prüfung zu unterbrechen und die Anlage in einen sicheren Zustand zu bringen. Die Prüfung beginnt nach der Instandsetzung wieder mit der Sichtprüfung der von der Prüfung beeinflussten Anlagenteile.

Tabelle 9.2 *Messgerätekategorien für Mess- und Prüfgeräte*

Messkategorie	Messort	Messungen
I (CAT I)	Stromkreise, die nicht direkt mit dem Netz verbunden sind oder über besonders geschützte Stromkreise mit dem Netz verbunden sind (Trenntrafo)	im Labor an Schaltungen und Versuchsaufbauten
II (CAT II)	Stromkreise, die für den Anschluss an das Niederspannungsnetz vorgesehen sind (Betriebsmittel)	beim Prüfen von Betriebsmitteln
III (CAT III)	Gebäudeinstallation (Verteilungs- und Endstromkreise)	an Steckdosen oder Leuchten
IV (CAT IV)	Quelle der Niederspannungsinstallation (Zählerplatz)	am Hausanschlusskasten und vor dem Zähler

9.3.4 Schutzleiterdurchgang

Bevor diese Messung durchgeführt wird, ist eine Besichtigung der Schutzpotentialausgleichsanlage vorgenommen worden. Die Verbindungen und Leiterquerschnitte sind einwandfrei und entsprechen den gültigen Regeln. Wird die Messung im frühen Stadium durchgeführt, bevor Betriebsmittel eingebaut worden sind, kann diese Messung bei Trennung der PE-N-Brücke im TN-System die Verwechselung des Schutzleiters mit anderen Leitern identifizieren. Die Messung erfolgt an jedem Schutzleiteranschluss. Die Messung erfasst alle Punkte der neuen Installation, die mit dem Schutzpotentialausgleich in Verbindung stehen müssen.

Mögliche Prüfschritte je nach Anlagenaufbau:

- Sichtprüfung der Schutzleiteranschlüsse am Modulrahmen,
- Sichtprüfung der Leiterverlegung im Hinblick aus kleinstmögliche Induktionsschleifen,
- Messung 1 Haupterdungsschiene zu jedem Wechselrichter,
- Messung 2 Haupterdungsschiene zu jedem Strangverteiler,
- Messung 3 Haupterdungsschiene zu jedem Modulrahmen.

Die Messungen sind mit Messgeräten auszuführen, die eine Spannung von 4 V bis 24 V bei einem Messstrom von mindestens 200 mA bereitstellen. Die Messungen mit 10 A Messstrom sind wegen der möglichen Brandgefahren nicht mehr zulässig.

Die Messungen werden einen sehr kleinen Widerstand ergeben. Besonders zu beachten sind dabei Korrosionserscheinungen, die sich als Fremdspannungen bei der Messung bemerkbar machen. Bei einer Spannung von nur 1 V an einer Korrosionsstelle und einer Messspannung von 4 V beträgt ein möglicher Messfehler 25 %. Diese Fremdspannungen werden erfasst, indem die Polarität der Messspannung umgeschaltet wird. **Bild 9.6** zeigt die Situation.

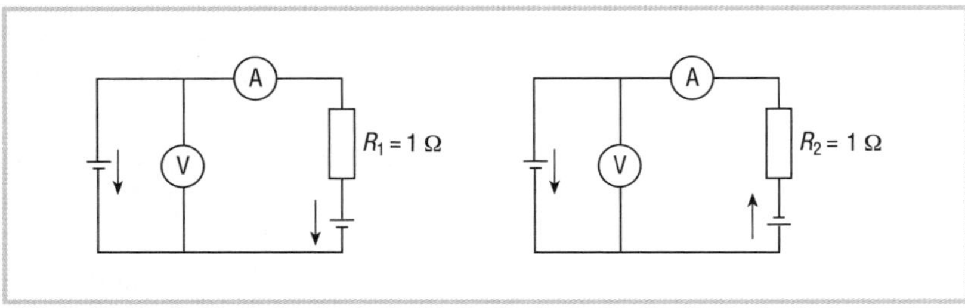

Bild 9.6 *Messwertänderung durch Umpolen der Messgleichspannung bei Fremdspannungen im Messkreis*

Die zu erwartenden Widerstandswerte einer Verbindung lassen sich mithilfe der **Tabelle 9.3** nachrechnen. Dabei sind die Übergangswiderstände zu berücksichtigen.

Die gemessenen Werte sind mit denen der tatsächlichen Widerstandswerte der Leitung einschließlich der Übergangswiderstände zu vergleichen. Die Abweichungen sind zu bewerten. Die einzelnen Werte sollten in einem Protokoll festgehalten werden, um sie später belegen zu können.

Tabelle 9.3 *Widerstandsbeläge von Leitern*

Leiternennquerschnitt S in mm^2	Leiterwiderstandsbeläge R' bei 30 °C in mΩ
1,5	12,575
2,5	7,566
4	4,739
6	3,149
10	1,881
16	1,185
25	0,752
35	0,546
50	0,404
70	0,281
95	0,204
120	0,163
150	0,134
185	0,109

9.3.5 Isolationswiderstand der elektrischen Anlage

Die Isolationsfähigkeit soll zeigen, dass der fließende Strom nicht über den Schutzleiter oder andere Wege abfließen kann. Hierzu sind auch mögliche Überschläge bei Betriebsmitteln mit höherer Spannung als der Bemessungsspannung zu berücksichtigen. Die Betriebsmittel sind vorzugsweise aus den Endstromkreisen zu entfernen. Verfälschungen können durch verschiedene Betriebsmittel auftreten, nicht zuletzt durch Überspannungs-Schutzeinrichtungen innerhalb der Stromkreise.

Die Messung darf mit den verbundenen aktiven Leitern durchgeführt werden. Es ist jedoch sinnvoll, wenn auch etwas aufwändiger, die aktiven Leiter separat zu messen. Eine Messung der aktiven Leiter untereinander ist allerdings nur dann gefahrlos möglich, wenn kein Betriebsmittel angeschlossen ist. Mögliche Schäden der Isolierung zwischen den aktiven Leitern, die später zu einem Brand führen können, werden damit frühzeitig entdeckt. Alle Schalter sind einzuschalten, damit auch alle Stromwege in die Prüfung einbezogen werden.

Als Mindestwerte des Isolationswiderstands in elektrischen Anlagen sind die Werte der **Tabelle 9.4** einzuhalten.

Das bedeutet aber bei der Qualität der heutigen Installationsmaterialien, dass es sich dabei nur um einen rein theoretischen Wert handelt. In der Praxis liegt der Isolationswiderstand um ein Vielfaches höher. Meist werden die Messbereiche der verwendeten Messgeräte überschritten. Sollte dies einmal nicht der Fall sein, so muss sich der Prüfer Gedanken über die Ursache der Messergebnisse machen. Darüber hinaus sind auch die Geräte- und Verfahrensfehler zu berücksichtigen. Diese liegen bei Werten bis 30 %. Eine Dokumentation eines den Messbereich von z. B. 20 MW überschreitenden Wertes erfolgt dann im Protokoll mit größer als 20 MW (> 20 MW).

Die Messrichtung spielt bei der Isolationswiderstandsmessung keine Rolle.

Grundsätzlich ist bei der Isolationswiderstandsmessung zu beachten, dass bei angeschlossenen Betriebsmitteln diese Messung nur dann durchgeführt werden darf, wenn der Gerätehersteller keine Einwände dagegen hat. Oftmals sind in Betriebsmitteln elektronische Bauteile auch in der Netzseite verbaut. Diese könnten Schaden nehmen, wenn mit einer Prüfspannung von 500 V gemessen wird.

Bei Neuanschluss von Betriebsmitteln ist eine Isolationswiderstandsmessung erst dann sinnvoll, wenn der Anschluss vollständig erfolgte und die Abdeckungen fest angeschraubt sind. Eventuell eingequetschte Leiter lassen sich so identifizieren. Dazu ist aber die Messung am Stromkreisanfang in der Verteilung oder an der Übergabestelle, zum Beispiel am Hauptschalter, durchzuführen.

Ein immer wieder zu Fehlern führender Umstand ist es, dass die Neutralleiter üblicherweise stromkreisübergreifend in dem Stromkreisverteiler verbunden sind. Das führt dazu, dass bei der Messung des Isolationswiderstands eines Stromkreises aus der Anlage in Richtung Stromkreisverteiler

Tabelle 9.4 *Isolationswiderstand und Messspannungen*

Nennspannung des Stromkreises in V	zu verwendende Messgleichspannung in V DC	Isolationswiderstand in MΩ
SELV, PELV	250	0,5
bis 500 V (einschließlich FELV), außer in obigen Fällen	500	1,0
über 500 V	1.000	1,0

nicht der Isolationswiderstand des einzelnen Stromkreises, sondern der Isolationswiderstand aller in dieser Stromkreisgruppe liegenden Neutralleiter gemessen werden.

Dabei kann es passieren, dass sogar eine Verbindung bis zum Transformator besteht und die Messung total unbrauchbar wird. Die Trennung des Neutralleiters im Stromkreisverteiler von den Neutralleitern der anderen Stromkreise ist die Voraussetzung für eine korrekte Messung.

Ist keine Messung des Isolationswiderstandes möglich, kann die Isolationsfähigkeit der einzelnen Stromkreise und auch der gesamten Anlage mithilfe der Schutzleiterstrommessung als Differenzstrommessung bewertet werden. Mit Hilfe einer hinreichend empfindlichen Stromzange, der Leckstromzange, kann der Strom, der über die Isolationsfehler zum Erdreich fließt, erfasst werden. Eine Bewertung auf Basis der anliegenden Wechselspannung ist damit möglich. Eine unzulässige Verbindung zwischen zwei aktiven Leitern ist mit dieser Methode jedoch nicht festzustellen.

9.3.6 Messung des Anlagenerdungswiderstandes

Zur Messung des Erdungswiderstandes steht eine Reihe von Messverfahren zur Verfügung. Diese sind im Zusammenhang mit der Prüfung der Blitzschutzanlage beschrieben. Im Fall der Prüfung nach DIN VDE 0100-600 [51] soll die Messung die maximale Berührungsspannung bei Anwendung der Fehlerstromschutzeinrichtung nachweisen. Dies kann jedoch auch bei der Überprüfung der Auslösefunktion der Fehlerstromschutzeinrichtung erfolgen. Üblicherweise werden die Werte der Berührungsspannung und des sich daraus ergebenden Erdungswiderstands bei der Messung mit angezeigt.

9.3.7 Abschaltbedingung im TN-System

Die Schutzmaßnahmen, die im Fehlerfall die Abschaltung der Versorgungsspannung erfordern, werden unterschiedlich geprüft. Im TN-System ohne Fehlerstromschutzeinrichtung sind die Schleifenimpedanz und der daraus resultierende Kurzschlussstrom mit dem Abschaltstrom der Schutzeinrichtung zu vergleichen.

Eine niedrige Schleifenimpedanz sorgt im Körperschlussfall für einen Kurzschluss und damit zur Abschaltung des Außenleiters innerhalb der vorgegebenen Zeit. Diese Abschaltung ist nachzuweisen. Dies geschieht, indem die Schleifenimpedanz gemessen wird. **Bild 9.7** zeigt die prinzipielle Durchführung der Messung. Diese Messung spiegelt jedoch nicht den tat-

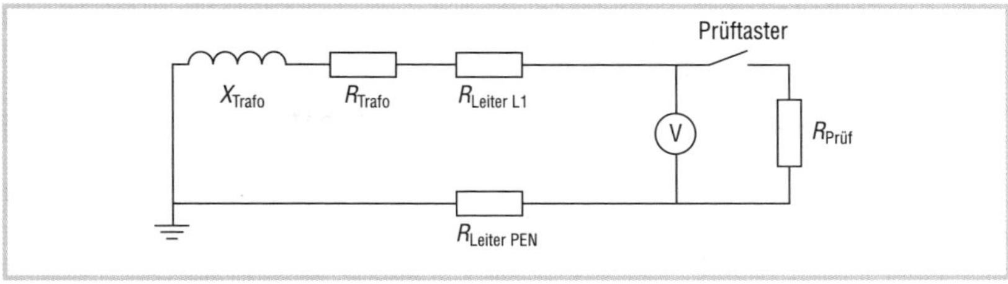

Bild 9.7 *Messprinzip der Schleifenimpedanzmessung*

sächlichen Zustand bei einem Fehler wieder. Im Fehlerfall wird die Leitung durch den erhöhten Kurzschlussstrom warm. Dadurch steigt der Leiterwiderstand und der Kurzschlussstrom wird kleiner. Deshalb sind Korrekturfaktoren nötig, die die Erwärmung und die Höhe des Kurzschlussstromes berücksichtigen.

Bei der Verwendung der berechneten Schleifenimpedanz wie auch bei der gemessenen Schleifenimpedanz ist mit einer Widerstandserhöhung von 30 %, die durch die Erwärmung des Leiters bei einem Kurzschlussstrom entsteht, zu rechnen.

Bei der Messung der Schleifenimpedanz sind die Messgerätefehler ebenfalls zu berücksichtigen. Bei der normalen Messung betragen die Werte ungefähr 5 %. Diese Messgerätefehler können aber auch sehr groß werden. Das ist insbesondere dann der Fall, wenn die zur Messung verwendeten Ströme sehr klein sind. Messungen der Schleifenimpedanz bei Messströmen, die so klein sind, dass eine Fehlerstromschutzeinrichtung nicht auslöst, können Fehler von ± 1 Ω haben. Damit sind diese Einstellungen bei Schleifenimpedanzwerten, wie sie in TN-Systemen zu erwarten sind, nicht geeignet.

Die folgende Bedingung erfüllt die Anforderungen aus DIN VDE 0100-410 [39] zur Abschaltung, auch unter Berücksichtigung der Erwärmung der Leiter.

Gleichung 9.1: Maximalwert der Schleifenimpedanz [100]

$$Z_{s\,(m)} \leq \frac{2}{3} \cdot \frac{U_0}{I_a}$$

$Z_{s\,(m)}$ gemessene oder berechnete Schleifenimpedanz des Netzes bis zur Bewertungsstelle der Abschaltbedingung
U_0 Spannung des Netzes gegen Erdpotential
I_a der vom Hersteller angegebene Abschaltstrom der Schutzeinrichtung in der festgelegten Abschaltzeit
2/3 Korrekturfaktor

Messung der Schleifenimpedanz

Die Messung erfolgt in zwei Stufen:

1. Messung der Leerlaufspannung der Spannungsquelle (ohne Last),
2. Messung der Klemmspannung mit Last.

Aus dem Wert der Leerlaufspannung, dem Spannungsfall unter Last und dem Wert des Lastwiderstandes kann die Schleifenimpedanz errechnet werden.

Der mit der gemessenen Schleifenimpedanz ermittelte und korrigierte Kurzschlussstrom ist mit dem Wert des Auslösestromes zu vergleichen.

Der Wert für den Auslösestrom I_a ist dabei aus den Tabellen der Hersteller für die Zeit zu ermitteln, in der eine Auslösung nach DIN VDE 0100-410 erfolgen muss. Die Tabelle NA.1 aus DIN VDE 0100-600 Seite 29 [101] kann ersatzweise verwendet werden.

Wird in einem Endstromkreis eines TN-Systems ein Fehlerstromschutzschalter zur Abschaltung verwendet, so ist die Abschaltbedingung für diesen zu prüfen. Eine Messung der Berührungsspannung führt in aller Regel zu einem äußerst kleinen Wert von unter 1 V.

Zur überschlägigen Bestimmung der Abschaltbedingung können die beiden **Tabellen 9.5** und **9.6** herangezogen werden.

Tabelle 9.5 *Auslöseströme und Mindestgrößen von Kurzschlussströmen und Schleifenimpedanzen zur Auslösung von Sicherungen (Beispieltabelle)*

I_N	I_a gemessen in A zur Auslösung einer Gg-Sicherung in 5 s	I_k gemessen in A zur Auslösung einer Gg-Sicherung in 5 s	$Z_{S\,min}$ gemessen in Ω zur Auslösung einer Gg-Sicherung in 5 s	I_a gemessen in A zur Auslösung einer Gg-Sicherung in 0,4 s	I_k gemessen in A zur Auslösung einer Gg-Sicherung in 0,4 s	$Z_{S\,min}$ gemessen in Ω zur Auslösung einer Gg-Sicherung in 0,4 s
2	9,2	12	19,23	16	21	11,06
4	19	25	9,31	32	42	5,53
6	27	35	6,55	47	61	3,76
10	47	61	3,76	82	107	2,16
16	65	85	2,72	107	139	1,65
20	85	111	2,08	145	189	1,22
25	110	143	1,61	180	234	0,98
32	150	195	1,18	265	345	0,67
35	173	224	1,02	295	384	0,60
40	190	247	0,93	310	403	0,57
50	260	338	0,68	460	598	0,38
63	320	416	0,55	550	715	0,32

Tabelle 9.6 *Auslöseströme und Mindestgrößen von Kurzschlussströmen und Schleifenimpedanzen zur Auslösung von Leitungsschutzschaltern (Beispieltabelle)*

I_N	Typ B I_a zur Auslösung 0,4 s und 5 s	I_k gemessen in A	$Z_{S\,min}$ gemessen in Ω	Typ C I_a zur Auslösung 0,4 s und 5 s	I_k gemessen in A	$Z_{S\,min}$ gemessen in Ω
2	10	15	15,33	20	30	7,67
4	20	30	7,67	40	60	3,83
6	30	45	5,11	60	90	2,56
10	50	75	3,07	100	150	1,53
16	80	120	1,92	160	240	0,96
20	100	150	1,53	200	300	0,77
25	125	188	1,23	250	375	0,61
32	160	240	0,96	320	480	0,48
35	175	263	0,88	350	525	0,44
40	200	300	0,77	400	600	0,38
50	250	375	0,61	500	750	0,31
63	315	473	0,49	630	945	0,24

9.3.8 Abschaltbedingung im TT-System

Der Mensch soll bei Berührung eines fehlerhaften Betriebsmittels durch die Auslösung des Fehlerstromschutzschalters geschützt werden.

Das Auslöseverhalten von Fehlerstromschutzschaltern ist in verschiedenen Normen geregelt.

Nach DIN VDE 0100-410 beträgt die Auslösezeit bei einem Fehler im TT-System maximal 0,2 s. Nach DIN VDE 0664 [101] beträgt die Auslösezeit bei einem Fehlerstrom $I_F = 5 \cdot I_{\Delta N}$ maximal 0,04 s. Damit wird bei einem Bemessungsdifferenzstrom von 30 mA der Zeit/Strom-Gefährdungsbereich 3 nicht überschritten. Der Fehlerstrom beträgt bei einem angenommenen Körperwiderstand von 1.000 Ω ungefähr 230 mA. Das ist mehr als $5 \cdot I_{\Delta N}$. Es kommt zu keiner tödlichen Stromwirkung.

9.3.8.1 Prüfverfahren von Fehlerstrom-Schutzeinrichtungen

Hinter der Fehlerstromschutzeinrichtung ist ein Fehlerstrom zu erzeugen. Es ist nachzuweisen, dass die Fehlerstromschutzeinrichtung bei Erreichen des Bemessungsdifferenzstromes $I_{\Delta N}$ auslöst und dabei die Berührungsspannung den maximal zulässigen Wert nicht überschreitet. Handelt es sich um eine Fehlerstromschutzschalter des Typs „B“ ist ein für diese Prüfung geeignetes Prüfgerät zu verwenden. Die Einstellungen sind für den Typ B vorzunehmen.

Folgende Bedingungen müssen erfüllt sein:

- Der Auslösestrom $I_\Delta \leq$ Bemessungsdifferenzstrom $I_{\Delta N}$.
- Die Berührungsspannung $U_B \leq$ zulässige Berührungsspannung U_L.

Grundsätzlich setzt die zweite Bedingung voraus, dass der Widerstand des Anlagenerders so klein ist, dass die zulässige Berührungsspannung nicht überschritten werden kann. Die Bedingung aus Gleichung 9.2 wird demzufolge auch Abschaltbedingung genannt.

Gleichung 9.2: Abschaltbedingung im TT-System

$$R_A \leq \frac{U_L}{I_{\Delta N}}$$

R_A Widerstandswert des Anlagenerders
U_L maximal zulässige Berührungsspannung
$I_{\Delta N}$ Bemessungsdifferenzstrom des Fehlerstromschutzschalters

Zu den beiden vorgenannten Prüfungen stehen mehrere Verfahren zur Auswahl. Methode 1 mit ansteigendem Prüfstrom, Methode 2 mit einer Impulsmessung. Darüber hinaus bieten viele Prüfgeräte zusätzlich noch die Messung der Auslösezeit an. Diese Messung ist jedoch bei der Erstprüfung von Anlagen nicht gefordert. Sie wird jedoch seit DIN VDE 0100-600 (VDE 0100-600):2017-06 empfohlen.

Bei der Messung können gefährliche Situationen auftreten.

Werden in einem Versorgungssystem mehrere Fehlerstrom-Schutzeinrichtungen parallel an einem Erder betrieben, so addieren sich die Ableitströme der einzelnen Anlagen. Das erfordert nicht die Auslösung der einzelnen Fehlerstrom-Schutzeinrichtungen. Eine Spannung über den Erdungswiderstand lässt sich mit Hilfe einer Sonde feststellen, die außerhalb des Wirkungsbereichs des Anlagenerders liegt. Deshalb müssen alle PE-Leiter und Betriebsmittelgehäuse hinter einer Fehlerstromschutzeinrichtung an demselben Erder angeschlossen werden.

Bei einer Verbindung des Schutzleiters mit dem PE-Leiter hinter der Fehlerstromschutzeinrichtung wird ein Teil des Fehlerstromes über den Neutralleiter zurückgeführt. Damit steht ein kleinerer als der Fehlerstrom zur Auslösung des Fehlerstromschutzschalters zur Verfügung. Eine rechtzeitige Auslösung kann verhindert werden. Eine Isolationswiderstandsmessung zeigt diesen Fehler auf. Grundsätzlich führt eine solche Verbindung aber auch zur Auslösung in dem Fall, in dem auf dem Neutralleiter ein hoher Strom fließt. Dieser teilt sich an der Fehlerstelle in den N- und PE-Leiter auf. Der Anteil über den PE-Leiter wird von den Fehlerstrom-Schutzeinrichtungen als Fehlerstrom erkannt und führt zur Auslösung.

Eine weitere Gefahr ist durch eine Verbindung zwischen Außenleiter und PE-Leiter in Energieflussrichtung vor der Fehlerstromschutzeinrichtung zu sehen. In diesem Fall fließt bereits ein Strom über den Anlagenerder. Dieser sorgt für einen Spannungsfall am Anlagenerder, der gegenüber einem neutralen Erdungspunkt Spannungen höher als die zulässige Berührungsspannung annehmen kann. Diese bleibt jedoch auch nach Abschalten des Fehlerstromschutzschalters bestehen.

9.3.9 Abschaltzeiten

Die Abschaltzeiten in den Netzen sind abhängig von dem Netzsystem und der Position innerhalb des Netzes. **Tabelle 9.7** zeigt die Abschaltzeiten, die in den einzelnen Bereichen in Abhängigkeit vom Netzsystem einzuhalten sind. Die Abschaltzeiten in der Verbraucheranlage sind in den zitierten VDE-Vorschriften geregelt. Im Vorzählerbereich regelt dies die TAB.

Tabelle 9.7 *Abschaltzeiten zum Schutz gegen elektrischen Schlag im Fehlerfall*

Netzsystem	HAK bis Zähler (schutzzisoliert ausgeführt)	Zähler bis Stromkreisverteiler (Verteilerstromkreis)	Stromkreisverteiler bis Endgerät bis max. 32 A
TN-System	1 h	5 s	0,4 s
TT-System	1 h	1 s	0,2 s

9.3.10 Drehfeldmessung

Das Drehfeld der anzuschließenden Wechselrichter ist zu überprüfen. Es muss ein Rechtsdrehfeld vorliegen. Diese Verpflichtung zur Einhaltung des Rechtsdrehfeldes in elektrischen Anlagen besteht nach der TAB.

Darüber hinaus ist es natürlich sinnvoll, auch innerhalb der übrigen Installation, beginnend von der Einspeisung, die Außenleiterfolge L1, L2, L3, einzuhalten und so auch innerhalb der Stromkreisverteiler ein rechtes Drehfeld zu erzeugen.

Ein rechtes Drehfeld liegt immer dann vor, wenn die Außenleiterreihenfolge L1, L2 und L3 ist. Damit ist aber nicht gesagt, dass dies auch mit der tatsächlichen Reihenfolge der Leiter übereinstimmt. Auch die Reihenfolgen L3 – L1 – L2 und L2 – L3 – L1 bilden ein rechtes Drehfeld.

9.4 Auswertung und Dokumentation der Prüfungen

Die Einhaltung der vorgeschriebenen Grenzwerte der einzelnen Prüfungen und Messungen ist zu bestätigen. Dabei sind auch die jeweiligen *Messfehler* der *Messverfahren* und Messgeräte zu berücksichtigen. Das gilt besonders für die stark fehlerbehafteten Messungen von Erdungswiderstand, Isolationswiderstand und Schleifenimpedanz.

Die Prüfungen und Messungen sind in geeigneter Weise zu dokumentieren. Hierzu stehen bei vielen Herstellern automatisch dokumentierende Prüfgeräte zur Verfügung. Dazu werden für die Dokumentation auf die Prüfgeräte abgestimmte Computerprogramme angeboten. Diese sind jedoch nur für umfangreiche Prüfungen sinnvoll. Alternativ sind entsprechende individuelle Prüfprotokolle zu erstellen. Diese sind anlagenspezifisch herstellbar. Das gilt insbesondere für die Sichtprüfung und eine mit der Messung verbundene Dokumentation der Anlage. Das Protokoll ist dem Kunden auszuhändigen. Anhalt für ein Prüfprotokoll bietet die DIN EN 62446 (VDE 0126-23) [53].

Bei der Dokumentation der Prüfung ist auch die Anlagendokumentation zu berücksichtigen. Grundsätzlich muss die Anlagendokumentation bei Beginn der Prüfung vorliegen, da eine Vielzahl von Informationen zum Prüfobjekt aus der Anlagendokumentation hervorgeht. Das gilt insbesondere für die technischen Daten der Geräte sowie für die Hinweise aus der jeweiligen Produktdokumentation über die herstellerkonforme Verwendung im Hinblick auf die Montage- und Betriebsbedingungen.

Bei der Zusammenstellung der Anforderungen an eine Dokumentation von PV-Anlagen wurde die DIN EN 62446 (VDE 0126-23) [53] sowie die betreffenden Teile aus der Errichternorm DIN VDE 100 zugrunde gelegt und mit Erfahrungswerten des Autors ergänzt.

9.4.1 Allgemeine Angaben zur Anlage

Auf dem Deckblatt sind folgende Angaben zur Anlage gemacht:

a) Projektidentifikation, zum Beispiel der Name des Projektes oder eine Projektnummer, anhand derer die folgenden anliegenden Dokumente identifiziert werden können,
b) Bemessungsleistung des Systems (kW DC oder kVA AC),
c) PV-Module und Wechselrichter – Hersteller, Modell und Anzahl,
d) Installationsdatum,

e) Datum der Inbetriebnahme,
f) Name des Kunden und
g) Anschrift des Aufstellungsorts.

Auf weiteren Anlagen folgen Angaben zum Systementwickler und Errichter und zu den sonstigen Beteiligten:

Die Namen, Postanschrift, Telefonnummer und E-Mail-Adresse

a) des Errichters,
b) des Planers, wenn dieser nicht zugleich Errichter ist,
c) des Statikers der Dachkonstruktion, der die Gefahrlosigkeit der Montage der Anlage bestätigt hat,
d) der zuständige Baubehörde,
e) der verantwortlichen Blitzschutzfachkraft, die die Integration in die bestehende Blitzschutzanlage geplant hat oder die Blitzschutzanlage neu geplant und ausgeführt hat,
f) der verantwortlichen Elektrofachkraft, die den Anschluss an das Niederspannungs- oder Mittelspannungsnetz durchgeführt hat und die Prüfung des Systems durchgeführt hat.

9.4.2 PV-Generator – Allgemeine Festlegungen

Der Stromlaufplan muss die folgenden Angaben zur PV-Generator-Konstruktion enthalten:

- Modultyp(en),
- Gesamtanzahl der Module,
- Anzahl der Stränge und
- Anzahl der Module je Strang.

Der Stromlaufplan muss die folgenden Angaben zum PV-Strang enthalten:

- Festlegungen für die Kabel im Strang – Querschnitt und Typ,
- Festlegungen für die Überstrom-Schutzeinrichtung im Strang (sofern eingebaut) – Typ und Spannungs-/Strom-Bemessungswerte,
- Sperrdiodentyp (sofern eingebaut).

Dazu ist es sinnvoll, diese Angaben auch in einem Lageplan dazustellen, sodass eine Identifikation der Module auf dem Tragegestell einfach möglich ist. Eine Einzelkennzeichnung der Betriebsmittel ergibt sich aus den folgenden Anforderungen der Kennzeichnung, die nicht nur für die Wechselstromseite der Anlage gilt.

9.4.3 Elektrische Einzelheiten des PV-Generators

Der Stromlaufplan muss die folgenden Angaben über elektrische Einzelheiten des PV-Generators enthalten:

- Festlegungen zum Hauptkabel des PV-Generators – Querschnitt und Typ,
- Lage der Anschlussdosen des PV-Generators (sofern anwendbar),
- Typ, Lage und Bemessung (Spannung/Strom) von Gleichspannungsisolatoren,
- Überstrom-Schutzeinrichtungen des PV-Generators (sofern anwendbar) – Typ, Lage und Bemessung (Spannung/Strom).

9.4.4 Dokumentation der Wechselspannungsanlage

Elektrotechnische Installationen sind in DIN VDE 0100 beschrieben. Die Forderungen nach einer Dokumentation folgt im Wesentlichen aus DIN VDE 0100-510 (VDE 0100-510) [96].

Darin sind Kennzeichnungen und Schaltpläne für Anlagen gefordert.

Diese sind als sind Schaltpläne, Diagramme oder Tabellen nach DIN EN 61346-1 und der Normenreihe DIN EN 61082 zu erstellen. Aus den Informationen muss insbesondere

- die Art und der Aufbau der Stromkreise,
- die Anzahl und Art der angeschlossenen Betriebsmittel,
- die Anzahl und Querschnitt der Leiter, Art der Kabel- und Leitungsverlegung,
- eine Kennzeichnung für die Identifizierung der Einrichtungen für Schutz-, Trenn- und Schaltfunktionen sowie deren Anordnung.

hervorgehen

Für jeden Stromkreis sollten angeben werden:

- Typ und Querschnitt von Leitern,
- Länge der Stromkreise,
- Art und Typ der Schutzeinrichtungen gegen Kurzschluss und Überlast,
- Art und Typ der Schutzeinrichtungen gegen elektrischen Schlag im Fehlerfall,
- Lage und Typ sowie Bemessungsdifferenzstrom von Fehlerstrom-Schutzeinrichtungen,
- Bemessungsstrom oder Einstellwert der Schutzeinrichtungen,
- zu erwartende Kurzschlussströme und Kurzschluss-Ausschaltvermögen der Schutzeinrichtungen,

- Querschnitte und Anschlusspunkte aller Funktionserder-/Potentialausgleichsleiter; Lage, Länge und Querschnitt des Potentialausgleichskabel des PV-Generator-Rahmens, sofern es angeschlossen werden musste.

Im Zusammenhang mit der Blitzschutzanlage und den Maßnahmen zum Überspannungsschutz sind folgende Informationen in die Dokumentation aufzunehmen:

- Lage von Verbindungen an eine bestehende Blitzschutzanlage (LPS),
- Lage und Typ von Überspannungs-Schutzeinrichtungen auf der Wechselspannungsseite,
- Lage und Typ von Überspannungs-Schutzeinrichtungen auf den Gleichspannungsleitungen.

9.4.5 Datenblätter

Die Dokumentation enthält für jeden verwendeten Modultyp ein Modul-Datenblatt. Es entspricht den Anforderungen aus IEC 61730-1 [16]. Zusätzlich sind Wechselrichter-Datenblätter für alle Umrichtertypen, die in der Anlage verwendet werden, enthalten.

Für das Montagesystem des PV-Generator-Rahmens muss ein Datenblatt bereitgestellt werden. Mit Hilfe der in dem Datenblatt gemachten Angaben muss die Überprüfung der Festigkeit der Konstruktion möglich sein.

9.4.6 Betriebs- und Wartungsangaben

Betriebs- und Wartungsangaben sind für alle Komponenten der Anlage, die bedient oder gewartet wird, bereitzustellen. Aus den Unterlagen müssen folgende Punkte beantwortet werden und für den Betreiber der Anlage verständlich und in deutscher Sprache verfasst hervorgehen:

- Wie kann der korrekte Betrieb der Anlage nachgewiesen werden?
- Was ist im Fall eines Anlagenausfalls zu tun?
- Not-Abschaltung/Trennverfahren,
- Empfehlungen für die Wartung und Reinigung (sofern verfügbar),
- Überlegungen hinsichtlich zukünftiger Arbeiten am Gebäude, die sich auf den PV-Generator auswirken können (z. B. Dacharbeiten),
- Gewährleistungsangaben für PV-Module und Wechselrichter, um das Datum des Gewährleistungsbeginns und die Gewährleistungsdauer aufzunehmen,

- Angaben über die zutreffende Ausführungsqualität oder über die Garantie der Wasserdichtheit sowie
- Prüfergebnisse und Inbetriebnahmeangaben.

Von allen Prüf- und Inbetriebnahmedaten sind Kopien bereitzustellen. Diese müssen mindestens die Ergebnisse der Erstprüfungen enthalten, die ausführlich in Abschnitt Prüfungen beschrieben werden.

9.5 Bereich 3 – Prüfung der Blitzschutzanlage

Eine Blitzschutzanlage ist nach der Errichtung in festgelegten Zeiten und nach Änderungen der baulichen Anlage sowie nach Änderungen der Blitzschutzanlage zu prüfen [102]. Das gilt auch dann, wenn an einem Gebäude, das eine Blitzschutzanlage vorweist, eine PV-Anlage montiert wird. Dabei sind besonders diejenigen Bereiche einer Prüfung zu unterziehen, die von der Änderung betroffen sind.

Diese Prüfung ist von einer Blitzschutzfachkraft auszuführen. An diese Blitzschutzfachkraft werden die gleichen Anforderungen gestellt wie an eine Elektrofachkraft, formuliert sind die Anforderungen z. B. in DGUV Vorschrift 3 [11] und TRBS 1203 [103]. Das Fachgebiet ist hier allerdings der Blitzschutz [104].

So werden an eine Blitzschutz-Fachkraft folgende Anforderungen gestellt:

- Fachliche Ausbildung zum Beispiel durch eine Ausbildung als Elektrotechniker,
- Kenntnisse und Erfahrungen mit Planen, Errichten und Prüfen von Blitzschutzanlagen,
- Kenntnis der aktuellen einschlägigen Normen,
- Kenntnisse der jeweils aktuellen örtlich geltenden bauaufsichtlichen Vorschriften,
- der Nachweis über regelmäßiger Teilnahme an nationalen Weiterbildungsmaßnahmen,
- eine mehrjährige Berufserfahrung sowie
- eine zeitnahe berufliche Tätigkeit im Bereich des Blitzschutzes.

Die Blitzschutzfachkraft zum Planen, Installieren und Prüfen unterscheidet sich in den erforderlichen Kenntnissen und Erfahrungen.

9.5.1 Durchführung der Prüfung

Die Prüfung umfasst:

- Prüfung der technischen Dokumentation,
- Sichtprüfungen,
- Messungen und
- Prüfungsberichte.

Wird eine Blitzschutzanlage neu errichtet, so geht dieser Errichtung eine Beurteilung der Gefährdung voraus, in der die Blitzschutzklasse sowie die Blitzschutzzonen festgelegt werden. Auf Basis dieser Festlegung werden

- die Erdungsanlage,
- die Fanganlage,
- die Ableitungen und
- das Überspannungsschutzsystem

geplant. Grundlage der Prüfung ist somit die der Anlage zugrunde liegende Planung.

Die Besichtigung bezieht sich danach auf die Einhaltung der in der Planung vorgegebenen Eckdaten. Dabei sind folgende Fragen zu stellen:

- Stehen die PV-Anlagen im Schutzbereich von Fangeinrichtungen?
- Sind die Sicherheitsabstände zu den Leitern der Blitzschutzanlage eingehalten?
- Sind die nach der Blitzschutzklasse festgelegten Abstände der Ableitungen eingehalten?
- Sind die nach der Blitzschutzklasse festgelegten Abstände der Fangmaschen eingehalten?
- Ist das PV-System geerdet?
- Ist das Erdungssystem nach der Planung ausgeführt?
- Sind die Erdeinführungen gegen Korrosion geschützt?
- Ist der Blitzschutzpotentialausgleich ausgeführt?
- Sind die in das Gebäude führenden elektrischen Leitungen mit Blitzstromableitern beschaltet?
- Sind die Leitungen, die in die übrigen Bereiche des Gebäudes führen und für die Blitzschutzzonen geplant wurden, mit Überspannungsschutzgeräten beschaltet?
- Sind alle Verbindungen fest und blitzstromtragfähig hergestellt?

Danach sind Messungen vorzunehmen. Diese sollen die folgenden Fragen beantworten:

- Sind alle nicht sichtbar verbundenen Teile der Anlage miteinander verbunden?

- Wie hoch sind die Erdübergangswiderstände der Anlage an den einzelnen Erdern oder Anschlüssen an den Erder?

Die Messung der Verbindungen erfolgt mit Hilfe einer Durchgangsmessung. Bei der Messung der Erder ist die Übereinstimmung mit den Anforderungen an die Schutzklasse zu prüfen. Liegt der Erdungswiderstand über 10 Ω, so sind die Abmessungen des Erders auf Einhaltung der Abmessungen nach Bild 2 der DIN EN 62305-3 [105] zu überprüfen.

Nach Abschluss der Prüfungen sind die Ergebnisse zu dokumentieren. Der Prüfbericht enthält Aussagen:

- zum allgemeiner Zustand der Fangleitungen und anderer Bauteile der Fangeinrichtung,
- zum allgemeiner Korrosionsgrad und Zustand des Korrosionsschutzes,
- zur Sicherheit der Befestigungen der LPS-Leitungen und -Bauteile,
- zu den Ergebnissen der Messungen des Erdungswiderstandes der Erdungsanlage,
- eventuellen Abweichungen von den Anforderungen der Normen,
- zum Ergebnis der Prüfung, ob die Planung und die Entwurfsbeschreibung eingehalten wurden sowie
- zum Gesamtergebnis der durchgeführten Prüfungen und dabei zu Abweichungen vom Soll-Zustand und zu notwendigen Maßnahmen zur Einhaltung der geforderten Regelungen.

Im Fall der Änderung der Anlage bezieht sich die Prüfung auf den geänderten Teil. Besonderes Augenmerk ist dabei auf die Trennungsabstände und auf die Schutzbereiche sowie eine normgerechte Erdung der Anlage zu achten.

Auch die elektromagnetische Verträglichkeit sowie die induktionsarme Leitungsverlegung gehören zu den kritischen Bereichen, die zu prüfen sind.

10 Instandhaltung von PV-Anlagen

Die Instandhaltung wird nach DIN 31051 [107] definiert als:
„Kombination aller technischen und administrativen Maßnahmen sowie Maßnahmen des Managements während des Lebenszyklus einer Betrachtungseinheit zur Erhaltung des funktionsfähigen Zustandes oder der Rückführung in diesen, so dass sie die geforderte Funktion erfüllen kann."

Die Instandhaltung kann in die Grundmaßnahmen Wartung, Inspektion, Instandsetzung, Verbesserung und Schwachstellenanalyse unterteilt werden. Diese Begriffe sind also ein Teil der „Instandhaltung". Sie bedeuten im Einzelnen:

- **Wartung:** Maßnahmen zur Verzögerung des Abbaus des vorhandenen Abnutzungsvorrats.
- **Inspektion:** Maßnahmen zur Feststellung und Beurteilung des Ist-Zustands einer Betrachtungseinheit einschließlich der Bestimmung der Ursachen der Abnutzung und dem Ableiten der notwendigen Konsequenzen für eine künftige Nutzung (fortgesetzt).
- **Instandsetzung:** Maßnahmen zur Rückführung einer Betrachtungseinheit in den funktionsfähigen Zustand, mit Ausnahme von Verbesserungen (fortgesetzt).
- **Verbesserung:** Kombination aller technischen und administrativen Maßnahmen sowie Maßnahmen des Managements zur Steigerung der Funktionssicherheit einer Betrachtungseinheit, ohne die von ihr geforderte Funktion zu ändern.

Weiterhin gehören drei oft verwendete Begriffe dazu:

- **Funktionsfähigkeit:** Fähigkeit einer Betrachtungseinheit zur Funktionserfüllung aufgrund ihres Zustands.
- **Ausfall:** Beendigung der Fähigkeit einer Betrachtungseinheit, eine geforderte Funktion zu erfüllen.
- **Schwachstellenanalyse:** Das Aufdecken einer erhöhten Abnutzung einer Betrachtungseinheit, welche zu einem zu frühen Ausfall führen kann. Wobei die Schwachstelle erst zu einer Schwachstelle wird, wenn das Beheben der Schwachstelle technisch möglich und wirtschaftlich vertretbar ist.

Die Gesamtanlage kann zur besseren Organisation der Maßnahmen in die Bereiche

- Module/Generator,
- Wechselrichter,
- Schaltgeräte und
- elektrische Anlage

eingeteilt werden.

Um eine zielgerichtete Instandhaltung zu erreichen, sind zunächst die Parameter festzulegen. Diese treffen teilweise mit anderen Anforderungen der Sicherheitsprüfung zusammen. Genannt werden soll an dieser Stelle die erforderliche sicherheitstechnische Prüfung gemäß Gefährdungsbeurteilung auf Basis des Arbeitsschutzgesetzes sowie nach den Regeln der Berufsgenossenschaften. Nicht zu vergessen sind Prüfungen nach den PrüfVO der einzelnen Bundesländer im Zusammenhang mit den Landesbauordnungen und den nachfolgenden Verordnungen. Grundsätzlich sollten diese Maßnahmen zeitlich koordiniert werden.

10.1 Inspektion von PV-Anlagen

Elektrische Anlagen unterliegen einer Reihe von Einflüssen, die sich negativ auf die Sicherheit der Anlage auswirken können. So sind sie in regelmäßigen Abständen auf die elektrische Sicherheit zu prüfen. Wie bereits bei den Erstprüfungen, existieren dazu eine Reihe von Regelwerken für die jeweiligen Bereiche.

Zunächst ist festzustellen, dass die Überprüfung von einer erfahrenen Elektrofachkraft durchgeführt werden muss, die Erfahrungen bei der Prüfung von PV-Anlagen hat und die Arbeiten unter Spannung ausführen darf. Darüber hinaus muss sie Erfahrungen in der Eigensicherung bei Dacharbeiten haben. Da die meisten Anlagen im gewerblichen Bereich eingesetzt sind, ist eine Anforderung entsprechend den Anforderungen an eine befähigte Person nach TRBS 1203 [103] zu stellen.

10.1.1 PV-Generator

Der Generator, also die Module, soll die Energie des einfallenden Sonnenlichts umwandeln. Das geschieht umso wirkungsvoller, je sauberer die Moduloberflächen sind. Da diese im Laufe der Zeit verschmutzen, kann auch der Anlagenwirkungsgrad sinken. Regelmäßige Reinigung ist also unabdingbar.

Auch die Tragfähigkeit des Gestells sollte regelmäßig untersucht werden. Dazu gehört auch die Dichtigkeit der Befestigungsmittel an der Dachhaut. Unerkannte Schäden an der Dachhaut können sich innerhalb kurzer Zeit zu einem erheblichen Schadensbild ausweiten. Insoweit ist eine regelmäßige Untersuchung der betroffenen Stellen notwendig.

Diese Untersuchung bezieht sich auch auf *sichtbare Schäden* der Tragkonstruktion. Besonders Korrosion ist hier ein wichtiger Faktor. Dieser tritt besonders in chemisch belasteten Bereichen auf, wie sie in der Landwirtschaft zu finden sind. Die Ergebnisse der einzelnen Prüfschritte sind, wie anschließend dargestellt wird, zu dokumentieren.

10.1.2 Gleichstromseite

Festgeschrieben sind die notwendigen Prüfungen in der DIN EN 62446 (VDE 0126-23) [53]. Der Prüfer entscheidet, welche Prüfungen er für notwendig hält, um den sicheren Gebrauchszustand aufrecht zu erhalten.

Hier ist die Dichtigkeit der Anschlüsse ein wichtiger Faktor. Aus diesem Grund ist neben der intensiven Sichtprüfung auf Beschädigung von Anlagenteilen auch eine Isolationswiderstandsmessung erforderlich. Grundsätzlich lässt sich auch auf der Gleichstromseite durch eine Prüfung der Ableitströme die Isolationseigenschaft der Leitungen und Module prüfen. Voraussetzung ist jedoch eine Stromzange, die eine hinreichende Auflösung und Genauigkeit bei Gleichstrom aufweist. Größen von 1 µA sollten sicher messbar sein. Da die Messung jedoch mit der Strangspannung und nicht mit der notwendigen Messgleichspannung erfolgt, sind die Messwerte entsprechend umzurechnen.

Wenn eine nachfolgende Leistungsprüfung erfolgt, werden sich mit dieser die Leerlaufspannungsmessung und die Messung des Kurzschlussstromes erübrigen.

Die Ergebnisse der einzelnen Prüfschritte sind, wie anschließend dargestellt wird, zu dokumentieren.

10.1.3 Leistungsüberprüfung

Die Leistung einer PV-Anlage sollte ebenfalls regelmäßig überprüft werden. Diese Überprüfung bezieht sich auf die erzeugte elektrische Arbeit. Die Überprüfung geschieht mit Hilfe von speziellen Prüfgeräten, die unter Berücksichtigung der Einstrahlung und der Modultemperatur die abgegebene

Leistung am Wechselrichter messen. Um aussagekräftige Werte zu erhalten, ist diese Messung bereits direkt nach Inbetriebnahme der Anlage durchzuführen. Die Messwerte werden jeweils auf STC-Bedingungen umgerechnet und dienen dann bei den Wiederholungsprüfungen als Vergleich.

10.1.4 Wechselstromseite

Die elektrische Sicherheit von Anlagen ist nach den Anforderungen für den Betrieb elektrischer Anlagen auf Basis von DIN VDE 0105-100 (VDE 0105-100) [55] durchgeführt werden. Danach ist eine wiederkehrende Prüfung auf Basis der DIN VDE 0100-600 [51] durchzuführen. Dabei sind allerdings einige Ausnahmen möglich. Die Prüfabstände richten sich nach der Art der Anlage.

Die Prüfung unterteilt sich in drei Bereiche:

- Besichtigen,
- Erproben und
- Messen.

Die Tiefe der Prüfungen ergibt sich aus dem Anlagenzustand. Sie sind grundsätzlich als Erstprüfung durchzuführen, wenn kein Erstprüfbericht vorgelegt werden kann. Liegt der letzte Prüfbericht einer Widerholungsprüfung länger zurück als die für die Anlage üblich anzusetzende Prüffrist, ist nach den Entscheidungen des Prüfers die Prüfung intensiver durchzuführen.

Auf eine PV-Anlage bezogen sind dabei folgende Prüfungen erforderlich.

10.1.4.1 Besichtigung

Es ist die Anlage insbesondere im Hinblick auf Änderungen und Ergänzungen zu prüfen. Grundlage bildet die Anlagendokumentation. Sind Ergänzungen vorhanden, so sind diese wie bei einer Erstprüfung zu prüfen, falls darüber keine hinreichende Prüfdokumentation vorliegt. Grundsätzlich ist der allgemeine Anlagenzustand im Hinblick auf die Sicherheit der Anlagen zu besichtigen.

Besonders zu betrachten ist, ob:

- die Schutzmaßnahmen gegen elektrischen Schlag noch mit den Errichternormen übereinstimmen,
- der Hauptpotentialausgleich und der Potentialausgleich zum PV-Generator einwandfreisind. Dabei ist auf Korrosionserscheinungen an den Klemmen zu achten.

- die eingesetzten Sicherungen und Schutzeinrichtungen noch denen entsprechen, die zur Inbetriebnahme vorhanden waren. Oftmals liegen Leitungen im Bereich von Nagetieren. Das kann bei Nagetierfraß in Kürze zu Isolationsfehlern führen.

Sind die Leitungen im Normalbetrieb überlastet, zeigt sich dies anhand von Übertemperatur an Leitungen. Gleiches gilt auch für Sicherungseinsätze und thermische Schutzeinrichtungen.

10.1.4.2 Erproben

Die Schutzeinrichtungen sind zu erproben. Dazu zählt insbesondere der Schutz gegen elektrischen Schlag. Die Fehlerstrom-Schutzeinrichtungen sind zur Erprobung durch Auslösen der Prüftaste und mit dem 5-fachen Bemessungsdifferenzstrom zu prüfen [108].

Die Erprobung der Meldeeinrichtungen gehört in diesem Fall auch zu den notwendigen Prüfungen.

10.1.4.3 Messen

Die wichtigste Messung ist die Messung des Isolationswiderstandes. Diese führt jedoch in vielen Fällen zu Problemen, insbesondere dann, wenn elektronische Betriebsmittel im System vorhanden sind. Hier kommt es darauf an, welche Angaben der Hersteller zu dieser Prüfung macht.

Die Gefahr vermindert die Prüfung aller gemeinsam miteinander verbundenen aktiven Leiter gegen das PE-Potential. Dabei weichen die Mindestwiderstände von denen der Erstprüfung und von denen mit oder ohne angeschlossene Betriebsmittel ab. **Tabelle 10.1** zeigt die einzuhaltenden Mindestwerte. Die Messspannung muss bei einem Messstrom von 1 mA mindestens so hoch sein wie die Nennspannung des Systems, also üblich 230 V.

Tabelle 10.1 *Isolationswiderstände bei der Widerholungsprüfung [109]*

Anlagen im Innenbereich	**Isolationswiderstand in Ω/V Nennspannung**
ohne angeschlossene Verbrauchsmittel	1.000
mit angeschlossenen und eingeschalteten Verbrauchsmitteln	300
Anlagen im Freien	
ohne angeschlossene Verbrauchsmittel	500
mit angeschlossenen und eingeschalteten Verbrauchsmitteln	150

Alternativ zur Messung des Isolationswiderstandes kann auch eine Messung durchgeführt werden, wie sie bei Betriebsmitteln als Schutzleiterstrommessung durchgeführt wird. Dabei wird der Strom gemessen, der über Isolationsfehler den Stromkreis verlässt und damit nicht mehr zur Quelle zurückfließt. Zu dieser Messung ist eine Stromzange mit großer Empfindlichkeit und Messgenauigkeit im µA-Bereich erforderlich. Diese Strommesszangen werden auch unter dem Namen Leckstromzangen gehandelt.

Der Messbereich sollte Ströme von 0,23 mA, das entspricht bei einer Spannung von 230 V einem Widerstand von 1.000 Ω/V sicher beherrschen.

Zur Messung werden die vier aktiven Leiter bei einem Drehstromsystem oder die zwei aktiven Leiter bei einem Wechselstromsystem mit der Zange umfasst. Das Ergebnis der Messung wird auf die Versorgungsspannung von 230 V bezogen und ergibt damit den Isolationswiderstand bei anliegender Wechselspannung. Die gemessenen Ergebnisse beziehen sich bei dieser Messung auf die Nennspannung des Systems. Eine Umrechung auf die notwendige Messgleichspannung von 500 V gibt nach den Erfahrungen keine gravierenden Abweichungen der Messergebnisse.

Die Prüffrist ist nur in den gesetzlichen Regeln genau festgelegt. Sie sollte für Anlagen eine Zeit von vier Jahren betragen. Äußere Einflüsse können eine kürzere Prüffrist erforderlich machen. Nach den Regeln der Berufsgenossenschaften ist für Anlagen, die unter die Gruppe 700 der DIN VDE 0100 fallen, eine Prüffrist von einem Jahr vorgesehen.

10.1.5 Blitzschutzanlage

Blitzschutzanlagen müssen dauerhaft wirksam sein. Das gelingt nur mit Hilfe einer regelmäßigen Wartung der Anlagen. Dabei werden die Anlagen einer umfassenden Prüfung unterzogen. Zwischen diesen umfassenden Prüfungen werden Sichtprüfungen durchgeführt, die offensichtliche Fehler aufdecken sollen. Zusätzlich wird noch zwischen den Prüfabständen nach den Blitzschutzklassen unterschieden (**Tabelle 10.2**).

Tabelle 10.2 *Prüfabstände für die Widerholungsprüfung an Blitzschutzanlagen [110]*

Schutzklasse	Sichtprüfung	umfassende Prüfung
I und II	1 Jahr	2 Jahre
III und IV	2 Jahre	4 Jahre

Weitere Prüfverpflichtungen ergeben sich aus:

- DIN EN 62446 (VDE 0126-23),
- DGUV Vorschrift 3,
- TRBS 1201 und
- VDE 0105.

10.2 Aufdecken von Schwachstellen

10.2.1 Häufige Fehler

Im Betrieb der Anlagen zeigen sich viele Fehler, die immer wieder vorkommen und die zum Teil den sachgerechten Betrieb stören oder zu Ausfällen der Produktion führen.

Ein Prüfprotokoll der fertiggestellten Anlage ist selten vorzufinden. Daher müssen bei den meisten Prüfungen im Betrieb befindlicher Anlagen alle Prüfschritte der Erstprüfung durchgeführt werden.

Ordnungsgemäße Prüfungen können nur bei Vorliegen einer Dokumentation der Anlage durchgeführt werden. Fehlende Dokumentationen erschweren die Prüfung und erzeugen zusätzlichen Aufwand. Die notwendigen Unterlagen wurden bereits beschrieben.

Oftmals sind unsachgemäß verlegte Leitungen die Ursache für Isolationsfehler. Eine visuelle Prüfung ist nach fertiggestellter Anlage meist nicht möglich, da nicht alle Teile der Anlage einzusehen sind. Eine regelmäßige Überprüfung des Isolationswiderstands der Anlage hilft der Brandgefahr.

In landwirtschaftlichen Betriebsstätten treten oft korrosive Gase auf, die zu Korrosion an den Tragsystemen führen. Eine regelmäßige Prüfung ist unumgänglich, um die Standsicherheit zu gewährleisten.

Die Verunreinigung der Anlage stellt insbesondere im landwirtschaftlichen Bereich ein großes Problem dar. Eine regelmäßige Reinigung oder intensivere Leistungsmessung findet oftmals nicht statt. Dadurch entstehen Ertragseinbußen im Bereich bis 10 % je Betriebsjahr.

PV-Anlagen sollten zum Nachweis der tatsächlichen Leistung und zum Nachweis von versteckten Fehlern in regelmäßigen Zeitabständen geprüft werden. Diese Prüfungen erfolgen mit speziellen Mess- und Prüfgeräten.

Im Zusammenhang mit der Inbetriebnahmeprüfung und den Messungen der Anlagendaten wurde bereits auf die Leistungsmessung als ergänzende Maßnahme hingewiesen. Auch bei der Wiederholungsprüfung und der damit verbundenen Prüfung der elektrischen Daten wurde auf eine Leistungsmessung als Alternative oder sinnvolle Ergänzung verwiesen. Dabei ist auch eine Thermografie der Anlage als wichtige ergänzende Möglichkeit zu sehen, um elektrisch nur relativ erfasste Ergebnisse zu objektivieren. Zur vorbeugenden Überwachung der Anlagenfunktion stehen damit drei Werkzeuge zur Verfügung, die bei regelmäßigen Überwachungen der Anlagen angewendet werden sollten:

- Messung der absoluten, abgegebenen Leistung hinter dem Wechselrichter, bezogen auf die tatsächliche Einstrahlung, um so den Gesamtwirkungsgrad der Anlage zu bestimmen und mit dem Neuzustand zu vergleichen.
- Überprüfung der thermischen Anomalien, die zu Leistungsminderung führen können.
- Überprüfung von defekt scheinenden Modulen auf ihre STC-Leistung.

Dabei ist zu beachten, dass die Vergleiche mit den bisherigen Erträgen immer nur eine relative Beurteilung der Leistungsfähigkeit zeigen können und damit nur grobe Fehlfunktionen aufzeigen können.

10.2.2 Messung der Leistung einer PV-Anlage

Mithilfe eines speziellen Messgerätes können die Leitungen eines PV-Systems erfasst werden. Dazu werden der Strom und die Spannung am Ausgang des Wechselrichters sowie der Strom und die Spannung auf der Gleichspannungsseite des Wechselrichters gleichzeitig gemessen. Um diese Messung objektiv zu machen, wird die Einstrahlung zum Zeitpunkt der Strom- und Spannungsmessung mit Hilfe einer kalibrierten Referenzzelle gemessen und die Temperatur der Module erfasst.

Aus den gemessenen Werten können nunmehr alle relevanten Parameter der Anlage berechnet werden. Dabei werden folgende Daten aufgezeichnet:

- DC-Ausgangsleistung der Solarmodule,
- AC-Ausgangsleistung des Wechselrichters,
- Wirkungsgrad der Solarmodule,
- Wirkungsgrad des Wechselrichters,
- solare Einstrahlung in W/m^2,
- Temperatur der Solarzellen und
- Umgebungstemperatur.

Mit diesen Messwerten kann eine PV-Anlage sehr gut bewertet werden. Das **Bild 10.1** zeigt die Anordnung der Geräte zur Messung an einem einphasigen System. Die Messung ist auch an Wechselrichtern mit dreiphasigem Ausgang möglich.

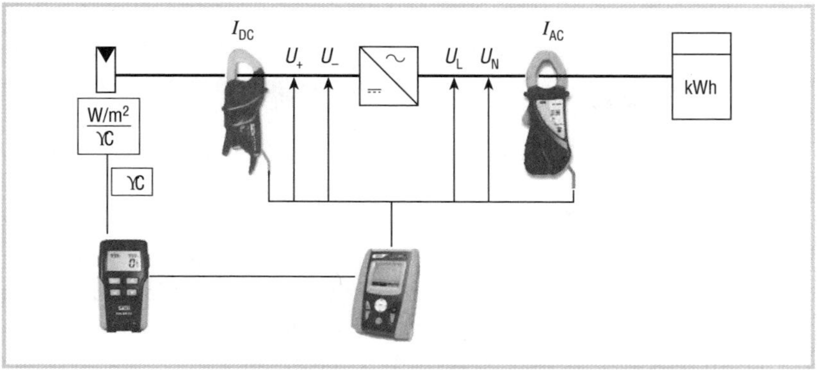

Bild 10.1 *Leistungsmessung an einer PV-Anlage (Messprinzip)*

10.2.3 Messen der STC-Kennlinie

Mit Hilfe eines Peakleistungs- und Kennlinienanalysator für PV-Module und PV-Strangs können die Leistungsdaten eines PV-Moduls wie auch die eines PV-Strangs gemessen werden (**Bild 10.2**). Das Messverfahren dient auch zur Überprüfung der technischen Daten eines PV-Moduls laut Herstellerdatenblatt gemäß DIN EN 60891 [110]. Damit kann dem Anlagenbetreiber ein Ergebnis zur Verfügung gestellt werden, das die Bewertung eines einzelnen Moduls wie auch ganzer Stränge erlaubt. Die Kontrolle, ob das geprüfte Modul noch die vom Lieferanten zugesicherten Eigenschaften aufweist, ist möglich. Derartige Messungen sind wichtig, wenn durch äußere Einwirkung, wie Überspannungen, die Module einen Schaden genommen haben könnten. Problematisch ist nur die erforderliche Mindesteinstrahlung, die

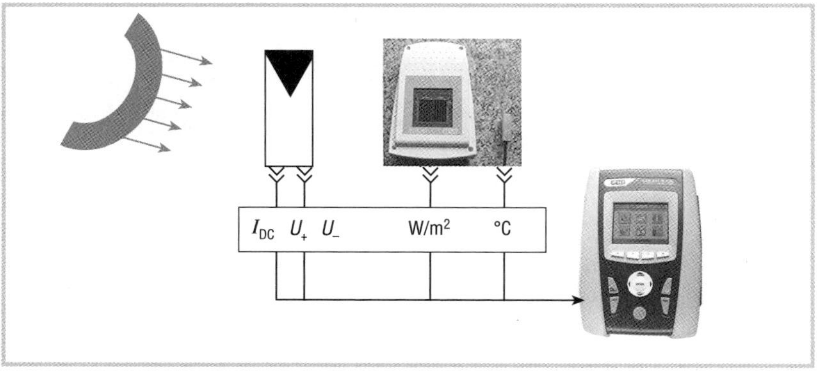

Bild 10.2 *Erfassung der STC-Leitungskurve eines Moduls (Messprinzip)*

sich während des Messvorgangs nur in sehr geringen Grenzen ändern darf. Die Messungen sind nur bei wolkenlosem Himmel erfolgreich. Alternativ sind die Module künstlich zu bestrahlen, was jedoch einen erheblichen Energieaufwand erfordert.

Die Ergebnisse der Messung sollten sich an die Kurven aus **Bild 10.3**, angleichen. Üblich ist jedoch, dass die Module stets den exakten Kennlinienverlauf aufweisen. So sind Abweichungen innerhalb der Leistungstoleranz der Module, die vom Hersteller angegeben werden, normal.

Bild 10.4 zeigt eine derartige Kennlinie. Zu erkennen ist, dass der Maximalwert der Leistung über 180 W hinausgeht. Auch der Strom ist größer als der in den Datenblättern angegebene Wert von 5,4 A.

Im Gegensatz dazu steht die Kennlinienaufnahme, die im **Bild 10.5** dargestellt ist. Die gemessenen Werte des Moduls weichen von den Soll-Werten erheblich nach unten ab. Die Leistung beträgt nur 100 W und der Strom nur ca. 3 A. Der Grund für den Defekt kann eventuell optisch erkannt werden. Oftmals sind Fehlerstellen auch auf einer Infrarotaufnahme erkennbar. Die Ursache innerhalb des Moduls sicher zu erkennen, erfordert jedoch oft eine Elektrolumíniszenzaufnahme.

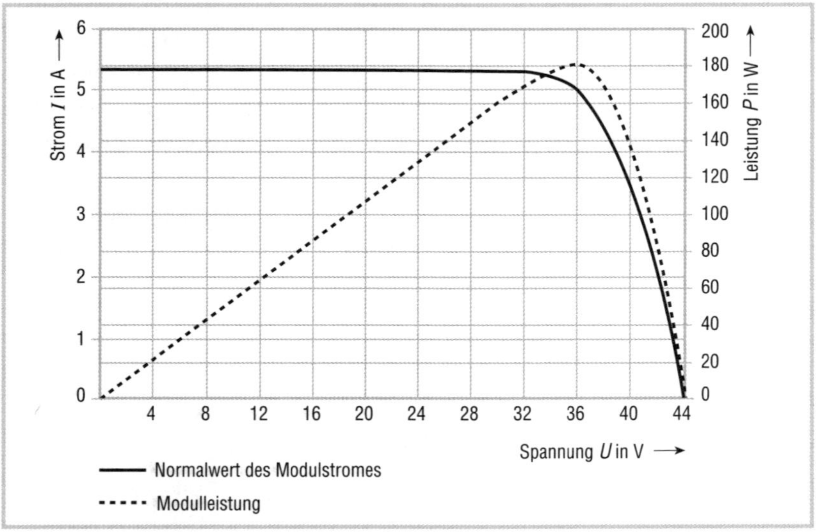

Bild 10.3 *Kennlinie eines 180-W-Moduls*

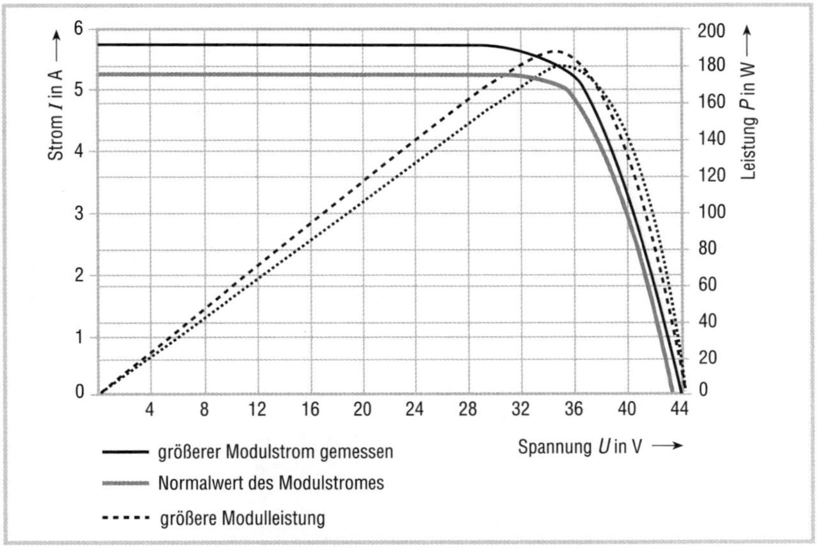

Bild 10.4 *Kennlinie eines 180-W-Moduls mit geringer Mehrleistung (ca. 5 %)*

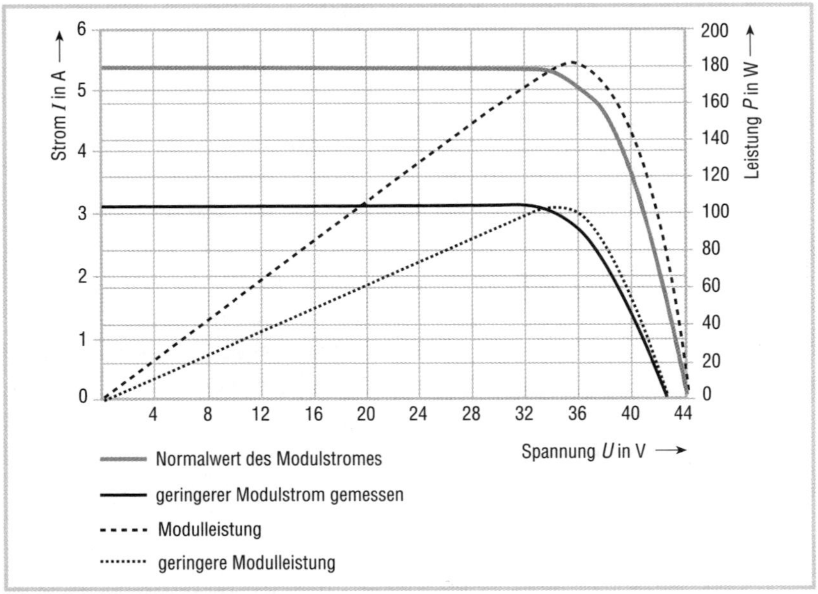

Bild 10.5 *Kennlinie eines defekten 180-W-Moduls*

10.2.4 Fehlersuche durch Thermografie

In den Modulen wird Sonnenlicht in elektrische Energie umgewandelt. Die Sonneneinstrahlung sorgt dabei für eine Temperaturerhöhung. Diese ist jedoch bei einem funktionsfähigen Modul über die Fläche gleichmäßig. Weicht die Temperatur an einzelnen Stellen von der gleichmäßigen Oberflächentemperatur ab, liegt ein Fehler im Modul vor. Durch die Betrachtung einer gesamten Generatorfläche lassen sich auch Verschattungsflächen und Totalausfälle eindeutig erkennen. Im Rahmen einer Ersterkennung versteckter Fehler ist die Thermografie ein wichtiges Hilfsmittel (**Bild 10.6**).

Bild 10.6 *Thermografie eines defekten Moduls mit einer heißen Stelle*

10.2.5 Fehlersuche durch Elektroluminiszenzaufnahmen

Mithilfe der Elektrolumniszenz können Schwachstellen und Fehler in Modulen festgestellt werden. Das Prinzip beruht auf der Tatsache, dass ein PV-Element bei Anlegen einer Spannung ähnlich einer LED Licht aussendet. Das geschieht jedoch, abhängig von der Spannungsrichtung, nur an den Stellen, die in Ordnung sind oder besonders an den Stellen, an denen Defekte aufgetreten sind. So lassen sich Transportschäden wie auch Ausfälle von einzelnen Zellen mit diesem Verfahren diagnostizieren. Die Komplexität der Geräte sowie die Auswertung der Bilder setzen jedoch ein äußerst umfangreiches Wissen und Erfahrung voraus.

10.2.6 Beschädigung während der Montage

Die meisten Module werden im Rahmen der Warenausgangskontrolle durch den Hersteller auf Fehler geprüft. Die Module unterliegen jedoch bis zur Inbetriebnahme auf dem Dach einer ganzen Reihe von Belastungen.

Große Hersteller verwenden das Elektrolumineszenzverfahren bei der Endkontrolle ihrer Module. Prozessfehler sind die Ursache für eine Reihe von Fehlern, die bei der Herstellung auftreten. Das können zum Beispiel mechanische Kräfte, Druckfehler, durch mangelhafte Temperaturkontrolle verursachte Defekte oder auch fehlerhafte Kontakt- und Lötstellen sein.

Durch mechanische Kräfte werden Brüche verursacht. Ursachen für derartige Brüche sind oftmals die unachtsame Handhabung der Module z. B. Transportschäden, die durch Aufstoßen, Biegen oder Druck auf das Modul entstehen.

Es gibt eine Vielzahl verschiedener Brüche, je nachdem an welcher Stelle diese vorkommen. Auch Mikrocracks, Brüche in der Zelle, sind in die Rubrik Brüche einzugliedern. Die gebrochene Stelle in der Solarzelle ist vollkommen unbrauchbar. Mit Hilfe der Elektrolumineszenzprüfung können diese Stellen auch vor Ort sichtbar gemacht werden. Abhängig von der Art des Bruches erscheint dieser als dunklerer Schatten oder als feiner Streifen.

Da sich diese Fehler im Betrieb in der Leistung des Moduls bemerkbar machen, ist eine Prüfung bei Abweichungen von der Leistungskurve nach einer Bestimmung der Modulkennlinie sinnvoll. Auswertungen im Feld haben gezeigt, dass sehr viele Module derartige Schäden aufweisen, ohne dass sie mit den üblichen Verfahren der Leistungsüberwachung erkannt werden.

Mit dem Verfahren der Elektrolumineszenz kann die Qualität bei Verlassen des Werks nachgewiesen werden. Auf dem Transportweg von dem Hersteller bis zum Montagegestell auf dem Dach oder auf dem Feld existiert jedoch eine Vielzahl von Risiken der mechanischen Beschädigung, so dass eine Überprüfung zumindest als stichpunktartige Prüfung erforderlich scheint, um die Gewähr für eine intakte Anlage zu geben.

10.3 Equipment zur Durchführung von Prüfungen

Um Prüfungen sachgerecht durchführen zu können, ist eine Mindestausstattung erforderlich. Diese teilt sich auf in die

- persönliche Schutzausrüstung (PSA),
- Mess- und Prüfgeräte,
- Werkzeuge und
- sonstige Hilfsmittel.

Dabei kann die Liste der Mindestausstattung für Elektrowerkstätten der Fachverbände eine nur annähernde Richtschnur sein, die sich auf die PSA und die Werkzeuge bezieht. Der Umfang an Messgeräten ist wesentlich zu erweitern.

Persönliche Schutzausrüstung

Grundsätzlich ist die Schutzausrüstung bei Arbeiten unter Spannung erforderlich. Das sind im Einzelnen:

- Schutzhelm,
- Gesichtsschutz gegen Lichtbögen,
- Schutzkleidung gegen Störlichtbögen,
- Handschuhe,
- Hilfsmittel zum Ziehen von Sicherungen und
- Sicherheitsgeschirr zur Absturzsicherung mit entsprechenden Sicherheitsleinen.

Mess- und Prüfgeräte

Um die notwendigen Messungen durchführen zu können, sind Messgeräte erforderlich, die Mindestbedingungen erfüllen. Nur so ist eine normenkonforme Prüfung möglich.

Auch die Unfallverhütung sollte dabei beachtet werden. So sind die Messgeräte, die für bestimmte Bereiche in der Anlage verwendet werden sollen, mit Kennzeichnungen versehen. DIN EN 61010 schreibt vor, dass jedes Gerät nach einer *Überspannungskategorie* (CAT I, II, III, IV) und mit dem jeweiligen Spannungsbereich (300 V, 600 V, 1.000 V) gekennzeichnet sein muss. Diese Kennzeichnung weist auf den Schutz gegen Überspannungen an den Messanschlüssen hin. **Tabelle 10.3** verknüpft die CAT-Kennzeichnung mit den Anwendungsfällen. Bei der Anwendung von Messgeräten darf die Qualität der Messleitungen und Messspitzen nicht unberücksichtigt bleiben. Sie sind auch entsprechend der Kategorie zu wählen.

Tabelle 10.3 *Messgerätekategorien nach DIN EN 61010 [111]*

Messkategorie	Messort	Messungen
I (CAT I)	Stromkreise, die nicht direkt mit dem Netz verbunden sind oder über besonders geschützte Stromkreise mit dem Netz verbunden sind (Trenntrafo)	im Labor an Schaltungen und Versuchsaufbauten
II (CAT II)	Stromkreise, die für den Anschluss an das Niederspannungsnetz vorgesehen sind (Betriebsmittel)	beim Prüfen von Betriebsmitteln
III (CAT III)	Gebäudeinstallation (Verteilungs- und Endstromkreise)	an Steckdosen oder Leuchten
IV (CAT IV)	Quelle der Niederspannungsinstallation (Zählerplatz)	am Hausanschlusskasten und vor dem Zähler

Die Gebrauchsfähigkeit der Messgeräte wird in DIN EN 61557 [112] beschrieben. Zur Durchführung der Messungen werden Bereiche von Strömen und Spannungen vorgegeben, die während des Messvorganges eingehalten werden müssen. Die Herstellung der Geräte nach diesen Normen garantiert die Einhaltung der Grenzwerte.

Folgende Messgeräte sollten vorhanden sein:

- Spannungsmesser AC/DC bis 1.000 V CAT IV/1.000 V nach DIN VDE 0411-1,
- Strommesszange AC/DC bis 300 A CAT IV/1.000 V,
- Leckstromzange CAT IV/600 V,
- Isolationswiderstandsmessgerät DIN VDE 0413-2,
- Messgerät zur Schleifenimpedanzmessung nach DIN VDE 0413-3,
- Messgerät zur Messung der Durchgängigkeit von Schutz- und Potentialausgleichsleitern DIN VDE 0413-4,
- Erdungsmessgerät zur Überprüfung des Erdübergangswiderstands der Erdungsanlagen DIN VDE 0413-5,
- Messgerät zur Überprüfung von Fehlerstrom-Schutzeinrichtungen Typ B nach DIN VDE 0413-6,
- Drehfeldmessgerät nach DIN VDE 0413-7,
- Netzanalysator zur Überprüfung der Netzqualität gemäß EN 50160,
- Messgerät zur Feststellung der solaren Strahlungsleistung,
- Messgerät zur Ermittlung der Kennlinie von PV-Modulen unter STC-Bedingungen mit Umrechnungsverfahren nach DIN EN 60891,
- Messgerät zur Ermittlung des Anlagenwirkungsgrades einschließlich der Wechselrichter,
- Wasserwaage mit Winkelmesser,
- Infrarotkamera zur Thermografie der Module mit mindestens 120/120 Pixel, besser mehr,
- zur Fehlererkennung in Modulen eine Modulprüfeinrichtung mit Lumineszenz-Kamerasystem und
- zur wetterunabhängigen Aufnahme der Leistungskurve von Modulen ein Belichtungsgerät mit einem Spektrum nach AM1,5 und einer Leistung bis 1.000 W/m^2.

Es können auch Messgeräte als Kombinationsmessgeräte verwendet werden. Die Messgeräte sind nach den Herstellervorgaben und dem Nutzungsgrad in regelmäßigen Abständen zu kalibrieren.

Werkzeuge

Der Werkzeugumfang richtet sich nach dem Umfang der einzelnen Tätigkeiten. Beachtet werden muss bei der Verwendung von Werkzeugen, dass eine Vielzahl der Prüfarbeiten unter Spannung stattfindet. Deshalb ist bei der Auswahl der Werkzeuge die Kennzeichnung für Arbeiten unter Spannung unumgänglich.

Der Umfang sollte mindestens wie folgt aussehen:

- Standardzangensatz bis 1.000 V,
- Schraubendrehersatz bis 1.000 V,
- Hilfsmittel zum Ziehen von Sicherungen (NH- und PV-Sicherungen),
- Inbusschlüsselsatz und
- Ring-Maulschlüsselsatz.

Grundsätzlich kann hier auch auf die Mindestausstattung entsprechend den Vorgaben der Fachverbände zurückgegriffen werden.

11 Anhang

11.1 Literaturverzeichnis

[1] Musterbauordnung 2002 der Argebau, Stand 25.09.2020

[2] OVG NRW 7. Senat vom 20.09.2010 (7 B 985/10)

[3] Ministerium für Wirtschaft, Energie, Bauen, Wohnen und Verkehr des Landes NRW, Runderlass vom 13.10.2010 und Ergänzung vom 27.10.2010

[4] BDEW-Presseinformation „Haushaltsgröße beeinflusst Strombedarf", 25.02.2010

[5] Ministerium für Wirtschaft, Energie, Bauen, Wohnen und Verkehr des Landes NRW, Ergänzung des Runderlasses vom 13.10.2010 vom 27.10.2010

[6] DGUV Information 201-012 – Verfahren mit geringer Exposition gegenüber Asbest bei Abbruch-, Sanierungs- und Instandhaltungsarbeiten, Ausgabe Juli 2021

[7] TRGS 519 – Asbest, Abbruch-, Sanierungs- oder Instandhaltungsarbeiten, Ausgabe Oktober 2019

[8] Verordnung über Allgemeine Bedingungen für den Netzanschluss und dessen Nutzung für die Elektrizitätsversorgung in Niederspannung (Niederspannungsanschlussverordnung – NAV), Stand: Zuletzt geändert durch Art. 35 G.v. 23.06.2021

[9] Gesetz über die Elektrizitäts- und Gasversorgung (Energiewirtschaftsgesetz – EnWG) EnWG, Stand: Zuletzt geändert durch: Art. 84 d. G. vom 10. August 2021 BGBl. IS 3436

[10] Gesetz zur Ordnung des Handwerks (Handwerksordnung) Stand: zuletzt geändert am 28.03.2021

[11] DGUV Vorschrift 3 Unfallverhütungsvorschrift – Elektrische Anlagen und Betriebsmittel, ehemals BGV A3 Elektrische Anlagen und Betriebsmittel, Aktualisierte Nachdruckfassung 2005 der Fassung vom Januar 1997

[12] DGUV Grundsatz 303-001 Ausbildungskriterien für festgelegte Tätigkeiten im Sinne der Durchführungsanweisungen zur BG-Vorschrift „Elektrische Anlagen und Betriebsmittel" (BGV A3, bisherige VBG 4) vom Juli 2000

[13] Geräte- und Produktsicherheitsgesetz GPSG, Gesetz über technische Arbeitsmittel und Verbraucherprodukte (Geräte- und Produktsicherheitsgesetz – GPSG). Ersetzt durch das ProdSG vom 27.07.2021

[14] EN/IEC 61215 Terrestrische kristalline Silizium-Photovoltaik-(PV-) Module – Bauarteignung und Bauartzulassung (IEC 6121-1-1:2016); Deutsche Fassung EN 6121-1-1:2016

[15] EN/IEC 61646 Terrestrische Dünnschicht-Photovoltaik (PV)-Module – Bauarteignung und Bauartzulassung (IEC 61646: 2008); Deutsche Fassung EN 61646: 2008 für Dünnschichtmodule

[16] EN/IEC 61730-1 Photovoltaik (PV)-Module – Sicherheitsqualifikation – Teil 1: Anforderungen an den Aufbau (IEC 61730-1: 2004, modifiziert); Deutsche Fassung EN 61730-1:2018

[17] EN/IEC 61730-2 Photovoltaik (PV)-Module – Sicherheitsqualifikation – Teil 2: Anforderungen an die Prüfung (IEC 61730-2:2004, modifiziert); Deutsche Fassung EN 61730-2:2018

[18] DIN EN 50178:1998-04, Ausrüstung von Starkstromanlagen mit elektronischen Betriebsmitteln; Deutsche Fassung EN 50178:1998

[19] DIN EN 50524 (VDE 0124-13):2010-04, Datenblatt- und Typschildangaben von Photovoltaik-Wechselrichtern; Deutsche Fassung EN 50524:2009

[20] DIN EN IEC 61000-6-1, Elektromagnetische Verträglichkeit (EMV) – Teil 6-1: Fachgrundnormen – Störfestigkeit für Wohnbereich, Geschäfts- und Gewerbebereiche sowie Kleinbetriebe (IEC 61000-6-1:2016); Deutsche Fassung EN IEC 61000-6-1:2007

[21] DIN EN 61000-6-2:2016-03 Elektromagnetische Verträglichkeit (EMV) – Teil 6-2: Fachgrundnormen – Störfestigkeit; Industriebereich (IEC 61000-6-2:2016); Deutsche Fassung EN 61000-6-2:2019

[22] DIN EN 61000-6-3:2011-09 Elektromagnetische Verträglichkeit (EMV) – Teil 6-3: Fachgrundnormen – Störaussendung für Wohnbereich, Geschäfts- und Gewerbebereiche sowie Kleinbetriebe (IEC 61000-6-3:2006); Deutsche Fassung EN 61000-6-3:2011

[23] DIN EN 61000-6-4:2011-06 Elektromagnetische Verträglichkeit (EMV) – Teil 6-4: Fachgrundnormen – Störaussendung für Industriebereiche (IEC 61000-6-4:2006); Deutsche Fassung EN 61000-6-4:2011

[24] DIN EN IEC 61439-1 (VDE 0660-600-1):2021-10 Niederspannungs-Schaltgerätekombinationen – Teil 1: Allgemeine Festlegungen (IEC 61439-1:2009, modifiziert); Deutsche Fassung EN IEC 61439-1:2021

[25] DIN EN 60439-1 (VDE 0660 Teil 500):2000-08 Schaltgeräte; Niederspannung – Schaltgerätekombinationen; Anforderungen an typgeprüfte und partiell typgeprüfte Kombinationen (IEC 60439-1:1985 2. Ausgabe, modifiziert); Norm wurde zurückgezogen

[26] DIN EN 61439-2 (VDE 0660-600-2):2016-10 Niederspannungs-Schaltgerätekombinationen – Teil 2: Energie-Schaltgerätekombinationen (IEC 61439-2:2016); Norm wurde zurückgezogen

[27] DIN EN 60529 (VDE 0470-1):2000-09, Schutzarten durch Gehäuse (IP-Code) (IEC 60529:1989 + A1:1999 + A2:2013); Deutsche Fassung EN 60529:1991 + A1:2014-09 + A2:2013

[28] DIN EN 61730-1:2007-12-01 Photovoltaik(PV)-Module – Sicherheitsqualifikation – Teil 1: Anforderungen an den Aufbau (IEC 61730-1:2004, modifiziert); Deutsche Fassung EN 61730-1:2018

[29] DIN EN 50521 (VDE 0126-3):2013-02 – Steckverbinder für Photovoltaik-Systeme Sicherheitsanforderungen und Prüfungen; Deutsche Fassung EN 50521: 2013

[30] DIN EN 61984 (VDE 0624):2009-11, Steckverbinder – Sicherheitsanforderungen und Prüfungen (IEC 61984:2008); Deutsche Fassung EN 61984:2009

[31] DIN VDE 0100-520 (VDE 0100 Teil 520):2013-06 Errichten von Niederspannungsanlagen – Teil 5: Auswahl und Errichtung elektrischer Betriebsmitteln; Kapitel 52: Kabel- und Leitungsanlagen (IEC 60364-5-52:2009, modifiziert); Deutsche Fassung HD 384.5.52:2011

[32] DIN 1055-5:1975-06 ersetzt durch DIN EN 1991-1-3:2010-12 Einwirkungen auf Tragwerke –Teil 1-3: Allgemeine Einwirkungen, Schneelasten

[33] DIN EN 1991-1-3:2010-12

[34] DIN 1055-4:2006-11 ersetzt durch DIN EN 1991-1-4:2010-12 Einwirkungen auf Tragwerke – Teil 1-4: Allgemeine Einwirkungen, Windlasten

[35] DIN 1055-100 ersetzt durch DIN EN 1990/NA:2010-12 Grundlagen der Tragwerksplanung

[36] DIN EN ISO 6988:1997-03 Metallische und andere anorganische Überzüge – Prüfung mit Schwefeldioxid unter allgemeiner Feuchtigkeitskondensation (ISO 6988:1985); Deutsche Fassung EN ISO 6988:1994

[37] DIN EN 60068-2-11:200-02 Umweltprüfungen – Teil 2: Prüfungen; Prüfung Ka: Salznebel (IEC 60068-2-11:1981); Deutsche Fassung EN 60068-2-11:1999

[38] DIN VDE 0100-100 (VDE 0100-100):2009-06 Errichten von Niederspannungsanlagen – Teil 1: Allgemeine Grundsätze, Bestimmungen allgemeiner Merkmale, Begriffe (IEC 60364-1:2005, modifiziert); Deutsche Übernahme HD 60364-1:2008

[39] DIN VDE 0100-410 (VDE 0100-410):2018-10 Errichten von Niederspannungsanlagen, Teil 4-41: Schutzmaßnahmen; Schutz gegen elektrischen Schlag

[40] DIN VDE 0100-444 (VDE 0100-444):2010-10 – Errichten von Niederspannungsanlagen – Teil 4-444: Schutzmaßnahmen – Schutz bei Störspannungen und elektromagnetischen Störgrößen (IEC 60364-4-44:2007 (Abschnitt 444), modifiziert); Deutsche Übernahme HD 60364-4-444:2010 + Cor.:2010; Berichtigung 2020-06

[41] DIN EN 50174-2 (VDE 0800-174-2):2018-10 Informationstechnik – Installation von Kommunikationsverkabelung – Teil 2: Installationsplanung und Installationspraktiken in Gebäuden; Deutsche Fassung EN 50174-2:2018

[42] DIN VDE 0100-540 (VDE 0100-540):2012-06 Errichten von Niederspannungsanlagen – Teil 5-54: Auswahl und Errichtung elektrischer Betriebsmittel – Erdungsanlagen, Schutzleiter und Schutzpotenzialausgleichsleiter (IEC 60364-5-54: 2002, modifiziert); Deutsche Übernahme HD 60364-5-54:2012

[43] DIN VDE 0100-712 (VDE 0100-712):2016-10 Errichten von Niederspannungsanlagen – Teil 7-712: Anforderungen für Betriebsstätten, Räume und Anlagen besonderer Art – Solar-Photovoltaik (PV) Stromversorgungssysteme (IEC 60364-7-712:2002, modifiziert); Deutsche Übernahme HD 60364-7-712:2016

[44] DIN VDE 0100-443 (VDE 0100-443):2016-10 Errichten von Niederspannungsanlagen – Teil 4-44: Schutzmaßnahmen – Schutz bei Störspannungen und elektromagnetischen Störgrößen – Abschnitt 443: Schutz bei Überspannungen infolge atmosphärischer Einflüsse oder von Schaltvorgängen (IEC 60364-4-44:2007 + A1:2015, modifiziert); Deutsche Übernahme HD 60364-4-443:2016

[45] DIN VDE 0100-534 (VDE 0100-534):2016-10 – Errichten von Niederspannungsanlagen – Teil 5-53: Auswahl und Errichtung elektrischer Betriebsmittel – Trennen, Schalten und Steuern – Abschnitt 534: Überspannungs-Schutzeinrichtungen (ÜSE) (IEC 60364-5-53:2001/ A1:2002 (Hauptabschnitt 534), modifiziert); Deutsche Übernahme HD 60364-5-534:2008

[46] DIN EN 62305-4 (VDE 0185-305-4):2011-10 Blitzschutz – Teil 4: Elektrische und elektronische Systeme in baulichen Anlagen (IEC 62305-4:2011); Deutsche Fassung EN 62305-4:2011-10, Abschnitt 7

[47] VdS 2010:2015-04 Risikoorientierter Blitz- und Überspannungsschutz, Richtlinien zur Schadensverhütung, Gesamtverband der deutschen Versicherungswirtschaft e.V. (GDV)

[48] DIN EN 62305-2 (VDE 0185-305-2):2013-02 Blitzschutz – Teil 2: Risiko-Management (IEC 62305-2:2006); Deutsche Fassung EN 62305-2:2013

[49] Beiblatt 5 zu DIN VDE 0185-305:2014-02 Blitzschutz – Teil 3: Schutz von baulichen Anlagen und Personen – Beiblatt 5: Blitz- und Überspannungsschutz für Photovoltaik-Stromversorgungssysteme

[50] DIN EN 62305-3 (VDE 0185-305-3):2011-10 Blitzschutz – Teil 3: Schutz von baulichen Anlagen und Personen (IEC 62305-3:2011, modifiziert); Deutsche Fassung EN 62305-3:2011

[51] DIN VDE 0100-600 (VDE 0100-600):2017-06 Errichten von Niederspannungsanlagen – Teil 6: Prüfungen (IEC 60364-6:2006, modifiziert); Deutsche Übernahme HD 60364-6:2016

[52] DIN EN 62305-3 Bbl 3 (VDE 0185-305-3 Bbl 3):2012-10 Blitzschutz – Teil 3: Schutz von baulichen Anlagen und Personen – Beiblatt 3: Zusätzliche Informationen für die Prüfung und Wartung von Blitzschutzsystemen

[53] DIN EN 62446-1 (VDE 0126-23-1):2019-04 Photovoltaik (PV)-Systeme – Anforderungen an die Prüfung, Dokumentation und Instandhaltung – Teil 1: Netzgekoppelte Systeme – Dokumentation, Inbetriebnahmeprüfung und Prüfanforderungen

[54] Gesetz für den Vorrang Erneuerbarer Energien (Erneuerbare-Energien-Gesetz – EEG) Stand: letzte Änderung Juli 2021

[55] DIN VDE 0105-100 (VDE 0105-100):2015-10 Betrieb von elektrischen Anlagen – Teil 100: Allgemeine Festlegungen

[56] Technische Regeln für Betriebssicherheit TRBS 1201 Prüfungen von Arbeitsmitteln und überwachungsbedürftigen Anlagen (vom März 2019)

[57] DIN VDE 0100-704 (VDE 0100-704):2018-10 Errichten von Niederspannungsanlagen – Teil 7-704: Anforderungen für Betriebsstätten, Räume und Anlagen besonderer Art – Baustellen (IEC 60364-7-704: 2018, modifiziert); Deutsche Übernahme HD 60364-7-704:2018

[58] DGUV Information 203-006 Auswahl und Betrieb elektrischer Anlagen und Betriebsmittel auf Bau- und Montagestellen vom Mai 2012

[59] Unfallverhütungsvorschrift DGUV Vorschrift 38 Bauarbeiten in der Fassung vom 01.04.2020
[60] Dacharbeiten DGUV Information 201-008
[61] Diebstahl von PV-Anlagen – Sicherungsempfehlungen, Bayrisches Landeskriminalamt
[62] E DIN IEC 62548 (VDE 0126-42):2010-07 Installation und Sicherheitsanforderungen für photovoltaische Generatoren
[63] Anforderungsprofil für Leitungen für PV-Systeme des AK 411.2.3 von 2007-10-31, Tabelle 1
[64] Anforderungsprofil für Leitungen für PV-Systeme des AK 411.2.3 von 2007-10-31, Tabelle 2
[65] Datenblatt BETAFlam Solar, Leonie Studer AG Däniken
[66] DIN VDE 0298-4 (VDE 0298 Teil 4):2013-06 Verwendung von Kabeln und isolierten Leitungen für Starkstromanlagen – Teil 4: Empfohlene Werte für die Strombelastbarkeit von Kabeln und Leitungen für feste Verlegung in und an Gebäuden und von flexiblen Leitungen
[67] DIN VDE 0100-430 (VDE 0100-430):2021-12 Errichten von Niederspannungsanlagen – Teil 4-43: Schutzmaßnahmen – Schutz bei Überstrom (IEC 60364-4-43:2008, modifiziert + Corrigendum Oktober 2008); Deutsche Übernahme HD 60364-4-43:2010 Low-voltage electrical installations – Seite 15
[68] DIN VDE 0100-430 (VDE 0100-430):2021-12 Errichten von Niederspannungsanlagen – Teil 4-43: Schutzmaßnahmen – Schutz bei Überstrom (IEC 60364-4-43:2008, modifiziert + Corrigendum Oktober 2008); Deutsche Übernahme HD 60364-4-43:2010 Low-voltage electrical installations – Tabelle A43
[69] DIN 18014:2014-03 Fundamenterder – Planungsgrundlagen
[70] DIN EN 61936-1 (VDE 0101-1):2014-12, Starkstromanlagen mit Nennwechselspannungen über 1 kV – Teil 1: Allgemeine Bestimmungen
[71] VDN – Richtlinie Transformatoren am Mittelspannungsnetz – Bau und Betrieb von Übergabestationen zur Versorgung von Kunden aus dem Mittelspannungsnetz
[72] VDN, Technische Richtlinie – Transformatoren am Mittelspannungsnetz, 5.9 Schutzerdung
[73] DIN EN 61230 (VDE 0683-100):2009-07 Arbeiten unter Spannung – Ortsveränderliche Geräte zum Erden oder Erden und Kurzschließen (IEC 61230:2008); Deutsche Fassung EN 61230:2008

[74] E DIN IEC 62548 (VDE 0126-42):2015-10, Installation und Sicherheitsanforderungen für photovoltaische Generatoren (IEC 82/592/CD:2009), Seite 29

[75] DIN VDE 0100-443 (VDE 0100-443):2016-10, Errichten von Niederspannungsanlagen Teil 4-44: Schutzmaßnahmen – Schutz bei Störspannungen und elektromagnetischen Störgrößen – Abschnitt 443: Schutz bei transienten Überspannungen infolge atmosphärischer Einflüsse oder von Schaltvorgängen, (IEC 60364-4-44:2007/A1:2015, modifiziert); Deutsche Übernahme HD 60364-4-443:2016

[76] DIN VDE 0100-443 (VDE 0100-443):2016-10, Errichten von Niederspannungsanlagen Teil 4-44: Schutzmaßnahmen – Schutz bei Störspannungen und elektromagnetischen Störgrößen – Abschnitt 443: Schutz bei transienten Überspannungen infolge atmosphärischer Einflüsse oder von Schaltvorgängen, (IEC 60364-4-44:2007/A1:2015, modifiziert); Deutsche Übernahme HD 60364-4-443:2016, Anhang B

[77] VDE V 0675-39-12:2014-09 Überspannungsschutzgeräte für Niederspannung – Überspannungsschutzgeräte für besondere Anwendungen einschließlich Gleichspannung – Teil 12: Auswahl und Anwendungsgrundsätze – Überspannungsschutzgeräte für den Einsatz von Photovoltaik-Installationen; Deutsche Fassung CLC/TS 50539-12:2013

[78] DIN EN 61643-21 (VDE 0845-3-1):2013 Überspannungsschutzgeräte für Niederspannung – Teil 21: Überspannungsschutzgeräte für den Einsatz in Telekommunikations- und signalverarbeitenden Netzwerken; Leistungsanforderungen und Prüfverfahren (IEC 61643-21:2000 + Corrigendum:2001); Deutsche Fassung EN 61643-21:2013

[79] DIN EN 62305-4 (VDE 0185-305-4):2011-10 Blitzschutz – Teil 4: Elektrische und elektronische Systeme in baulichen Anlagen (IEC 62305-4:2012); Deutsche Fassung EN 62305-4:2011; Berichtigung 2017-02

[80] Musterbauordnung der ARGEBAU 2002, Stand 2008, § 46

[81] Reihe EN 62305 (VDE 0185)

[82] VdS 2010:2015-04 – Risikoorientierter Blitzschutz

[83] DIN EN 62305-2 (VDE 0185-305-2):2013-02 Blitzschutz – Teil 2: Risiko-Management (IEC 62305-2:2010); Deutsche Fassung EN 62305-2:2012

[84] DIN EN 62305-3 (VDE 0185-305-3):2011-10, Blitzschutz – Teil 3: Schutz von baulichen Anlagen und Personen (IEC 62305-3:2010, modifiziert); Deutsche Fassung EN 62305-3:2011, Seite 31, Gleichung 4

[85] DIN EN 62305-3 (VDE 0185-305-3):2011-10 Blitzschutz – Teil 3: Schutz von baulichen Anlagen und Personen (IEC 62305-3:2010, modifiziert); Deutsche Fassung EN 62305-3:2011, Seite 31, Tabelle 10 – Isolation des äußeren LPS-Wertes des Koeffizienten k_i

[86] DIN EN 62305-3 (VDE 0185-305-3):2011-10 Blitzschutz – Teil 3: Schutz von baulichen Anlagen und Personen (IEC 62305-3:2010, modifiziert); Deutsche Fassung EN 62305-3:2011, Seite 31, Tabelle 11 – Isolation des äußeren LPS-Wertes des Koeffizienten k_c

[87] DIN EN 62305-3 (VDE 0185-305-3):2011-10 Blitzschutz – Teil 3: Schutz von baulichen Anlagen und Personen (IEC 62305-3:2010, modifiziert); Deutsche Fassung EN 62305-3:2011, Seite 32, Tabelle 12

[88] DIN EN 62305-3 (VDE 0185-305-3):2011-10, Blitzschutz – Teil 3: Schutz von baulichen Anlagen und Personen (IEC 62305-3:2010, modifiziert); Deutsche Fassung EN 62305-3:2011, Seite 43, Bild C.2

[89] DIN EN 60898-1 (VDE 0641-11):2020-11 Elektrisches Installationsmaterial – Leitungsschutzschalter für Hausinstallationen und ähnliche Zwecke – Teil 1: Leitungsschutzschalter für Wechselstrom (AC)

[90] VDE-AR-N 4100 (VDE-AR-N 4100) Anwendungsregel: 2019-04, Technische Regeln für den Anschluss von Kundenanlagen an das Niederspannungsnetz und deren Betrieb (TAR Niederspannung)

[91] Technische Regeln für den Anschluss von Kundenanlagen an das Niederspannungsnetz und deren Betrieb (TAR Niederspannung)

[92] VDE AR-N 4105:2020-10

[93] TAB 2019 des VDN

[94] VDE AR-N 4105:2018-11, Tabelle 2

[95] VDE-AR-N 4110, Technische Anschlussregel Mittelspannung (2018-11; Berichtigung 2020-10)

[96] DIN VDE 0100-510 (VDE 0100-510):2014-10 Errichten von Niederspannungsanlagen – Teil 5-51: Auswahl und Errichtung elektrischer Betriebsmittel – Allgemeine Bestimmungen (IEC 60364-5-51: 2005, modifiziert); Deutsche Übernahme HD 60364-5-51:2009 + A11:2013

[97] DIN VDE 0100-100 (VDE 0100-100):2009-06 Errichten von Niederspannungsanlagen – Teil 1: Allgemeine Grundsätze, Bestimmungen allgemeiner Merkmale, Begriffe (IEC 60364-1:2005, modifiziert); Deutsche Übernahme HD 60364-1:2008

[98] DIN EN 81346-1:2010-05 Industrielle Systeme, Anlagen und Ausrüstungen und Industrieprodukte – Strukturierungsprinzipien und Referenzkennzeichnung – Teil 1: Allgemeine Regeln (IEC 81346-1:2009); Deutsche Fassung EN 81346-1:2009

[99] DIN EN 61082-1 (VDE 0040-1):2015-10; Dokumente der Elektrotechnik – Teil 1: Regeln (IEC 61082-1:2014); Deutsche Fassung EN 61082-1:2015; Berichtigung 2016-10

[100] DIN VDE 0100-600 (VDE 0100-600):2017-06 Errichten von Niederspannungsanlagen – Teil 6: Prüfungen (IEC 60364-6:2016); Deutsche Übernahme HD 60364-6:2016 + A11:2017, Tabelle NA.1

[101] DIN EN 61009-2-1(VDE 0664-21):1999-12 Fehlerstrom-/Differenzstrom-Schutzschalter mit eingebautem Überstromschutz (RCBOs) für Hausinstallationen und für ähnliche Anwendungen – Teil 2-1: Anwendung der allgemeinen Anforderungen auf netzspannungsunabhängige RCBOs (IEC 61009-2-1:1991); Deutsche Fassung EN 61009-2-1:1994 + A11:1998 + Corrigendum März 1999

[102] DIN EN 62305-3 (VDE 0185-305-3):2011-10 Blitzschutz –Teil 3: Schutz von baulichen Anlagen und Personen (IEC 62305-3:2010, modifiziert); Deutsche Fassung EN 62305-3:2011

[103] Technische Regeln für Betriebssicherheit TRBS 1203 Befähigte Personen, März 2010

[104] DIN EN 62305-3 Bbl 3 (VDE 0185-305-3 Bbl 3):2012-10 Blitzschutz – Teil 3: Schutz von baulichen Anlagen und Personen – Beiblatt 3: Zusätzliche Informationen für die Prüfung und Wartung von Blitzschutzsystemen

[105] DIN EN 62305-3 (VDE 0185-305-3):2011-10 Blitzschutz – Teil 3: Schutz von baulichen Anlagen und Personen (IEC 62305-3:2010, modifiziert); Deutsche Fassung EN 62305-3:2011, Bild 2; Berichtigung 2020-10

[106] DIN 31051:2019-06 Grundlagen der Instandhaltung

[107] DIN VDE 0105-100 (VDE 0105-100):2015-10 Betrieb von elektrischen Anlagen – Teil 100: Allgemeine Festlegungen, Seite 19

[108] DIN VDE 0105-100 (VDE 0105-100):2015-10 Betrieb von elektrischen Anlagen – Teil 100: Allgemeine Festlegungen, Seite 22

[109] DIN EN 62305-3 (VDE 0185-305-3):2012-10 Blitzschutz – Teil 3: Schutz von baulichen Anlagen und Personen (IEC 62305-3:2010, modifiziert); Deutsche Fassung EN 62305-3:2011, Seite 140

[110] DIN EN 60891; VDE 0126-6:2010-10:2010-10 Photovoltaische Einrichtungen – Verfahren zur Umrechnung von gemessenen Strom-Spannungs-Kennlinien auf andere Temperaturen und Bestrahlungsstärken (IEC 60891:2009); Deutsche Fassung EN 60891:2010

[111] DIN EN 61010 (VDE 0411):2016-07, Sicherheitsbestimmungen für elektrische Mess-, Steuer-, Regel und Laborgeräte

[112] DIN EN 61557-1 (VDE 0413-1):2018-03 Elektrische Sicherheit in Niederspannungsnetzen bis AC 1.000 V und DC 1.500 V – Geräte zum Prüfen, Messen oder Überwachen von Schutzmaßnahmen – Teil 1: Allgemeine Anforderungen (IEC 61557-1:2017)

11.2 Abkürzungen

Symbol		Erläuterung
AC		Wechselspannung
AM		Das Spektrum der Solarstrahlung ist abhängig von der Weglänge des Lichts durch die Erdatmosphäre. Entsprechenden Längenmaßen sind entsprechende Spektren und Strahlungsleistungen zugeordnet. Ein schräger Einfall des Sonnenlichts bedeutet eine Abschwächung der Strahlungsleistung und eine Änderung des Spektrums. Für vergleichende Messungen wurden verschiedene Spektren und Strahlungsleistungen definiert. AM 0 ist das Spektrum außerhalb der Atmosphäre (extraterrestrisches Spektrum) im Weltraum, die Strahlungsleistung beträgt dort 1367 W/m^2 (Solarkonstante). AM 1 ist das Spektrum der senkrecht auf die Erdoberfläche fallenden Sonnenstrahlen, d. h. die Sonne muss dafür genau im Zenit stehen und die Strahlen legen damit den kürzesten Weg auf die Erdoberfläche zurück. Bei AM 1,5 ergibt sich ein Zenitwinkel von etwa 48,2°. Bei diesem Spektrum beträgt die globale Strahlungsleistung 1000 W/m^2. Aus diesem Grunde wurde AM 1,5 als Standardwert für die Vermessung von Solarmodulen eingeführt. Das Spektrum AM 1,5 ist in der Norm IEC 904-3 (1989) Teil III festgehalten.
Anlage	array	Engl. Anordnung wird verwendet für die gesamte PV-Anlage
BGG		Berufsgenossenschaftlicher Grundsatz
BGI		Berufsgenossenschaftliche Information
BGV		Berufsgenossenschaftliche Vorschrift
DC		Gleichspannung
EEG		Gesetz für den Vorrang Erneuerbarer Energien, Kurztitel Erneuerbare-Energien-Gesetz (EEG)
eHZ		elektronischer Haushaltszähler
EMV		Elektromagnetische Verträglichkeit
EUP		Elektrotechnisch unterwiesene Person
HAK		Hausanschlusskasten
IEC		International Electrotechnical Commission, Internationale Normungsorganisation die die elektrotechnische Normung bearbeitet
I_{max}	A_{max}	Maximalstrom, mit dem das Modul beaufschlagt werden darf
I_{mpp}	A_{mpp}	Stromstärke, bei der bei STC-Normbedingung maximale Leistung herrscht in A (Ampere)
IP-Code		Kennzeichnungsart von Gehäusen zum Schutz gegen eindringendes Wasser, gegen eindringende Fremdkörper und zum Schutz gegen Berühren
IR		Infrarot
I_{sc}	A_{sc}	Stromstärke bei Kurzschluss und STC in A (Ampere)
IT		Informationstechnik
KSZ		Korrekturfaktor durch die Häufung von Sicherungen in einer Schaltanlage
KTH		Korrekturfaktor für das Temperaturänderungsverhalten einer Sicherung
kWp		Spitzenleistung einer PV-Anlage bei STC-Bedingungen in kW (Kilowatt)
LBO		Landesbauordnung der Bundesländer
LPZ		Blitzschutzzone

Symbol		Erläuterung
LBO		Landesbauordnung der Bundesländer
LPZ		Blitzschutzzone
LWL		Lichtwellenleiter
MBO		Musterbauordnung der ARGEBau
MSP		Mittelspannung
MSR		Mess-Steuer-Regeltechnik
NA-Schutz		Netz- und Anlagenschutz
NAV		Niederspannungs-Anschluss-Verordnung
NOCT		(Normal Operating Cell Temperature) Normale Zellentemperatur im Betrieb, wird bei 800 W/m^2, 1 m/sec Windgeschwindigkeit und 20 °C Umgebungstemperatur ermittelt. Liegt meistens zwischen 42 °C und 46 °C.
NRW		Nordrhein-Westfalen
P_{max}	W_{max}	Maximalleistung der Zelle bei Normbedingung (STC)
P_{mpp}	W_{mpp}	Leistung bei bester Kombination $V \cdot A$ W (Watt) Kombination bei Normbedingung (STC). Je nach Zellentemperatur und Einstrahlung ändert sich die Spannung, bei der die maximale Leistung erzielbar ist.
PSA		Persönliche Schutzausrüstung
PV		Photovoltaik
PVC		Polyvinylchlorid (Kunststoff der oft als elektrisches Isoliermaterial verwendet wird)
PV-Strang	PV-String	Stromkreis von in Reihe geschalteten PV-Modulen
STC		Standard Test Conditions nach EN 60904-3. Es gelten folgende Bedingungen: Einstrahlung 1000 W/m^2, Temperatur: 25 °C Zellentemperatur und Strahlungs-spektrum AM 1,5 global.
TAB		Technische Anschluss Bedingungen
Teilanlage	s-array	Teilanordnung einer PV-Anlage (Zusammenfassung mehrerer Stränge zu einer PV-Teilanlage)
TRBS		Technische Regeln Betriebssicherheit
$U_{oc\ mod}$		Leerlaufspannung eines Moduls bei 25 °C
U_{max}	V_{max}	Maximalspannung mit der das Modul beaufschlagt werden darf
U_{mpp}	V_{mpp}	Spannung bei der bei Normbedingung (STC) maximale Leistung ist in V (Volt)
U_{oc}	V_{oc}	Spannung ohne Last (Leerlaufspannung) bei STC in V (Volt)
ÜSE		Überspannungsschutzeinrichtung bestehend aus mit zugehörigen Leitungen zum Potentialausgleich
ÜSG		Überspannungsschutzgerät
VDE		Verband der Elektrotechnik, Elektronik und Informationstechnik e.V.
VNB		Verteilungsnetzbetreiber
VDN		Verband der Netzbetreiber

Stichwortverzeichnis